THOMAS NEWDICK

MILITÄR FLUGZEUGE

Die berühmtesten Kampfflugzeuge, Bomber und Transportmaschinen vom 1. Weltkrieg bis heute

WIELAND

Thomas Newdick

Militär-Flugzeuge

Die berühmtesten Kampfflugzeuge,
Bomber und Transportmaschinen vom
1. Weltkrieg bis heute

Titel der Originalausgabe: Military Aircraft

Lektorat: Michael Spilling
Design: Andrew Easton
Bildredaktion: Terry Forshaw

1. Auflage der deutschen Ausgabe, 2022

ISBN 978-3-948264-12-3

Ins Deutsche übersetzt von: Rolf Stünkel
Schlussredaktion: Karola Wieland

Fotohinweise:
stock.adobe.com: S. 3 (Ryan), S. 4 (Yay Images)
Art-Tech/Aerospace: S. 8-17, 21 (oben), 24-81, 89-105, 119, 155
Dassault: S. 183, 203
Staatsarchiv der Ukraine: S. 85
Verteidigungsministerium der USA: S. 21 (unten), 110, 123-151, 163, 171, 175, 187, 195, 199, 206-219
Illustrationen: Art-Tech, mit Ausnahme von S. 216-218 (Military Visualizations, Inc)

Druck: Print Consult
Printed in EU

KC A
5J

Inhalt

Anmerkungen des Übersetzers:
Alle technischen Daten wurden mit größtmöglicher Sorgfalt geprüft und, sofern erforderlich, auch in metrische Maße übertragen. Leichte Abweichungen zu anderen historischen Quellen sind möglich.

Einleitung

Militärflugzeuge wandelten sich in 100 Jahren von den zerbrechlichen, stoffbespannten Maschinen über den Schützengräben des Ersten Weltkriegs zu komplexen Hochleistungs-Superjägern.

Mit einer Ausnahme erwarben alle berühmten Flugzeuge dieses Buchs ihren Ruf im Kampf. Das jüngste Beispiel ist die 2014 über Syrien erstmals eingesetzte F-22 Raptor, das wichtigste Luftüberlegenheitsflugzeug der U.S. Air Force und eine Vertreterin der „Fünften Generation". Sie setzt eine illustre Reihe fort, die im Ersten Weltkrieg mit den ersten reinen Kampfflugzeugen begann.

In der ersten Hälfte des 20. Jahrhunderts beflügelten zwei Weltkriege die Entwicklung. Über die Jahre gingen Piloten vom Mann-zu-Mann-Feuergefecht mit leichten Handwaffen in offenen Cockpits zur systematischen Bekämpfung von Flugzeugen und Bodenzielen über. Dabei setzten sie eine immer stärkere und komplexere Bewaffnung bis hin zu primitiven Raketen und Fernlenkgeschossen ein. Die auf den folgenden Seiten beschriebenen Jagdflugzeuge sind unterschiedlichen Entwurfsphilosophien zugeordnet, um die manchmal widersprüchlichen Anforderungen an Leistung, Beweglichkeit, Festigkeit, Handhabung und Feuerkraft besser darzustellen. Mit der F-35 Lightning II, dem einzigen dargestellten Flugzeug ohne Kampferfahrung, hoffen der Hersteller und die beteiligten Luftwaffen die Idealkombination dieser Fähigkeiten gefunden zu haben. Es wird sich zeigen, wie erfolgreich dieser Versuch eines „definitiven" Universaljägers ist.

Jäger bestimmen als glamouröse Militärflugzeuge die Typenauswahl dieses Buchs. Bomber stehen ebenfalls im Fokus. Immerhin flogen auch sie ihre ersten Angriffe im Ersten Weltkrieg. Während des Zweiten Weltkriegs schwand die klare Trennungslinie zwi-

Im Zweiten Weltkrieg wurden Militärflugzeuge mit der Übernahme zunehmender Aufgaben auf weltweiten Schauplätzen zunehmend „erwachsen". Ein typischer Vertreter war die B-25 Mitchell, entwickelt als mittlerer Bomber und ebenso effizient in so unterschiedlichen Rollen wie Seeraumüberwachung und Fotoaufklärung.

schen den strategischen Bombern für Langstrecken-Einsätze gegen feste Ziele und Städte und den taktischen Bombern, die meist feindliche Schiffe oder Ziele nahe den Frontlinien angriffen. In dieser Zeit brachten die Leistungsfortschritte eine neue Kategorie von Jagdbombern für defensive und offensive Einsätze. Auch wenn dieser Flugzeugtyp im Kalten Krieg zum Mehrzweckjäger weiterentwickelt wurde, machte er den reinen Langstreckenbomber nicht überflüssig. Im Gegenteil: Für Flugzeuge wie die B-2 Spirit oder die ehrwürdige B-52 Stratofortress werden auch im 21. Jahrhundert genügend Aufgaben bleiben.

Von wenigen Ausnahmen abgesehen, wird von Frontflugzeugen heute eine hohe Einsatz- und Rollenflexibilität erwartet. Multinationale Projekte wie der Eurofighter Typhoon bieten Luftverteidigungs- und offensive Fähigkeiten in einem Flugzeug. Während frühere Generationen von Zwei-Rollen- oder Mehrzweck-Jägern nur eine Einsatzaufgabe pro Mission erfüllen konnten, wechseln moderne Jäger wie Typhoon oder Dassault Rafale im Einsatz zwischen mehreren Rollen. Sie werden daher als Mehrzweck- („Swing-Role Aircraft") oder Allzweck-Jäger („Omni-Role") angeboten.

Die französische Rafale ist eine typische Vertreterin der neuesten Generation von Mehrzweck-Kampfflugzeugen. Die Anschaffungs- und Betriebskosten solch fortschrittlicher Waffenplattformen können sich allerdings nur Luftstreitkräfte reicher Staaten leisten.

Im Zweiten Weltkrieg hatten reine Nachtjäger wie die P-61 Black Widow oder schwerbewaffnete Luftnahunterstützungsflugzeuge wie die Il-2 Schturmowik noch eine Daseinsberechtigung. Die Ära der für nur eine Rolle maßgeschneiderten Muster geht zu Ende. So taucht die A-10 Thunderbolt II „Tankbuster" (Panzerknacker) nur noch selten am Himmel auf, und ihre Zukunft steht oft infrage.

Die ersten Militärflugzeuge betrieben Aufklärung. Diese anspruchsvolle Rolle erforderte bald Spezialausrüstung. Forderungen nach mehr Reichweite, Selbstschutz und schließlich Tarnkappen-Fähigkeit führten zu reinrassigen Aufklärungsflugzeugen wie der vielseitigen De Havilland Mosquito oder der atemberaubenden SR-71. Heute erfüllen Aufklärungssatelliten oder Drohnen zunehmend ihre Aufgaben.

Transportflugzeuge müssen neben der Beförderung von Personal oder Fracht zusätzliche Aufgaben erfüllen. Spätestens im Zweiten Weltkrieg war ihr militärischer Wert unbestritten, auch wenn diese Flugzeuge nie die Anziehungskraft von Jägern und Bombern erreichten und bis heute auch von Flugenthusiasten vernachlässigt wurden. Dieses Buch präsentiert stellvertretend zwei Transportflugzeuge, die langlebige C-47 Skytrain und das Rekordflugzeug C-5 Galaxy. Die Rolle der Transportfliegerei bei militärischen und humanitären Einsätzen kann nicht hoch genug eingeschätzt werden.

ERSTER UND ZWEITER WELTKRIEG

Nach den erfolgreichen Einsätzen im Ersten Weltkrieg machte der Militärflugzeugbau in den Zwischenkriegsjahren beispiellose Fortschritte. Hatten in der Zeit von 1914 bis 1918 hölzerne, stoffbespannte Erkundungs- und Aufklärungsdoppeldecker oder Dreidecker den Löwenanteil der Streitkräfte ausgemacht, waren es nun schlanke Eindecker mit geschlossenen Cockpits und Einziehfahrwerk, spezieller Bewaffnung und leistungsstarken Motoren. Sie boten im Vergleich zu ihren Vorgängern mehr als die doppelte Leistung. Gegen Ende des Zweiten Weltkriegs läuteten die ersten Jets eine völlig neue Ära ein.

Links: Eine Bergungsmannschaft der britischen Royal Air Force untersucht den Rumpf einer Junkers Ju 88 der Luftwaffe, die während der Luftschlacht um England im Juli 1940 abgeschossen wurde.

Sopwith Camel (1916) 

Die F-1 Camel war das berühmteste britische Jagdflugzeug des Ersten Weltkriegs und verkörperte seit dem Frühjahr 1918 die wachsende Luftüberlegenheit der Alliierten. Sie war schwierig zu fliegen und forderte ihren Piloten höchstes Können ab.

Der Prototyp des von Herbert Smith entworfenen Flugzeugs erschien im Dezember 1916 und hieß zunächst Biplane (Doppeldecker) F.1. Den Namen „Camel" bekam es vermutlich wegen des markanten Buckels über den Verschlüssen der beiden Vickers-Maschinengewehre. Die Tragflächen des von einem Clerget-Motors angetriebenen Jagdflugzeugs hatten anfangs oben und unten die gleiche V-Stellung. Dies wurde zur Vereinfachung der Produktion wieder geändert. Stattdessen erhielt das Flugzeug einen flachen oberen Tragflügel, während die V-Stellung der unteren Tragfläche verdoppelt wurde. Das Ergebnis war ein charakteristischer „verjüngter Abstand" zwischen den Flügeln. Anders als die Sopwith Pup und ihr Dreidecker-Vorgänger war die schwerere, stärker motorisierte Camel bemerkenswert schwer zu fliegen, bot aber Kraft im Überfluss, Beweglichkeit und einen sehr engen Wendekreis.

BEWAFFNUNG

Neben den beiden synchronisierten, vorwärts feuernden Vickers-Maschinenkanonen waren bis zu vier 11-kg-(25-Pfund)-Bomben als Außenlast möglich.

LACKIERUNG

RAF-Camels trugen zum Ende des Krieges diese dunklen Farben. Der große Buchstabe auf der Rumpfseite zeigte die Abteilung, zu der das Flugzeug gehörte – hier die „B" Flight.

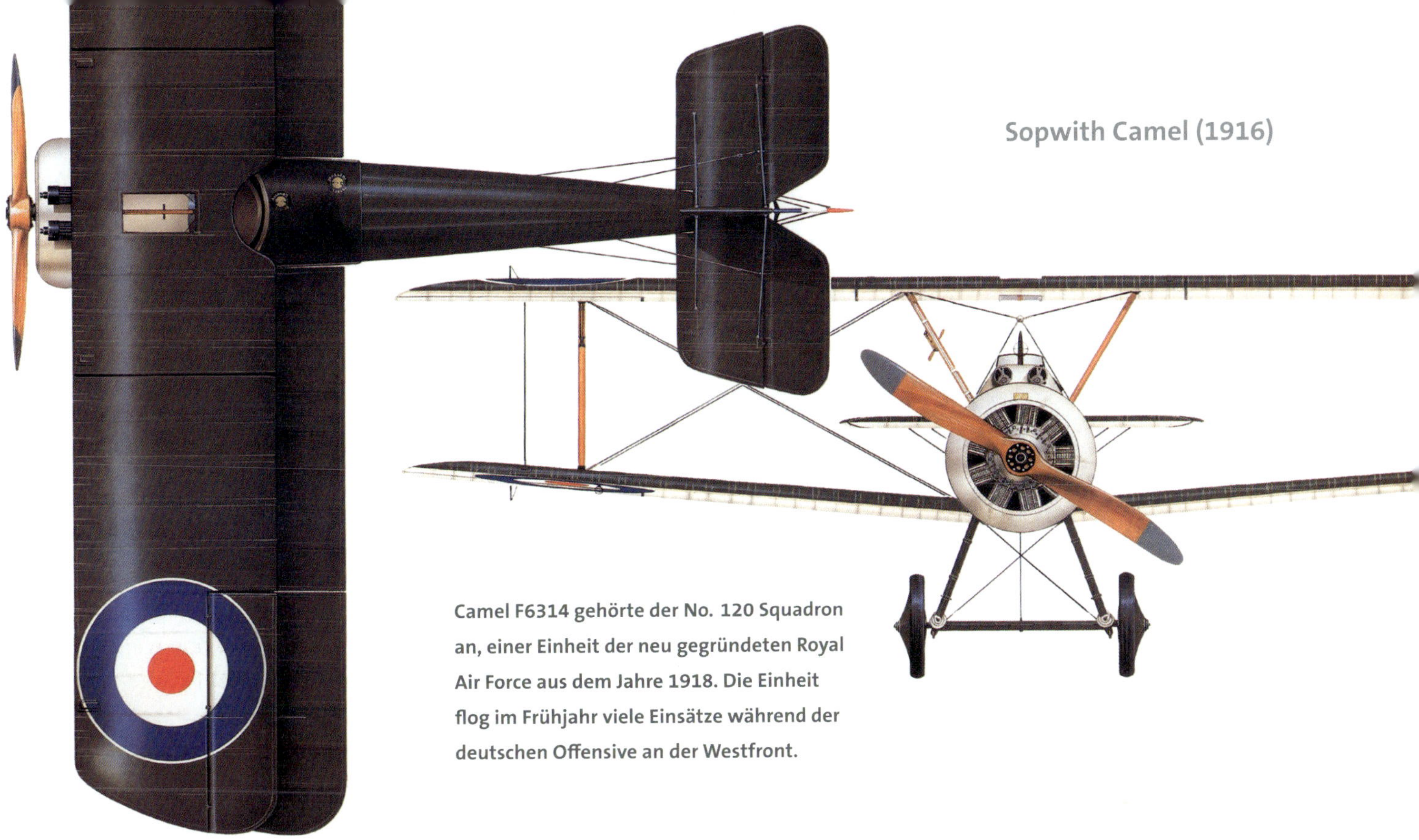

Camel F6314 gehörte der No. 120 Squadron an, einer Einheit der neu gegründeten Royal Air Force aus dem Jahre 1918. Die Einheit flog im Frühjahr viele Einsätze während der deutschen Offensive an der Westfront.

Ein Grund für ihre gute Manövrierfähigkeit war, dass Triebwerk, Pilot und Bewaffnung eng an der Vorderseite des Jägers saßen. Das kleine Flugzeug war einem enormen Motordrehmoment und starker Kreiselwirkung ausgesetzt, was sich besonders im Kurvenflug zeigte. In einer Linksdrehung hob sich abrupt die Flugzeugnase, während sie in entgegengesetzter Richtung nach unten sackte. Der Pilot musste ausgiebig ins Seitenruder treten, um diese Angewohnheiten auszubügeln und zu verhindern, dass der Jäger in ein unkontrollierbares Trudeln geriet.

Bald bemerkten die Piloten, dass sie in bestimmten Situationen zum Beispiel eine einfache Viertelkurve nach links durch eine Dreiviertel-Rechtskurve ersetzen konnten. Manche behaupteten, das ginge schneller und wirke verwirrend auf den Gegner.

Wer die Camel beherrschte, war im Luftkampf nahezu unschlagbar. Doch sie verzieh nichts, und mit typisch britischem Galgenhumor pflegten RFC-Piloten zu scherzen, die Camel lasse ihren Piloten nur die Wahl zwischen „dem Holzkreuz, dem Roten Kreuz oder dem Victoria Cross".

Zu den führenden Commonwealth-Fliegerassen auf der Camel zählten Raymond Collishaw (60 Siege auf diesem und anderen Typen), Donald MacClaren (54), William Barker (53) und Henry Woolett (35, darunter sechs an einem Tag im März 1918).

Der erste von der Admiralität bestellte Camel-Prototyp F.1 absolvierte

AUFBAU

Die Camel war eine konventionelle, drahtverstrebte Holzkastenträgerkonstruktion mit Aluminiumverkleidung unmittelbar hinter dem Motor. Der Rumpf war bis zum hinteren Teil des Cockpits mit Sperrholz beplankt, das Heck stoffbespannt.

Die Marine-Variante 2F.1 unterschied sich durch ihre Bewaffnung vom Grundmodell. Sie bestand aus einer einzelnen Vickers-Kanone auf der linken Seite und einer Lewis-Kanone über der Tragflächenmitte.

seinen Jungfernflug im Februar 1917, gefolgt von zwei weiteren Versuchsflugzeugen mit unterschiedlichen Triebwerken. Die ersten Camel-Lieferungen gingen im Mai 1917 an den Royal Naval Air Service (RNAS). Die ersten Camels im Einsatz waren in Dünkirchen stationierte RNAS-Exemplare. Sie sollten im Juli 1917 einen Schwarm deutscher Gotha-Bomber abfangen, der die Küstenstadt Harwich (Essex) angegriffen hatte. Im selben Monat begann die Auslieferung der Camels an die Royal Flying Corps (RFC) Squadrons No. 70 und No. 45. Im Juli fand die Flandernschlacht statt, an der RFC-Camels beteiligt waren. Bis Ende 1917 befanden sich bereits 1.325 Flugzeuge vom Typ F.1 Camel im Dienst.

Die meisten wurden mit Sternmotoren von Clerget, Le Rhône, Gnome oder Bentley ausgeliefert. Die Produktion ging nach dem Ende des Ersten Weltkriegs weiter. Insgesamt entstanden bei neun verschiedenen Herstellern über 5.000 Exemplare.

Neben den Einsätzen an der Westfront flogen Camels der RFC-Nachtkampfeinheiten an der Heimatfront. Flugzeuge des RNAS dienten in Italien,

TECHNISCHE DATEN

Typ	Jagdflugzeug
Abmessungen	Länge 5,64 m Spannweite 8,53 m Höhe 2,59 m
Startgewicht max.	667 kg
Antrieb	1 x 150 PS Bentley B.R.1 9-Zylinder-Sternmotor
Höchstgeschwindigkeit	187 km/h
Reichweite	230 km
Dienstgipfelhöhe	6.095 m (20.000 ft)
Besatzung	1
Bewaffnung	zwei starr nach vorn ausgerichtete 7,7-mm-Vickers-Maschinengewehre

über der Adria und in der Ägäis. Von Amerikanern geflogene Camels waren bei der 17th Aero Squadron des U.S. Army Air Service in Frankreich hauptsächlich zu Trainingszwecken im Einsatz. Für den Nachtkampf ausgerüstete Camels der Home-Defense-Staffeln bekamen ein weiter hinten platziertes, umgestaltetes Cockpit und zwei Lewis-Kanonen als Ersatz für die Vickers-Waffen. Eine Camel erzielte den ersten bestätigten Luftsieg bei Nacht, als sie im Januar 1918 einen Gotha-Bomber über London abschoss. Einige Camels wurden auch für Bodenangriffe eingesetzt, insbesondere bei der Schlacht von Cambrai im März 1918. Die spezielle Bodenangriffs-Version TF1 (Trench Fighter) mit nach unten schießenden Maschinengewehren wurde nicht mehr gebaut.

Am Ende des Krieges hatten Camels über 3.000 gegnerische Flugzeuge abgeschossen, mehr alle anderen Jäger. Die vom kanadischen RFC-Piloten William „Billy" Barker geflogene Maschine B6313 trug mit 48 zerstörten Flugzeugen erheblich zu dieser beeindruckenden Bilanz bei. Es war vermutlich die höchste Zahl einer Einzelmaschine. Barker flog sie während seiner gesamten Laufbahn in seinen Staffeln in Frankreich und Italien – sogar noch, als er einer Bristol-Fighter-Staffel zugeteilt wurde.

Nach dem Krieg dienten Camels der Slavo-British Aviation Group bei der Royal Air Force in Archangelsk/Russland. Zu dieser Gruppe gehörte auch Alexander Kazakow, der erfolgreichste russische Jagdflieger des Ersten Weltkriegs.

CAMELS ÜBER SEE

Sopwith entwickelte die Marineversion der Camel für den Einsatz auf leichten Kreuzern. Der Prototyp FS.1 besaß ein abwerfbares Fahrgestell auf Rädern für den Start und Schwimmer für die Landung. Die Flügel waren verkürzt, das Heck konnte zum Verstauen im Kriegsschiff eingeklappt werden. Im Sommer 1917 starteten die ersten Camels mit der neuen Bezeichnung 2F.1 von den Decks der Kriegsschiffe. Ein Jahr darauf gingen die von Clerget-Motoren angetriebenen Flugzeuge in den Einsatz der Royal Navy. Im Juli 1918 griffen sieben mit Bomben bewaffnete Camels der HMS Furious Zeppelinschuppen in Tondern an. Sie zerstörten die Luftschiffe L.54 und L.60. Nur zwei Flugzeuge kehrten heil zum Schiff zurück. Eine andere maritime Verwendung war der Start auf Kufen oder Rädern von geschleppten Leichtern. Diese Methode kam im August 1918 erfolgreich zum Einsatz, als eine Camel den Zeppelin L.53 über der Nordsee abschoss. Es war das letzte deutsche im Krieg zerstörte Luftschiff. Andere Marine-Camels schützten eigene Luftschiffe, wobei sie von einem Trapez am Luftschiff R.23 ausgeklinkt wurden.

Fokker Dr. I (1917)

Die Heldentaten des legendären „Roten Barons“ machten die Fokker Dr. I zum Urbild des Weltkrieg-1-Jagdflugzeugs. Bei allem Ruhm hatte der Dreidecker freilich einige Mängel.

Die von Reinhold Platz entworfene Dr. I war eine Antwort auf die wendige und schnell steigende Sopwith Triplane Fighting Scout des Royal Naval Air Service (RNAS), die Anfang 1917 erstmals über der Westfront auftauchte. Ein erbeuteter Sopwith-Dreidecker wurde ins Fokker-Werk in Schwerin verfrachtet und inspirierte die Fachleute zum Bau der Dr. I., deren erster Prototyp allerdings drei freitragende Flügel ohne Zwischenverstrebung bekam.

Die V.4 zeigte beim Erstflug im Mai 1917 starke Flügelvibrationen. Streben, die die Tragflächen in der Nähe ihrer Spitzen verbanden und verstärkten, behoben diese Probleme. Die erste V.4 wurde aufgrund eines kaiserlich-österreichisch-ungarischen Auftrags gebaut, eine weitere und zwei überarbeitete V.5-Prototypen für das deutsche Heer. Die V.5 hatte schon alle Merkmale der späteren Produktionsmaschine, darun-

HECK
Das wie ein Komma geformte Ruder ohne separate Finne war ein klassisches Markenzeichen von Anthony Fokkers frühen Jagdflugzeugentwürfen. Direkt unter dem Ruder war ein Hecksporn angebracht.

Die Fokker Dr. I mit der Werksnummer 152/17 gehörte zur Jasta 11 und war einer von mehreren (nicht nur) von Manfred von Richthofen geflogenen Dreideckern. Sie überlebte den Krieg.

Eine Dr. I des „Roten Barons“ war die Werknummer 425/17, in der er ums Leben kam. Es ist ungeklärt, ob eine von Arthur Brown geflogene Sopwith Camel ihn abschoss oder er durch australische Bodentruppen getötet wurde.

BEWAFFNUNG

Die beiden LMG 08/15 „Spandau“-Geschütze saßen nebeneinander im oberen Teil des vorderen Rumpfes. Die luftgekühlten und gurtgefütterten Waffen hatten je 500 Schuss Munition hinter dem Treibstofftank.

AUFTRIEBSFLÄCHE

Die beeindruckende Wendigkeit der Fokker Dr. I wurde durch eine zusätzliche Auftriebsfläche (Tragfläche) verstärkt, die die Achse des feststehenden Hauptfahrwerks umschloss.

AUFBAU

Mit seiner Dreiflügelkonstruktion war die Dr. I einer der zeitgenössischen Kampfaufklärer, die diese bewährte Konfiguration der britischen Sopwith Triplane übernahmen.

Eine Seitenansicht der Dr. I 152/17 zeigt den charakteristischen plattenförmigen Rumpf, das strebenverstärkte Höhenleitwerk und das feststehende Fahrwerk. Ein wichtiges Merkmal des Dreideckers war seine einfache, kostengünstige Konstruktion.

ter den von Thulin in Lizenz gebauten Le-Rhône-Sternmotor (alternativ eine nicht lizenzierte Oberursel-Kopie) und als Bewaffnung zwei mit Synchrongetriebe durch den Propellerkreis feuernde Spandau-Maschinengewehre.

Der letzte Prototyp V.7 diente schließlich zu Tests verschiedener Triebwerke. Er bekam geänderte Flügel, deren Spannweite von unten nach oben zunahm.

Nach Versuchsflügen des bekannten Jagdfliegers Werner Voss ging der Dreidecker im Sommer 1917 zunächst als F I, dann als Dr. I in Produktion. Am 21. August übernahm das Jagdgeschwader 1 in Courtrai (Flandern) die ersten beiden Prototypen, die sofort den führenden Jagdfliegern Manfred von Richthofen und Voss, dem Kommandanten der Jagdstaffel 1, zugeteilt wurden. Voss errang schon beim allerersten Dreidecker-Einsatz am 30. August einen Luftsieg, von Richthofen zwei Tage später. Es war sein 60. Sieg. Richthofens erste, vom Jasta-11-Piloten Kurt Wolff gesteuerte Dr. I ging im Kampf mit Sopwith Camels der No. 10 Squadron des RNAS verloren. Werner Voss starb am 23. September im Luftkampf mit SE.5s der No. 56 Squadron des RFC. Er hatte vom 30. August bis zu seinem Todestag 21 feindliche Flugzeuge abgeschossen.

Trotz mehrerer Modifikationen zur Verbesserung der Flügelsteifigkeit hatte der Dreidecker noch Strukturprobleme, die oft den Verlust des oberen Flügels verursachten. Das war auf schlechte Verarbeitung und mangelhafte Stoffbespannung zurückzuführen. Der Austausch der defekten Flügel bei der gesamten Flotte führte zu erheb-

TECHNISCHE DATEN

Typ	Jagdflugzeug
Abmessungen	Länge 5,77 m Spannweite 7,19 m Höhe 2,95 m
Startgewicht max.	586 kg
Antrieb	1 x 110 PS Oberusel Ur.11 8-Zylinder-Umlaufmotor
Höchstgeschwindigkeit	185 km/h
Reichweite	300 km
Dienstgipfelhöhe	6.100 m (20.015 ft)
Besatzung	1
Bewaffnung	zwei starr nach vorn ausgerichtete 7,92-mm-LMG08/1-Maschinengewehre

lichen Verzögerungen bei den Lieferungen an die Front.

Im Kampf demonstrierte die Dr.I bald die erhoffte Wendigkeit. Bis Ende 1917 waren alle Betriebsbeschränkungen aufgehoben, und der Fokker-Dreidecker konnte Erfolge an der Westfront verbuchen. Unter den Piloten waren berühmte Flieger wie Lothar von Richthofen, Hermann Göring, Ernst Udet und Adolf Ritter von Tutschek. Die Umrüstung der Tragflächen wirkte sich jedoch auf die Verfügbarkeit aus. Bis November 1917 waren von etwa 170 vorgesehenen Flugzeugen erst 30 an die Kampfeinheiten geliefert worden. Mindestens 15 Jastas bekamen die Dr.I.

Ihre Piloten registrierten eine zunehmende Überlegenheit der gegnerischen Maschinen. So erreichte die Dr.I nicht deren Höchstgeschwindigkeit, denn ihr Umlaufmotor stammte noch aus der Frühzeit der Kampfaufklärer. Erfahrene Flieger wie Manfred von Richthofen schätzten den Fokker-Dreidecker aber wegen seiner Manövrierfähigkeit und Steiggeschwindigkeit, die gerade durch den Umlaufmotor begünstigt wurde. So hatte die Dr.I trotz mancher Schwächen einen furchterregenden Ruf beim Gegner.

Neben ihren unbestrittenen Fähigkeiten im Luftkampf war die Dr.I unter den alliierten Piloten vor allem durch Manfred von Richthofens Jagdgeschwader 1 bekannt. Richthofen ermunterte die Piloten seines „Fliegenden Zirkus“ („Richthofens Zirkus“) ausdrücklich, die Flugzeuge nach eigenem Geschmack zu lackieren. Der Ruf des Jagdgeschwaders war so überwältigend, dass die wahren Fähigkeiten des Fokker-Dreideckers manchmal überschätzt wurden. So bestanden viele bekannte Piloten darauf, die Dr.I auch nach der Auslieferung modernerer Muster weiter zu fliegen. Bis zum Produktionsende im Mai 1918 wurden 320 Exemplare hergestellt. Zu keinem Zeitpunkt waren mehr als 171 Dr.I im Einsatz.

DER „ROTE BARON“

Manfred Freiherr von Richthofen wurde 1892 als Spross einer schlesischen Adelsfamilie geboren und war mit 80 Luftsiegen der erfolgreichste Jagdflieger des Ersten Weltkriegs. Er begann seine Flugausbildung im Mai 1915 und diente zunächst als Beobachter an der Ostfront, bevor er eine Ausbildung zum Jagdflieger absolvierte. Nach dem Wechsel zur Jasta 2 an der Westfront erzielte Richthofen am 17. September 1916 seinen ersten Luftsieg in der Nähe von Cambrai, als er eine F.E.2b abschoss. Nach 16 Siegen auf Albatros D.IIs übernahm er das Kommando über die Jasta 11 und erzielte in nur sechs Monaten 40 Luftsiege. Er wurde im Juni 1917 Kommandeur des Jagdgeschwaders 1 und fiel am 21. April 1918.

SPAD S.XIII (1917)

Die französische SPAD S.XIII, berühmt als farbenfrohes Arbeitstier der 94th Aero Squadron der American Expeditionary Air Force, war einer der besten alliierten Kampfaufklärer des Krieges. Berühmte Fliegerasse wie Guynemer und Fonck zählten zu ihren Piloten.

Die SPAD S.XIII von Louis Béchereau (SPAD steht für Société pour l'aviation et ses dérivés) war eine Weiterentwicklung der SPAD S.VII. Sie hatte einen neuen, stärkeren Hispano-Suiza-8a-Motor mit einem Getriebe, das den Propeller in entgegengesetzte Richtung wie beim Vorgänger antrieb.

Dieses Triebwerk war den Benz-Reihenmotoren der deutschen Albatros-Jäger deutlich überlegen. Zu den weiteren Neuerungen zählten vergrößerte Querruder, eine leicht erhöhte Spannweite sowie abgerundete Leitwerks- und Seitenleitwerkskanten. Eine größere Ruderfläche verbesserte die Manövrierfähigkeit. Die überarbeitete Bewaffnung bestand aus einem Paar Vickers-Maschinengewehren, die mit einem Synchrongetriebe durch den Propellerbogen feuerten. Die SPAD S.XIII machte April 1917 ihren Erstflug.

Schon die SPAD S.VII war ein starkes, wenn auch nicht allzu wendiges Jagdflugzeug von bemerkenswert robuster Konstruktion. Sie war schwerer und schneller als viele ihrer Zeitgenossen. Diese Eigenschaften erbte auch die SPAD S.XIII, die als Nachfahrin der Deperdussin-Rennflugzeuge glänzende

ANTRIEB

Der für seine Zeit sehr fortschrittliche, wassergekühlte Hispano-Suiza-8B-Reihenmotor war eine verbesserte Version des 8A-Motors der SPAD S.VII. Dieses Achtzylinder-Aggregat mit obenliegenden Nockenwellen und einteiligen Aluminiumzylindern wurde 1915 vom Schweizer Ingenieur Marc Birkigt entworfen.

Leistungen zeigte (SPAD war die Nachfolgegesellschaft der Firma Deperdussin, nachdem letztere 1913 Konkurs anmeldete).

SPAD-Kampfflugzeuge waren durch das beträchtliche Drehmoment des Motors bei Start und Landung schwierig zu handhaben. Um ihm entgegenzuwirken, musste der Pilot kräftig ins linke Seitenruder treten. Im Gegensatz zu vielen Jägern ihrer Zeit konnte die SPAD auch nicht gut gleiten und musste mit voller Motorleistung gelandet werden. Sobald sie am Boden war, hatte der Pilot alle Hände voll zu tun, um nicht ins Schleudern zu geraten.

Die ersten Exemplare des neuen SPAD-Jägers kamen Ende Mai 1917 an die Westfront. Im September 1917 fand der sieben Mal im Luftkampf abgeschossene französische Fliegerheld Georges Guynemer (53 Luftsiege) im Cockpit einer SPAD S.XIII einen mysteriösen Tod über Poelcapelle. Die genauen Umstände konnten nie vollständig geklärt werden, und weder die Leiche des Piloten noch die Trümmer seines Flugzeugs wurden jemals geborgen.

René Fonck, führender Jagdflieger der Alliierten im Ersten Weltkrieg, erzielte die meisten seiner 75 bestätigten Luftsiege auf einer SPAD S.XIII (Fonck selbst bezifferte seine persönliche Bilanz auf 127). In einem berühmten Fall brachte er mit Vorhalt drei feindliche Flugzeuge mit nur 27 abgefeuerten Salven zum Absturz. Bei einem anderen Luftkampf vernichtete Fonck drei feindliche Flugzeuge in so kurzer Zeit, dass die Wracks in einem Umkreis von nur 400 Metern gefunden wurden. Bei zwei verschiedenen Gelegenheiten gelang es Fonck, an einem Tag sechs feindliche Flugzeuge abzuschießen. Ein anderer berühmter Franzose auf diesem Flugzeugtyp war Charles Nungesser, der im Krieg 43 Luftsiege erzielte.

Die SPAD war nicht agil genug, um es mit der Fokker Dr.I offensiv aufzunehmen. Dafür eignete sie sich hervorragend für die „Hit and Run"-Taktik, wenn sie im Sturzflug den Gegner mit hoher Geschwindigkeit in die Tiefe zwang.

TRAGFLÄCHEN
Die Konstrukteure verwendeten hohle Fichtenkastenstäbe und Sperrholzrippen. Die Vorderkanten und Flügelspitzen bestanden aus dünnen, geformten Holzleisten, die Hinterkanten waren stoffbespannt.

KONSTRUKTION
Die SPAD S.XIII war wie viele damalige Maschinen hinter dem Cockpit stoffbespannt und besaß eine Aluminiumbeplankung für die Nase und Motorhaube. Der Rumpf bestand aus vier Stringern mit Fichtenstreben und Holmen.

Diese französische SPAD S.XIII trägt das Abzeichen der Escadrille SPA 48 am Heck, einen krähenden Hahn. Den französischen Staffel-Nummern war die Typenbezeichnung des von der Einheit geflogenen Flugzeugs vorangestellt, in diesem Fall „SPA" für SPAD.

Der Rumpf der SPAD S.XIII C.1 mit der Seriennummer S7714 trägt das Abzeichen der Escadrille la Fayette. Viele ihrer Piloten schlossen sich nach Kriegseintritt der USA der 103. Aero Squadron an.

Auf der Suche nach einem Nachfolger für die etwas problematische Nieuport 28 entschieden sich die USA im Juli 1918 für die SPAD S.XIII. Der berühmteste aller amerikanischen Piloten des Ersten Weltkriegs war Eddie Rickenbacker von der 94th Aero Squadron „Hat in the Ring“ der American Expeditionary Force. Er errang die meisten seiner 26 Luftsiege in einem Zeitraum von nur wenigen Wochen am Ende des Krieges. Rickenbacker nannte die SPAD S.XIII einmal „The best ship I flew“ (frei übersetzt: der beste Vogel, den ich je flog). Frank Luke Jr. war der schnellste Schütze unter den amerikanischen Piloten. Er erzielte insgesamt 18 Luftsiege auf der SPAD S.XIII. Dabei zerstörte er auch mehrere Beobachtungsballons.

Die SPAD-S.XIII-Produktion lief etwas langsam an. Zum Zeitpunkt der letzten großen deutschen Offensive im März 1918 kämpften noch weit mehr SPAD S.VII als SPAD S.XIII an der Front, und die ältere SPAD S.VII war der deutschen Fokker D.VII deutlich unterlegen. In den letzten 14 Kriegsmonaten verfügten 81 französische Staffeln über die SPAD S.XIII, unterstützt von zwei Staffeln des britischen Royal Flying Corps und zusätzlichen belgischen und italienischen Einheiten. Bei der italienischen Luftwaffe flog Francesco Baracca die SPAD S.XIII, mit 34 Luftsiegen der führende Jagdflieger seines Landes. Zum Zeitpunkt des Waffenstillstands nutzten insgesamt 16 amerikanische Jägerstaffeln die SPAD S.XIII.

Insgesamt wurde die beeindruckende Stückzahl von über 8.000 SPAD S.XIII hergestellt. Zu den Nachkriegsbetreibern gehörten Japan, Polen und die Tschechoslowakei. Der U.S. Army Air Service nutzte das Muster bis Mitte der 1920er Jahre, zuletzt in der Jagdfliegerausbildung.

TECHNISCHE DATEN

Typ	Jagdflugzeug
Abmessungen	Länge 6,15 m Spannweite 7,80 m Höhe 2,12 m
Startgewicht max.	740 kg
Antrieb	1 x 150 PS Hispano-Suiza 8Aa Achtzylinder-Reihenmotor
Höchstgeschwindigkeit	192 km/h
Reichweite	515 km
Dienstgipfelhöhe	5.300 m (17.390 ft)
Besatzung	1
Bewaffnung	ein oder zwei starr nach vorn ausgerichtete 7,7-mm-Vickers-Maschinengewehre

Eine andere Ansicht der S7714 mit Pilot Robert Soubiran von der 103rd Aero Squadron des U.S. Army Air Service. Dieses Flugzeug war im November 1918 in Lisle-en-Barrois im Nordosten Frankreichs stationiert.

EDDIE RICKENBACKER

Vor dem Kriegseintritt der USA war der aus Columbus (Ohio) stammende Edward Rickenbacker ein berühmter Rennfahrer. Er trat als Chauffeur von General Pershing in die US-Armee ein, wechselte kurz nach seiner Ankunft in Frankreich zum Air Service und lernte fliegen. Rickenbacker bat um die Versetzung an die Front, wo er sich der 94th Aero Squadron anschloss, die er anschließend befehligte. Rickenbacker wurde mit 26 bestätigten Luftsiegen zum erfolgreichsten amerikanischen Jagdflieger des Ersten Weltkriegs. Berühmt war ein Einsatz im September 1918, bei dem er eine Gruppe von sieben feindlichen Flugzeugen angriff und zwei von ihnen abschoss. Rickenbacker überlebte den Krieg und erhielt 1930 die Medal of Honor.

Junkers Ju 87 Stuka (1935)

Die Stuka steht für erfolgreiche deutsche Blitzkrieg-Operationen in den Jahren 1939 und 1940. Obwohl die Ju 87 in ihrer Erstrolle als Sturzkampfbomber bald von anderen übertroffen wurde, blieb sie bis Kriegsende im Einsatz.

Das Konzept des Sturzkampfflugzeugs (Stuka) war die fliegende Artillerieunterstützung im Rahmen der Blitzkrieg-Doktrin der vereinten Streitkräfte. Im Jahre 1934 begann ein Team unter der Leitung von Hermann Pohlmann mit den Arbeiten an drei Prototypen. Der Erstflug der Ju 87 fand im September 1935 statt. Der Prototyp mit den zwei

Heckflossen und Rolls-Royce-Kestrel-Motor ging später bei Sturzflugversuchen verloren, als das Leitwerk zusammenbrach. Der zweite Prototyp bekam eine einzelne Flosse und einen Junkers-V12-Jumo-210A-Ottomotor. Auf die Prototypen folgte eine Vorserie von Ju-87A-0-Flugzeugen mit Jumo-210-Ca-Motor.

Die ersten Serienflugzeuge vom Typ Ju 87A-1 ersetzten im Frühjahr 1937 bald den Henschel Hs-123-Doppeldecker als Luftnahunterstützungsflugzeug. Eine kleine Anzahl von Ju 87A-1 und B-1 wurde zwischen 1938 und 1939 von der Legion Condor im spanischen Bürgerkrieg unter Einsatzbedingungen getestet. Sie trafen kaum auf Gegner und überzeugten die Luftwaffen-Führung von der Durchführbarkeit des Stuka-Konzepts.

Zum Zeitpunkt des deutschen Einmarsches in Polen im September 1939 besaß die Luftwaffe neun Ju-87-Stukagruppen. Der Sturzkampfbomber erlangte bald einen zweifelhaften Ruf als Terrorwaffe, die Fernmeldeverbindungen, Brücken, Eisenbahnziele und Flugplätze zerstören konnte. Die psychologische Wirkung der Stuka-Angriffe wurde noch verstärkt, als die Luftwaffe die Flugzeuge mit sogenannten „Trompeten von Jericho"-Sirenen ausstattete.

LEITWERK

Für zusätzliche Festigkeit wurde das zweiholmige Höhenleitwerk der Ju 87B durch zwei äußere Streben verstärkt, die bei der verbesserten Ju 87D durch einzelne aerodynamische Streben ersetzt wurden. Die Höhenruder wurden in Verbindung mit Sturzflugbremsen verwendet, um das Abfangen des Angriffs zu erleichtern.

Diese Ju 87B-2 flog beim Sturzkampfgeschwader 77. Der Verband betrieb den Typ in verschiedenen Versionen bei den Polen-Feldzügen, in der Luftschlacht um England, in Griechenland und über dem Balkan sowie – bis 1943 – an der Ostfront.

KNICKFLÜGEL

Der sehr robuste invertierte Knickflügel basierte auf einer Zweiholmstruktur mit eng beieinander liegenden Rippen. Der Mittelteil war fest mit dem Rumpf verbunden. Das Flugzeug verfügte über Querruder und Klappen.

Flugzeuge vom Typ Ju 87D tragen an der Ostfront im Jahr 1942 vorübergehend Wintertarnung. Die Flugzeuge sind mit AB 500-Streubombenbehältern und SC 250-Bomben unter der Rumpfmitte bewaffnet.

Die Ju 87 war jedoch auf Luftüberlegenheit angewiesen, um ihre taktischen Schläge mit der erforderlichen Genauigkeit führen zu können. Gerade bei der Schlacht um Frankreich erwies sie sich als verwundbar, sobald feindliche Jagdflugzeuge sie angriffen.

Beim Norwegenfeldzug bekämpften Stukas erfolgreich britische Schiffe. Um ihre Reichweite zu erhöhen, bekamen sie (als Version Ju 87R) Unterflügeltanks. Ju 87R und Ju 87B nahmen in großer Zahl am Anfang der Luftschlacht um England teil, wurden aber im Sommer 1940 nach schweren Verlusten abgezogen. In der Luftschlacht waren die Jagdfliegerkräfte der Luftwaffe mit dem Begleitschutz der eigenen Bomber ausgelastet, so dass die Ju 87 oft ohne ausreichenden Schutz fliegen musste. Innerhalb von zehn Sommertagen verlor die Stuka-Waffe 66 Flugzeuge und Besatzungen, darunter – an einem einzigen Einsatztag – 17 Flugzeuge des Sturzkampfgeschwaders 77. Andererseits hinterließen die Stukas bis zu ihrem Abzug viele schwer zerstörte Flugplätze entlang der britischen Südküste.

Eine Wende brachte der Krieg im Mittelmeer, als Stukas im Januar 1941 den Royal-Navy-Träger HMS Illustrious kampfunfähig schossen. Ende 1941 kam eine verbesserte Version des Knickflügel-

TECHNISCHE DATEN (JU 87D-1)

Typ	Sturzkampf- und Bodenangriffsflugzeug
Abmessungen	Länge 11,50 m Spannweite 13,80 m Höhe 3,90 m
Startgewicht max.	6.600 kg
Antrieb	1 x 1.400 PS Junkers Jumo 211J-1 V12-Motor
Höchstgeschwindigkeit	410 km/h
Reichweite	1.535 km
Dienstgipfelhöhe	6.100 m (20.015 ft)
Besatzung	2
Bewaffnung	drei 7,92-mm-Maschinengewehre plus Bombenladung bis 1.800 kg

Eine Ju 87G-1 mit zwei Unterflügelgondeln für die Bordkanone BK 3.7 (Flak 18). Dieser spezielle „Kanonenvogel" diente Ende 1944 bei der 5. Staffel der II./Schlachtgeschwader 3 in Jakobstadt (Lettland).

Stuka heraus, die Ju 87D mit dem stärkeren Triebwerk Jumo 211. Sie ging beim Überfall der Sowjetunion in den Einsatz und nahm 1942 am Nordafrika-Feldzug teil.

Ihre größten Erfolge hatten Stukas an der Ostfront, wenn auch eher in der Luftnahunterstützungs- als in ihrer ursprünglich vorgesehenen Sturzkampfbomber-Rolle. Als sich das Kriegsglück gegen die Luftwaffe wendete, zeigte sich auch die Ju 87 zunehmend verwundbar. 1943 waren die Verluste so hoch geworden, dass das Flugzeug auf die Nachtjäger-Rolle umgestellt wurde.

Die Ju 87G war ein spezielles Panzerabwehrflugzeug mit zwei 37-mm-Kanonen unter den Flügeln, beträchtlich erhöhter Abflugmasse und ausgebauten Sturzflugbremsen. Diese letzte einsatzbereite Stuka-Version diente bei sieben Staffeln. Ihre Waffen konnten mit einer Mündungsgeschwindigkeit von 850 Metern pro Sekunde selbst äußerst stark gepanzerte Ziele durchdringen. Alternativ zu den Geschützen konnte die Ju 87G Bombenbewaffnung tragen.

Die Gesamtproduktion der Ju 87 betrug 5.709 Flugzeuge. Zum Ende des Krieges standen noch 125 Stukas bei der Luftwaffe im Dienst. Ihre Luftnahunterstützungsrolle hatte mittlerweile das Jagdflugzeug Focke-Wulf Fw 190 übernommen. Neben der deutschen Luftwaffe betrieben während des Krieges auch Bulgarien, Ungarn, Italien und Rumänien die Ju 87.

HANS-ULRICH RUDEL

Hans-Ulrich Rudel war der erfolgreichste Stuka-Pilot an der Ostfront. Ursprünglich Beobachter und Schütze, hatte er sich zu Beginn des deutschen Einmarschs in die UdSSR zum Piloten umschulen lassen und schon am ersten Tag der Kampagne vier Kampfeinsätze absolviert. Im Frühjahr 1943 begann Rudel die Panzerabwehr-Ju-87G zu fliegen, an deren Entwicklung er mitgewirkt hatte. Am ersten Einsatztag in der Schlacht von Kursk zerstörte er damit zwölf T-34-Panzer. Bis zum Ende des Krieges konnte Rudel bei insgesamt 2.530 Einsätzen ein versenktes Schlachtschiff, einen Kreuzer, einen Zerstörer sowie 519 zerstörte Panzer verbuchen. Er selbst wurde 30 Mal abgeschossen. Rudel galt als Hitlers Lieblingspilot und war der einzige Träger des Goldenen Eichenlaubs zum Ritterkreuz.

Messerschmitt Bf 109 (1935)

„Der“ Luftwaffenjäger des Zweiten Weltkriegs, die Bf 109, diente in verschiedenen, immer leistungsfähigeren Varianten. Deutschlands berühmteste Jagdflieger wie Hartmann, Barkhorn und Marseille flogen dieses Muster.

Die Entwicklung der Bf 109 reicht in die Gründungszeit der Luftwaffe Mitte der 1930er Jahre zurück, als man die Notwendigkeit einer neuen Generation moderner Jagdflugzeuge erkannte. Zum Vorbild nahm Willy Messerschmitt die Bf 108, einen freitragenden Tiefdecker mit einziehbarem Hauptfahrwerk. Die Vorarbeiten zum neuen Jagdflugzeug hatten allerdings bereits vor dem Erstflug der Bf 108 begonnen.

Der erste Prototyp der Messerschmitt Bf 109 wurde von einem Rolls-Royce-Kestrel-Triebwerk angetrieben und absolvierte seinen Jungfernflug im Mai 1935. Der zweite Prototyp besaß bereits den vorgesehenen Junkers Jumo 210A. Beim Wettflug setzte sich die Bf 109 gegen die Arado Ar 80 und die Focke-Wulf Fw 159 durch. Sie wurde mit dem konkurrierenden Heinkel He-112-Prototypen für die weitere Entwicklung ausgewählt. Von beiden Typen wurden jeweils zehn Exemplare bestellt. Mit den Vorserienflugzeugen der Bf 109A fanden eine Vielzahl von Bewaffnungstests statt. Die Erfahrungen mit den Prototypen führten zum Bau der ersten Bf 109B-Serienflugzeuge, die die weiter entwickelten Jumo 210B-, 210D-, 210E- oder 210G-Motoren erhielten.

Die Auslieferung des Jägers begann Anfang 1937. Die ersten Maschinen gingen an die führende Jagdeinheit der Luftwaffe, das Jagdgeschwader 132 „Richthofen“. Im Sommer 1937 wurden die Flugzeuge bei der Legion Condor in Spanien erstmals im Einsatz erprobt. Noch vor Ende des Jahres stellte eine

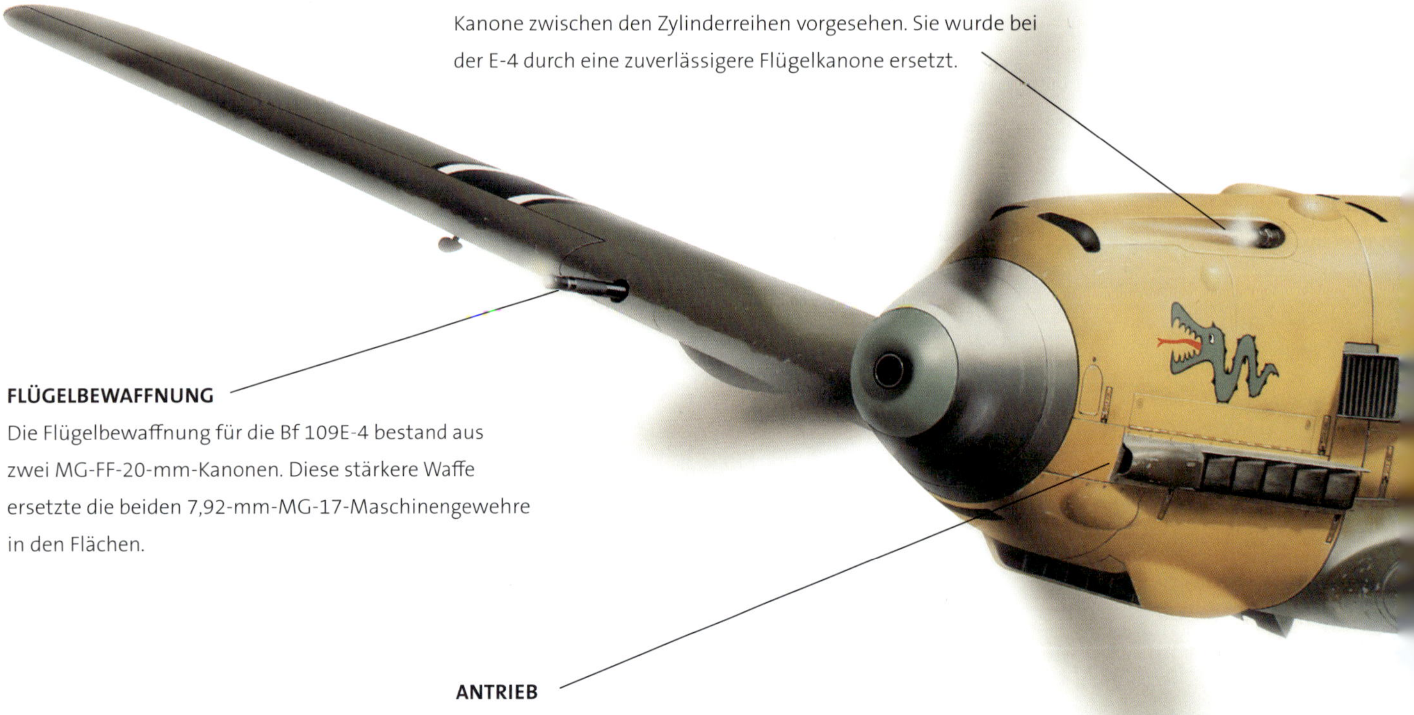

Bf 109 mit aufgeladenem DB 601-Motor mit 610,55 km/h einen neuen Geschwindigkeitsweltrekord für Landflugzeuge auf. Die nächste Version, Bf 109C, hatte einen Jumo-210Ga-Motor und eine von drei auf vier Maschinengewehre erhöhte Bewaffnung.

Bis September 1938 wurden in den Produktionsstätten von Arado, Erla, Focke-Wulf und Fieseler fast 600 Exemplare fertiggestellt. Die Bf 109D (1938-39) war mit dem Daimler-Benz DB-600-Motor und einer Nabenfeuerkanone ausgestattet. Die erste in nen-

JAGDBOMBER

Die E-4 war die erste Version mit den Fähigkeiten eines Jagdbombers (Jabo). Sie besaß ein einfaches ETC 500-Bombengestell zwischen den Haupträdern. Es konnte vier 50-kg-Bomben oder eine einzelne 250-kg-Bombe aufnehmen.

Zwei Ansichten einer Bf 109E-4. Es handelt sich um das Flugzeug von Hans von Hahn, der als Kommandeur der I. Gruppe des Jagdgeschwaders 3 im August 1940 in Grandvillier (Frankreich) stationiert war. Das „Tatzelwurm"-Abzeichen auf der Motorhaube trugen alle Flugzeuge der Gruppe.

ERKENNUNGSZEICHEN

Um die Bf 109 in der Hitze des Gefechts von feindlichen Jägern unterscheiden zu können, wurden ab August 1940 gelbe oder weiße Markierungen angebracht.

Diese Bf 109E-4, eine Teilnehmerin der Luftschlacht um England, wurde von Helmut Wick, Kommandeur des I./Jagdgeschwader 2 „Richthofen", im Oktober 1940 in Beaumont-le-Roger (Frankreich) geflogen. Wick war zum Zeitpunkt seines Todes der Luftwaffen-Pilot mit den meisten Abschüssen.

nenswerten Stückzahlen hergestellte Maschine war die Bf 109E, die von einem DB-601D-Motor mit Direkteinspritzung angetrieben wurde. Die Bf 109E demonstrierte die Vielseitigkeit des Grundentwurfs und wurde in spezialisierten Jagdbomber – und Aufklärungs-Untervarianten eingesetzt. Zu den Bewaffnungsoptionen für die „Emil" zählten entweder zwei Maschinengewehre, vier Maschinengewehre oder eine einzelne, durch den Propeller feuernde Kanone.

Durch kontinuierliche Verbesserungen blieb die Bf 109 bis zum Ende des Zweiten Weltkriegs einsatzfähig und bildete mit der leistungsstärkeren Fw 109 das Rückgrat der Luftwaffe. Sie diente den legendärsten Jagdfliegern – darunter Erich Hartmann, der erfolgreichste aller Zeiten mit 352 Luftsiegen in dreieinhalb Jahren, alle am Steuer einer Bf 109. Auch Hans-Joachim Marseille, der erfolgreichste deutsche Flieger in Nordafrika, erzielte seine 158 Luftsiege mit dem Messerschmitt-Jäger.

Die Bf 109E wurde als wichtigstes Jagdflugzeug der Luftwaffe der Jahre 1939-40 von der Bf 109F abgelöst, die zunächst vom DB 601N und später vom DB 60E angetrieben wurde. Sie verfügte über Lachgaseinspritzung, schneller feuernde Kanonen und Vorbereitungen für Unterflügelkanonen. Tropenversionen der Bf 109E und F bildeten 1941-42 die Speerspitze der Armee in Nordafrika. Die zahlenmäßig bedeutendste, an allen Fronten aktive Version war die Bf 109G, gebaut von 1942 bis 1945. Die „Gustav" verfügte über einen DB-605-Motor und eine Vielzahl von Bewaffnungsoptionen, darunter eine 30-mm-Kanone. Die ähnliche Bf 109K verfügte über stärkere Versionen des DB 605.

Die Bf 109 war auch für die nicht fertiggestellten beiden Flugzeugträger der Kriegsmarine vorgesehen. Eine Reihe von navalisierten Bf 109T-Versionen wurde mit Klappflügeln, Fangvorrichtung und Heckhaken gebaut. Nach dem Abbruch des Träger-Projekts kamen

TECHNISCHE DATEN (BF 109G-6)

Typ	Jagdflugzeug
Abmessungen	Länge 9,02 m Spannweite 9,92 m Höhe 3,40 m
Startgewicht max.	6.600 kg
Antrieb	1 x 1.800 PS Daimler-Benz DB 605AM V12-Motor
Höchstgeschwindigkeit	621 km/h
Reichweite	720 km
Dienstgipfelhöhe	11.750 m (38.550 ft)
Besatzung	1
Bewaffnung	zwei 13-mm-MG131-Maschinengewehre plus drei 20-mm-MG151-Kanonen

Von einem Flugplatz in Griechenland aus patrouillieren Bf 109G-6 der 7./JG 27 über der Adria. Die beiden hinteren Flugzeuge sind mit Tropenfiltern und Unterflügel-Kanonengondeln ausgestattet.

diese Flugzeuge auf Landflugplätzen weiter zum Einsatz.

Bis zum Ausbruch des Zweiten Weltkriegs wurden insgesamt über 1.000 Bf 109 ausgeliefert. Im Jahre 1942 hatte Messerschmitt fast 2.700 Exemplare fertiggestellt, und im folgenden Jahr wurde mit der Produktion weiterer Flugzeuge in Ungarn begonnen. 1944 entfielen auf die deutsche Industrieproduktion fast 14.000 Flugzeuge. Obwohl keine umfassenden Aufzeichnungen erhalten sind, gehen Schätzungen von insgesamt etwa 35.000 gebauten Bf 109 aus, was dieses Flugzeug zum meistproduzierten Jäger aller Zeiten macht.

Neben der deutschen Luftwaffe flog die Bf 109 auch in den Streitkräften von Bulgarien, Finnland, Ungarn, Japan, Rumänien, der Slowakei, Spanien, der Schweiz, der UdSSR und Jugoslawien. Sie wurde ab 1945 auch in Spanien als Hispano HA-1109 (und verbesserte HA-1112) in Lizenz gebaut. Neue Bf 109 entstanden noch nach dem Krieg in der Tschechoslowakei als Avia S-99 und S-199. Tschechische und spanische Derivate blieben bis in die 1950er Jahre im Einsatz.

REKORDVERDÄCHTIGE ME 209

Die Messerschmitt Me 209 V1 war zwischen 1939 und 1969 das offiziell schnellste Kolbenmotor-Flugzeug der Welt. Sie entstand auf Basis der Bf 109 mit dem Ziel, Geschwindigkeitsrekorde für Deutschland aufzustellen. Mit einem modifizierten DB-601-Motor mit einer Spitzenleistung von 2.300 PS erzielte Fritz Wendel mit seiner Me 209 am 26. April 1939 den Geschwindigkeitsrekord von 755.136 km/h. Um den Propagandawert noch zu steigern, bezeichneten die deutschen Behörden das Rekordflugzeug als Me 109R und gaben vor, es sei eine Version des Serienjägers Bf 109. Der Geschwindigkeitsrekord für Flugzeuge mit Kolbenmotor ging im April 1969 an Darryl Greenamyer, der mit einer Grumman Bearcat Conquest I eine Durchschnittsgeschwindigkeit von 769,23 km/h erzielte.

Hawker Hurricane (1935) 

Die Hurricane begründete als erster Eindecker der Royal Air Force eine ganze Dynastie von Hawker-Kampfflugzeugen. Der erfolgreichste britische Jäger der Luftschlacht um England zeichnete sich auch durch seine Bodenangriffe in Nordafrika und im Fernen Osten aus.

Das erste moderne, 483 km/h schnelle Jagdflugzeug der RAF wurde von Sydney Camm entworfen und flog erstmals im November 1935. Camm hatte bereits 1933 mit der Entwicklung der Hurricane begonnen. Sein Konzept sah eine Eindeckerversion des erfolgreichen Fury-Doppeldeckers vor, zunächst mit der Rolls-Royce-Goshawk-Motor und später mit dem Merlin-Triebwerk des gleichen Herstellers. Nach offiziellen Tests im Laufe des Jahres 1936 begann im Dezember 1937 die Auslieferung der Hurricane an die RAF. Das erste Flugzeug ging an die No. 111 Squadron in Northolt.

Die ursprüngliche Version der Hurricane Mk.I wurde von einem Rolls-Royce Merlin II angetrieben und besaß acht Maschinengewehre. Zur Zeit der Luftschlacht um England war die Hurricane Mk.I der wichtigste Jäger des Fighter Command und vernichtete mehr

Beim Produktionsende im September 1944 waren insgesamt 4.711 Mk.IIC gebaut worden. Es war die am weitesten verbreitete Version, ausgestattet mit vier Kanonen in den Flügeln sowie Bombenträgern.

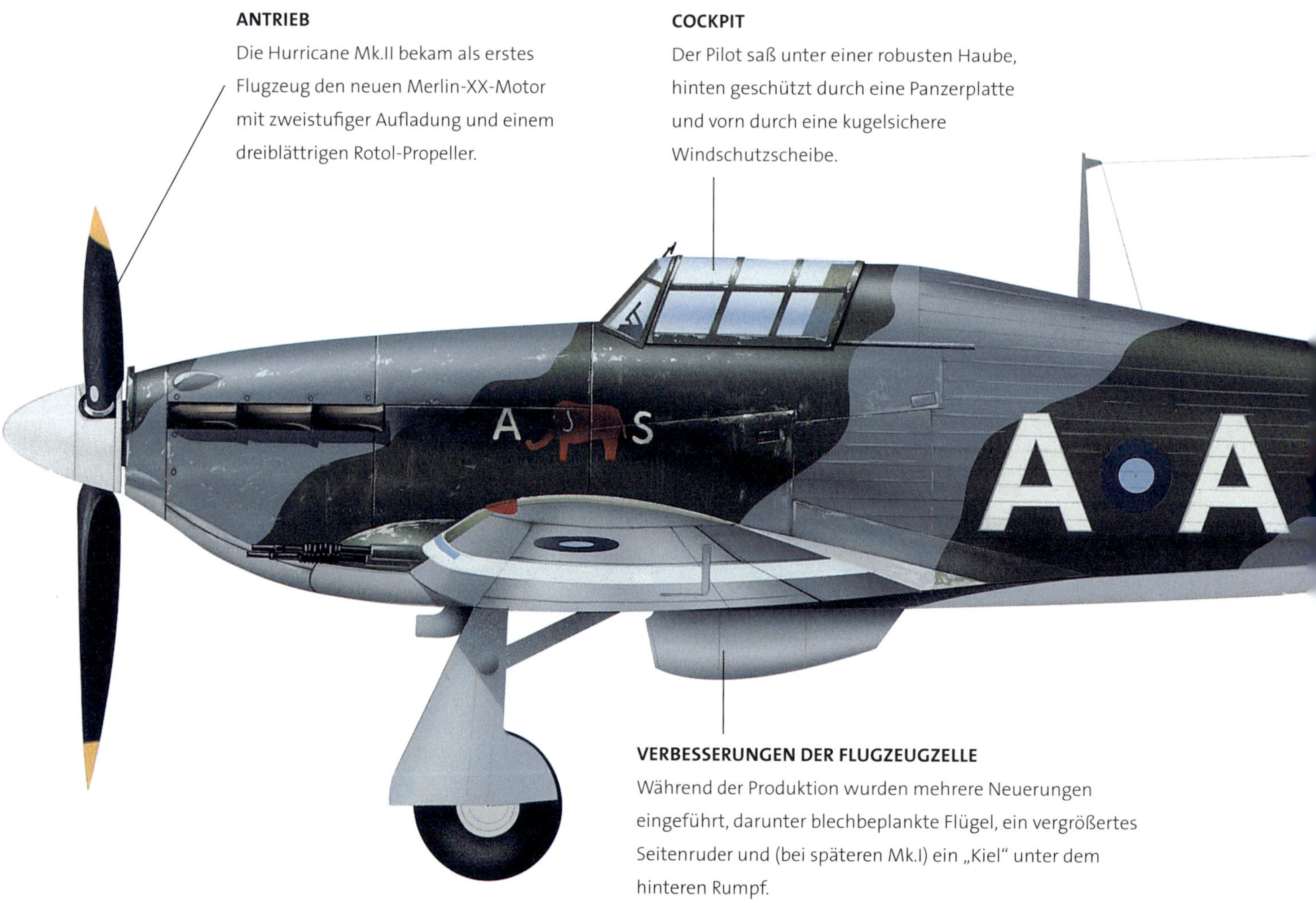

feindliche Flugzeuge als sämtliche Verteidigungsmittel in der Luft und am Boden zusammen. Auf dem Höhepunkt der Schlacht, am 8. August 1940, verfügte der Fighter Command über nicht weniger als 32 Hurricane-Staffeln, dagegen nur über 19 Spitfire-Einheiten.

Der Pilot James Nicholson errang am Steuer eine Hurricane das Victoria Cross – die einzige Medaille ihrer Art, die je einem Mitglied des Fighter Command verliehen wurde. Als seine Hurricane bereits in hellen Flammen stand, führte Nicholson einen erfolgreichen Angriff auf einen schweren Bf 110-Jäger durch.

Ende 1940 wurde die Mk.I durch die Mk.II ergänzt, die von einem verbesserten Merlin XX angetrieben wurde. Zu den Untervarianten gehörten die Mk. IIB mit einer Bewaffnung aus zwölf Maschinengewehren und die Mk.IIC von 1941, die vier 20-mm-Kanonen besaß. Die Mk.IIB/C-Versionen brachten auch neue Flexibilität durch ihre Fähigkeit, zwei 500-Pfund-Bomben oder andere Waffenlasten zu tragen.

Die Hurricane blieb bis 1943 auf allen Schauplätzen ein wichtiges Werkzeug des Fighter Command. Ihre Aktivitäten wurden auf Jagdbomber-, Nachtjäger-, Gefechtsfeldabriegelungs- und Fotoaufklärungsmissionen ausgeweitet.

KANONENBEWAFFNUNG

Die Hispano-20-mm-Kanone wurde nach Vergleichsversuchen mit einer Oerlikon-Waffe für den Einsatz auf der Mk.IIC ausgewählt. Das Flugzeug trug vier Hispanos in den Flügeln. Gelegentlich wurden zwei Kanonen entfernt, um bei Einsätzen im Fernen Osten Gewicht zu sparen.

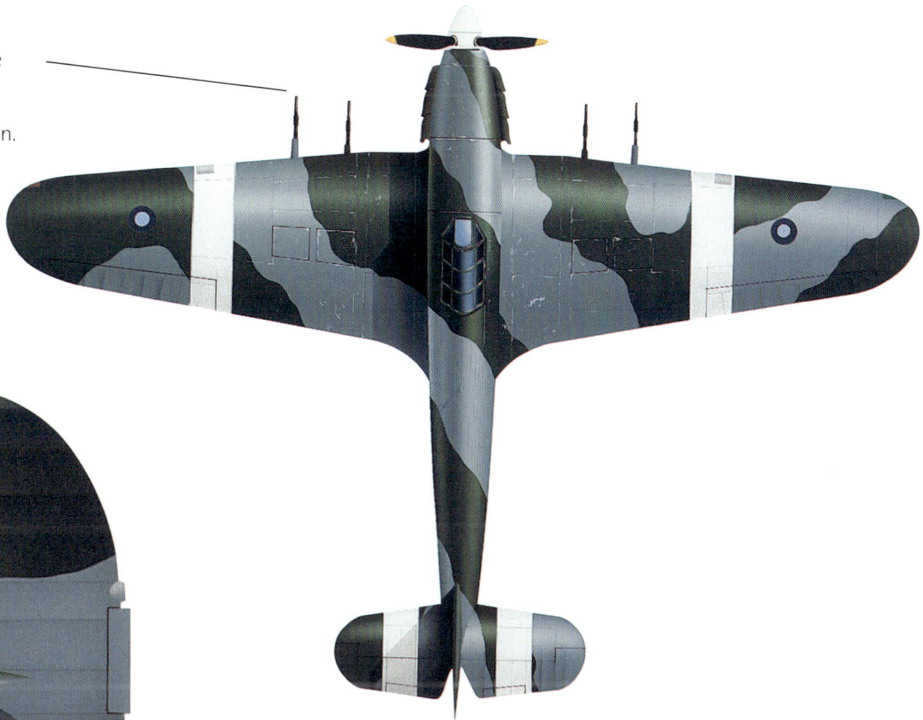

FLOSSE

Die Flosse war um einen zentralen Vorsteven konstruiert, an dem das Ruder angebracht war. Es hatte oben ein kleines Horn und war mit einem Navigationslicht ausgestattet.

KLEINE REPARATUREN

Während ihrer gesamten Karriere behielt die Hurricane den stoffbespannten hinteren Rumpf. Das war antiquiert, erwies sich jedoch als einfacher zu reparieren und trug zur Überlebensfähigkeit bei.

KZ352 war eine Hurricane Mk.IIC, die 1944 bei der No. 1 Squadron der Royal Indian Air Force in Imphal (Manipur) diente. Diese Einheit führte 1034 Einsätze zur Verteidigung von Imphal durch, bei der die Commonwealth-Streitkräfte den Japanern eine Niederlage einbrachten. Das war ein Wendepunkt in der Burma-Kampagne.

Hawker Hurricane (1935)

Eine Hurricane Mk.IID der No. 6 Squadron, berühmt als führende Vertreterin der Kunst des Panzerknackens. Die Wirkung der Mk.IID in der westlichen Wüste brachte dem Geschwader den Spitznamen „The Flying Can-Openers" (die fliegenden Dosenöffner) ein.

Als Jäger konnte es die Hurricane nicht mit der Geschwindigkeit vieler Zeitgenossen aufnehmen, aber sie war eine manövrierfähige Waffenplattform, robust und in der Lage, Kampfschäden wegzustecken. In der Rolle des Nachtjägers kam die Hurricane erstmals bei der Luftschlacht um England zum Einsatz, und als die Mk.II auf den Plan trat, erstreckte sich die Nachtarbeit auch auf die Gefechtsfeldabriegelung über dem besetzten Europa. Nachtjäger-Hurricanes dienten im Nahen Osten und verteidigten im Mai 1941 die Kanalzone, während zahlreiche mit Radar ausgestattete Mk.IIC ab Mai 1943 in Indien Fronteinsätze absolvierten. Am Ende des Krieges stand die Hurricane nur noch im Fernen Osten an der Front.

Eine spezielle Panzerabwehrversion war die mit einer 40-mm-Kanone unter den Flügeln bewaffnete Hurricane Mk.IID. Sie wurde 1942 in Dienst gestellt und war hauptsächlich in Nordafrika im Einsatz.

Das Hauptmerkmal der Hurricane Mk.IV war der „Universalflügel", der bis zu acht Raketengeschosse oder andere externe Lasten aufnehmen konnte. Die Hurricane Mk.IV war in der Tat das erste alliierte Flugzeug mit Luft-Boden-Raketen – eine Fähigkeit, die den Nutzen des Basismusters bedeutend

TECHNISCHE DATEN (HURRICANE MK.IIC)

Typ	Nachtjäger/Angreifer
Abmessungen	Länge 9,75 m Spannweite 12,19 m Höhe 4,00 m
Startgewicht max.	3.583 kg
Antrieb	1 x 1.280 PS Rolls-Royce Merlin XX V12-Motor, flüssigkeitsgekühlt
Höchstgeschwindigkeit	546 km/h
Reichweite	740 km
Dienstgipfelhöhe	10.850 m (35.600 ft)
Besatzung	1
Bewaffnung	vier 20-mm-Kanonen plus zwei 500-Pfund-Bomben

Piloten eilen in Hendon zu ihren Hurricanes. Am 15. September 1940 zerstörten Hurricanes der No. 504 Squadron acht feindliche Flugzeuge und beschädigten fünf weitere.

erweiterte. Maßgeschneidert für die Bodenangriffsrolle, entwickelte sich die Mk.IV zur abschließenden Version der Hurricane.

Die Hurricane wurde insgesamt 14.231 Mal gebaut, inklusive der in Kanada hergestellten Hurricane Mk.X, XI und XII sowie der Sea Hurricanes. Letztere Variante entstand meist durch Umbau landgestützter Jäger. Die erste Neuauflage war die Sea Hurricane Mk.IB mit Katapultspulen und einem Fanghaken an einem V-förmigen Rahmen. Durch Einbau des Merlin XX entstand die Sea Hurricane Mk.IIB. Die Variante Mk.IC war ähnlich, besaß jedoch Kanonenbewaffnung.

Die ersten trägergestützten Sea Hurricanes wurden im März 1941 in Dienst gestellt. Sie waren am Angriff auf den arktischen Hafen von Petsamo beteiligt, der von der HMS Furious aus stattfand. Mit Einführung der kleineren Geleitträger etablierte sich die Sea Hurricane in einer neuen Nische. Sie operierte in der Arktis und im Mittelmeer und nahm an Aktionen zur Unterstützung der Malta-Konvois teil, bis sie 1943 durch modernere Flugzeuge ersetzt wurde.

Die letzten Hurricanes der Royal Air Force wurden im Januar 1947 bei der No. 6 Squadron außer Dienst gestellt. Hurricanes flogen auch bei den Streitkräften von Ägypten, Finnland, Indien, Irland, Persien, der Türkei und UdSSR.

„HURRICAT“

Auch wenn sie später von MAC (Merchant Aircraft Carrier)-Schiffen und konventionellen Trägern flog, wurde die erste See-Hurricane zunächst als Notlösung für den Schutz von Konvois im Nordatlantik entwickelt. Diese „Hurricat“ sollte von einem Katapult am Bug von CAM (Catapult Armed Merchantmen)-Schiffen aus starten und Focke-Wulf Fw 200 Condor-Langstreckenflugzeuge abfangen. Wenn kein Land in Reichweite war, musste der Pilot der „Hurricat“ sein Flugzeug so nah wie möglich am Konvoi auf das Wasser setzen und auf Rettung hoffen. Dies war zwar nur eine Behelfslösung gegen die Condor (Churchill nannte sie „Geißel des Atlantiks“), doch immerhin erbrachte die Kombination aus „Hurricat“ und CAM-Schiff einige Erfolge: 1941 konnten sechs feindliche Flugzeuge zerstört werden. Das erste Opfer der „Hurricat“ war eine Fw 200 im August des Jahres.

Boeing B-17 Flying Fortress (1935)

Die B-17 war maßgeblich für die Niederlage der Luftwaffe im Zweiten Weltkrieg mitverantwortlich und bildete das Rückgrat der 8th U.S. Air Force. Ihr Einsatzgebiet erstreckte sich über das ganze besetzte Europa, wo sie an einigen der härtesten Luftschlachten der Geschichte beteiligt war. Die Fliegende Festung diente auch auf anderen Kriegsschauplätzen und in einer Vielzahl unterschiedlicher Rollen.

Die viermotorige B-17, einer der bekanntesten schweren Bomber des Zweiten Weltkriegs, ist heute vor allem wegen ihrer Tageslicht-Präzisionsbombardements der U.S. Army Air Forces über Europa in Erinnerung. Ihr Prototyp „Model 299" entstand nach einer Spezifikation des U.S. Army Air Corps (USAAC) vom Mai 1934 und flog erstmals im Juli 1935. Zu diesem Zeitpunkt war man der Meinung, dass ein hochfliegender, schwerbewaffneter Bomber das effektivste Mittel zur Zerstörung strategischer Ziele bei Tageslichtangriffen sei. Eine Vorstellung, die bei der Bombenoffensive von 1942 bis 1945 auf die Probe gestellt wurde.

Auf das Boeing-Modell 299 (inoffiziell XB-17) folgte eine Vorproduktionsserie von Y1B-17- (spätere Bezeichnung: YB-17) und Y1B-17A-(B-17A)-Flugzeugen,

COCKPIT
Das übersichtliche und geräumige Cockpit der B-17 zeigte Boeings Erfahrung im Flugzeugdesign.

OBERER TURM
Der motorgetriebene obere Sperry-Turm wurde vom Flugingenieur bedient, der auch für die Kraftstoffversorgung und einfache Reparaturen während des Fluges verantwortlich war.

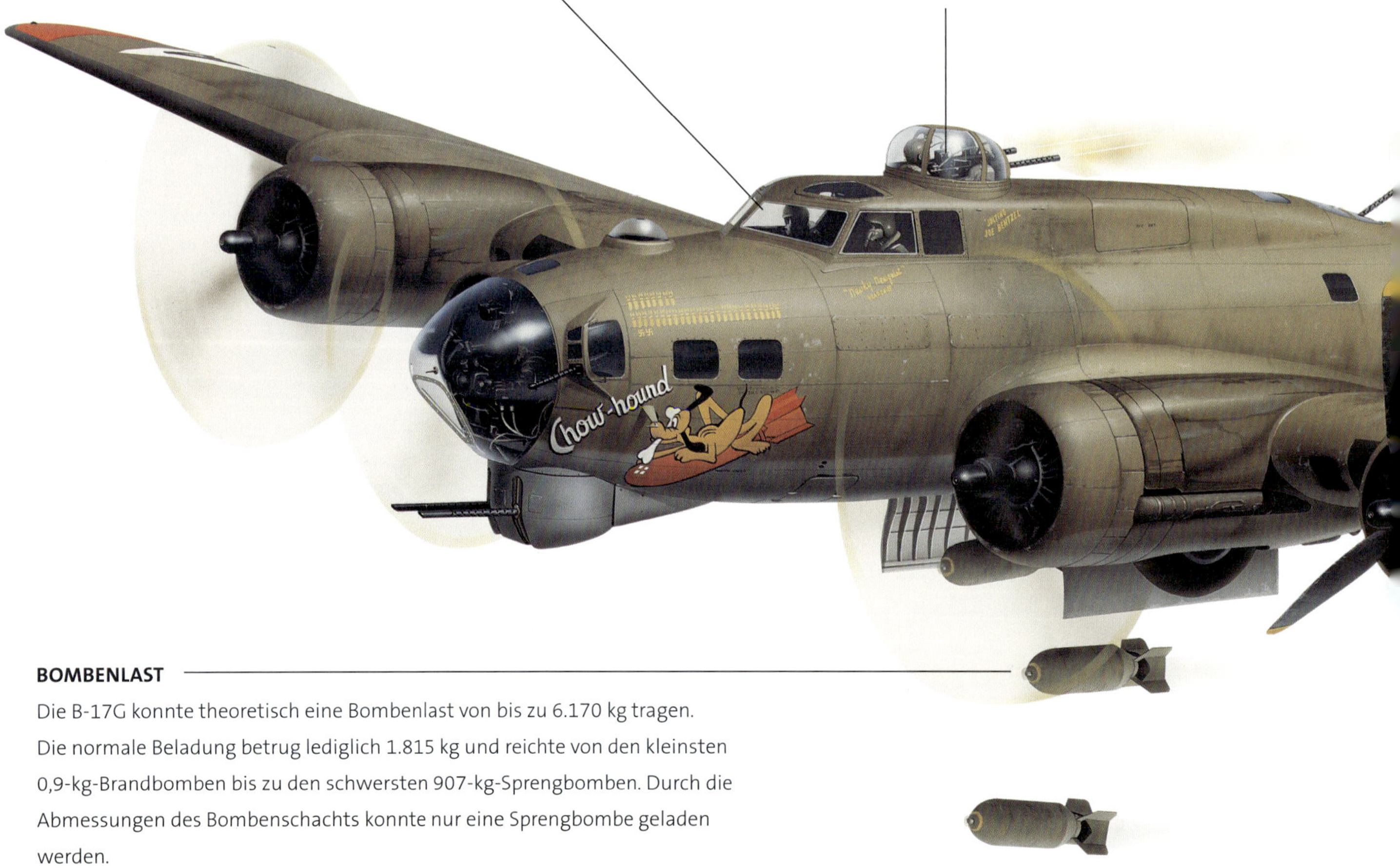

BOMBENLAST
Die B-17G konnte theoretisch eine Bombenlast von bis zu 6.170 kg tragen. Die normale Beladung betrug lediglich 1.815 kg und reichte von den kleinsten 0,9-kg-Brandbomben bis zu den schwersten 907-kg-Sprengbomben. Durch die Abmessungen des Bombenschachts konnte nur eine Sprengbombe geladen werden.

Eine Frontalansicht einer B-17C, von der im Jahre 1939 exakt 39 Exemplare bestellt wurden. Diese Flugzeuge waren aufgrund der stärkeren Panzerung und Verteidigungsbewaffnung und der zusätzlichen Ausrüstung schwerer als ihre Vorgänger. Kräftige 1200-PS-Motoren machten die B-17C dennoch zur schnellsten Flying-Fortress-Version.

die von 1936 bis 1938 strengen Tests unterzogen wurden. Zur Erprobung des neuen Bombers im Zeitraum 1939-41 verwendete man kleine Chargen von B-17B-, B-17C- und B-17D-Flugzeugen. Zum Zeitpunkt des eingeschränkten Diensteintritts der B-17B im Jahr 1939 war die Flying Fortress der schnellste und am höchsten fliegende Bomber der Welt.

Die B-17E war die erste echte Einsatzversion der Flying Fortress. 512 die-

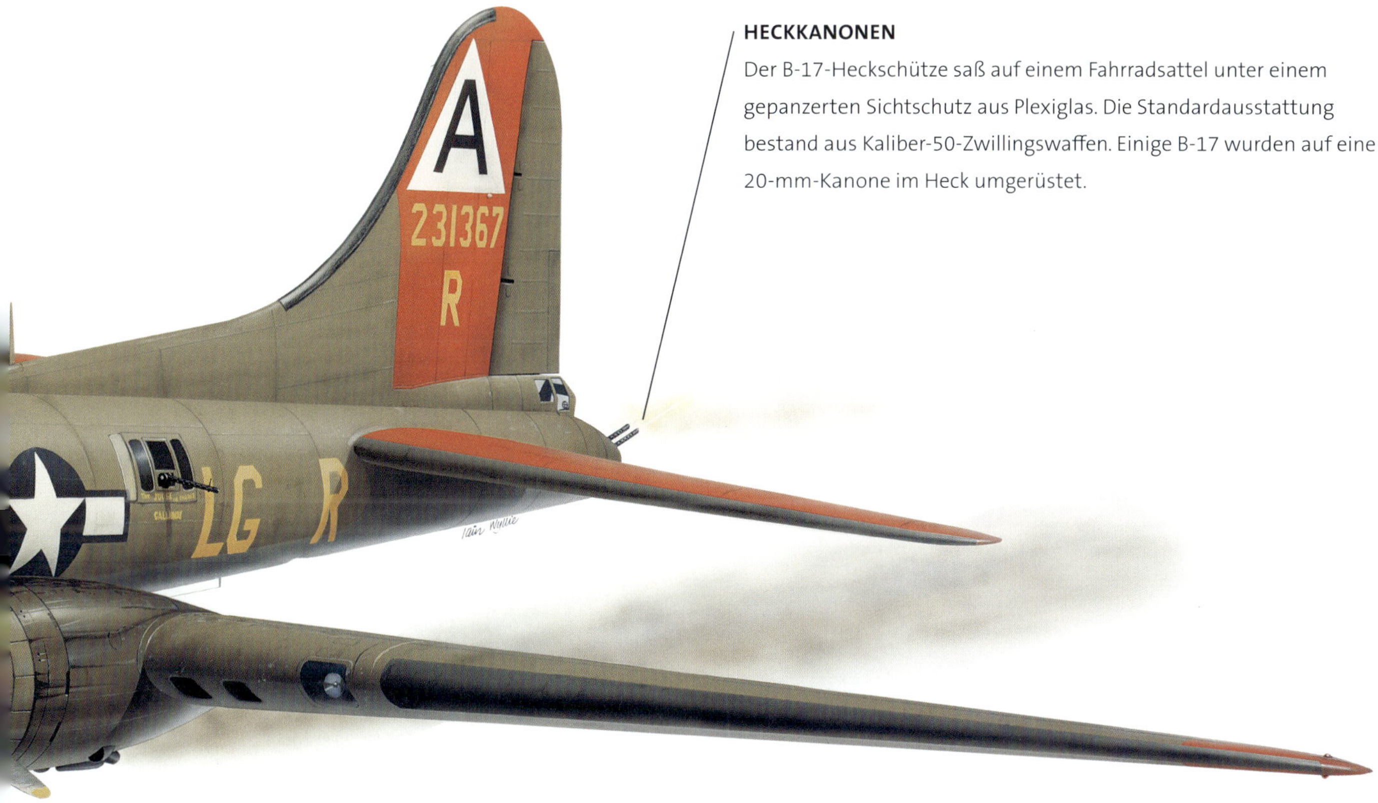

HECKKANONEN

Der B-17-Heckschütze saß auf einem Fahrradsattel unter einem gepanzerten Sichtschutz aus Plexiglas. Die Standardausstattung bestand aus Kaliber-50-Zwillingswaffen. Einige B-17 wurden auf eine 20-mm-Kanone im Heck umgerüstet.

Chowhound, eine von Boeing gebaute B-17G, gehörte der 322rd Bomb Squadron der 91. Bomb Group an. Sie kam im Januar 1944 in den ersten operativen Einsatz. Das Flugzeug ging durch Flakbeschuss über Caen im August 1944 verloren. Nur ein Besatzungsmitglied überlebte.

Die B-17C erhielt eine „Badewanne“ wie bei der B-17D, aber bündig eingebaute Kanonen anstelle der seitlichen Beulen. Die auffälligen Markierungen stammen aus der Zeit vor 1941.

ser Flugzeuge wurden gebaut. Sie verfügte über ein überarbeitetes Leitwerk mit deutlich vergrößerten Ruderflächen und einer markanten Rückenflosse sowie eine verbesserte Abwehrbewaffnung mit zusätzlichen Maschinengewehren. Die B-17E hatte als erste Version einen Heckschützen, zwei motorbetriebene Zwillings-Geschütztürme hinter dem Cockpit und unter der Rumpfmitte. Die B-17E nahm als erster schwerer Bomber der 8th Air Force in Europa an Einsätzen teil, bei denen Flugzeuge der 97th Bomb Group Rangierbahnhöfe in Rouen angriffen.

Die nachfolgende B-17F war der B-17E weitgehend ähnlich. 3.405 Exemplare entstanden zwischen 1942 und 1943. Die B-17F war für höhere Bombenlasten ausgelegt und bekam eine vergrößerte, rahmenlose Plexiglasnase. Aufgrund der Kampferfahrungen wurde sie mit selbstdichtenden Kraftstofftanks ausgerüstet. Die meistgebaute Variante war die B-17G, von der 8.680 Einheiten in den Fabriken der Unternehmen Boeing, Douglas und Lockheed-Vega produziert wurden. Ein Hauptmerkmal war ihr Doppelkanonen-Kinnturm unter der Bugspitze, der gegen frontale Jägerangriffe schützte. Zur neuen Bewaffnung gehörten auch der überarbeitete Heckturm und versetzte, geschlossene Rumpfkanonenpositionen. Die B-17G verfügte nun in der Regel über 13 Maschinengewehre und verbesserte Turbolader, die die Dienstgipfelhöhe auf 10.670 Meter erhöhten. Die gesamte neue Zusatzausrüstung führte allerdings zu Einbußen bei der Reisegeschwindigkeit.

Zu den typischen Taktiken der 8th Air Force über Europa gehörten riesige „Box“-Formationen von Bombern, die Tag für Tag ins Herz des Dritten Reiches vordrangen und ihre zahlenmäßige Stärke und beeindruckende Verteidigungsbewaffnung zum Schutz gegen Luftwaffenjäger einsetzten.

Beim letzten Tiefenangriff ohne Jagdschutz kamen im Oktober 1943 291 B-17 und B-24 gegen die Schweinfurter Kugellagerfabrik zum Einsatz. Dabei wurden 60 Bomber als vermisst gemeldet, 17 als abgestürzt oder bei Rückkehr abgeschrieben und 121 als beschädigt. Angesichts der zunehmenden Verluste setzte die USAAF Begleitjäger ein, die die Bomber auf ihrem Flug ins Zielgebiet und zurück zu ihren Stützpunkten in Ostengland beschützten.

Eine andere Selbstschutzmaßnahme war der Einsatz von YB-40-Eskorten

TECHNISCHE DATEN (B-17G)

Typ	Mittlerer/schwerer Tageslichtbomber
Abmessungen	Länge 22,78 m Spannweite 31,62 m Höhe 5,82 m
Startgewicht max.	32.660 kg
Antrieb	4 x 1200 PS Wright Cyclone R-1820-97-Sternmotor
Höchstgeschwindigkeit	462 km/h
Reichweite	3.220 km mit Bombenlast
Dienstgipfelhöhe	11.280 m (37.000 ft)
Besatzung	10
Bewaffnung	13 x 12,7-mm-Maschinengewehre (Cal .50) plus Bombenladung max. 7.983 kg

Ohne leistungshemmende Tarnung steuern von Douglas gebaute B-17G der 881st Bomb Group (352nd und 533rd Bomb Squadron) der RAF Ridgewell ihr Ziel im besetzten Europa an.

– noch schwerer bewaffnete fliegende Festungen, von denen einige bis zu 30 Maschinengewehre trugen. Das YB-40-Konzept wurde als nicht sehr wirksam eingeschätzt, doch im Januar 1944 eskortierten P-51-Jäger B-17 den ganzen Weg nach Berlin und zurück.

Die Fliegenden Festungen flogen den Großteil ihrer Kampfeinsätze in Europa. Eine kleinere Anzahl diente im Nahen und Fernen Osten. Im pazifischen Raum wurde die USAAF B-17 zusätzlich zu Bombenangriffen zur Nahunterstützung für Seepatrouillen- und Aufklärungsaufgaben herangezogen. Bei Langstrecken-Bombenangriffen im Pazifik zog die U.S. Army Air Force im allgemeinen die B-24 der B-17 vor, da letztere eine geringere Reichweite hatte.

B-17 flogen während des Krieges auch bei den Bomber- und Coastal Commands der Royal Air Force. So nahm eine RAF Fortress Mk I (B-17C) als erste ihres Typs im Juli 1941 an einem Angriff auf den Hafen von Wilhelmshaven teil.

Gegen Ende des Krieges hatte die B-29 die B-17 als Bomber überflüssig gemacht, doch die Flying Fortress nahm weiterhin Unterstützungsaufgaben wie Luft-See-Rettung, Frühwarnung aus der Luft und Einsätze als ferngesteuerte Zielflugzeuge wahr.

„BLITZWOCHE“

Im Juli 1943 starteten die Alliierten ihre erste Dauerbombardierung gegen wichtige Industrieziele tief im Dritten Reich. Mit dem ersten Angriff am 24. Juli begann die „Blitzwoche“ mit einer vereinten Streitmacht von 13 Bombengruppen der 8th Air Force unter dem Kommando von Generalmajor Ira Eaker. Beim Einsatz vom 24. Juli wurde eine B-17-Formation zum Angriff auf Ziele in Norwegen geschickt, wobei nur ein Flugzeug verloren ging. Am folgenden Tag versammelten sich 323 B-17, um Hamburg und Kiel anzugreifen. Hier stießen sie auf viel stärkeren Widerstand und verloren 15 Bomber über Hamburg sowie vier weitere über Warnemünde. Am 26. griffen 303 B-17 Hamburg und Hannover an. Der bisher längste Angriff des VIII. Bomber Commands fand am 28. Juli statt, als 182 B-17 Kassel und Oschersleben bombardierten. Höhepunkt der „Blitzwoche“ war der 30. Juli, als 186 B-17 nach Kassel flogen. Im Laufe von sechs Tagen verlor das VIII. Bomber Command bei 1.672 Einsätzen 88 B-17.

Douglas C-47 Skytrain (1935) 

Die C-47 steht auch noch im zweiten Jahrzehnt des 21. Jahrhunderts im Militäreinsatz. Das allein beweist schon die Genialität des Entwurfs, der im Jahre 1935 erstmals als Verkehrsflugzeug erschien. Im Zweiten Weltkrieg spielte die C-47 eine führende Rolle bei entscheidenden Luftangriffen in Europa und im Pazifik.

Der Militärtransporter Douglas C-47 Skytrain, eine Weiterentwicklung der DC-3, ist das bekannteste Transportflugzeug und wohl auch das bekannteste Flugzeug aller Zeiten. Als Verkehrsflugzeug führte die Maschine neue Standards für Geschwindigkeit und Komfort im Luftverkehr ein. In ihrer ersten Militärversion erschien die DC-3 Ende 1939 als C-41 Command Transport mit VIP-Unterkünften und militärischer Fernmeldeausrüstung. 1940

COCKPIT
Der C-47-Kommandant sitzt wie üblich links. Der Co-Pilot ist unter anderem für die Funkgeräte und Gashebel zuständig.

KABINE
Die typische Truppentransporter-Innenausstattung umfasst Reihen von praktischen Schalensitzen entlang der Kabinenwände. Sie können für Frachtflüge entfernt werden.

PROPELLER
Die C-47-Grundversion besitzt dreiflügelige, verstellbare Hamilton-Standard-Propeller. Ein Geschwindigkeitsregler in der Nabe steuert die Neigung jedes Blattes.

KRAFTSTOFF
Die Haupttanks mit einem Fassungsvermögen von 795 Litern befinden sich im Mittelteil vor dem Flügelholm. Sie werden von zwei 760 Liter-Hilfstanks hinter dem Holm ergänzt.

wurde das Flugzeug vom U.S. Army Air Corps in großer Stückzahl als Truppentransporter geordert. Dafür bekam es zahlreiche Änderungen wie Sitzreihen an den Kabinenwänden und Pratt & Whitney-R-1830-Sternmotoren anstelle der vorherigen Wright Cyclones.

Die erste Truppentransporter-Version der U.S. Army, die C-47, wurde insgesamt 93 Mal gebaut, bevor man die Produktion auf die C-47A mit einem verbesserten elektrischen System umstellte. 4.931 dieser Flugzeuge liefen vom Band. Durch die Ausrüstung mit Höhenladern und R-1830-90-Motoren entstand die C-47B. Sie leistete gute Dienste beim Transport von Vorräten über den Atlantik und über die „Hügel" des Himalayas nach China.

Unter den zahllosen, später entstandenen Versionen war die C-53 Skytrooper, eine nur wenig veränderte Militärversion des Standard-DC-3-Verkehrsflugzeugs mit 28 Sitzen. Im Verlauf des Krieges stieg die C-47-Produktion auf über 10.000 Flugzeuge, annähernd 5.000 weitere entstanden in der UdSSR als Lisunow Li-2 in Lizenz. Zu den ausländischen Lizenzprodukten gehörte auch die L2D von Showa und Nakajima in Japan, die auch im Zweiten Weltkrieg im Kampfeinsatz war.

Die C-47 diente ab 1942 als Standard-Transportflugzeug und Segelflugzeugschlepper der USAAF und nahm an allen US-Luftlandeoperationen des

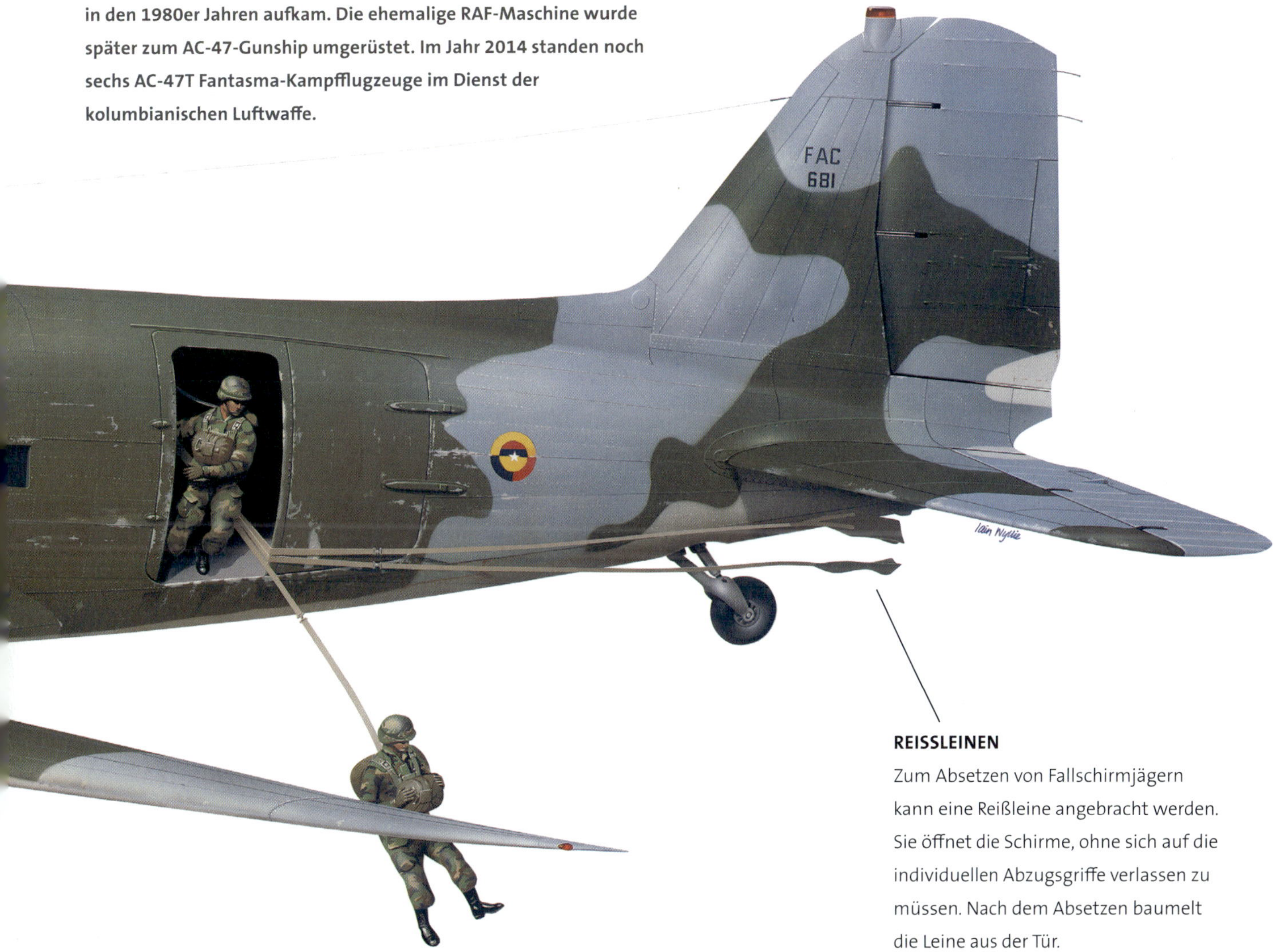

Die C-47A Serie FAC-681 der kolumbianischen Luftwaffe, wie sie in den 1980er Jahren aufkam. Die ehemalige RAF-Maschine wurde später zum AC-47-Gunship umgerüstet. Im Jahr 2014 standen noch sechs AC-47T Fantasma-Kampfflugzeuge im Dienst der kolumbianischen Luftwaffe.

REISSLEINEN

Zum Absetzen von Fallschirmjägern kann eine Reißleine angebracht werden. Sie öffnet die Schirme, ohne sich auf die individuellen Abzugsgriffe verlassen zu müssen. Nach dem Absetzen baumelt die Leine aus der Tür.

Die C-47A Buzz Buggy der 81st Troop Carrier Squadron, 436th Troop Carrier Group, trug D-Day-Erkennungsstreifen und war von März 1944 bis Februar 1945 in Membury (England) stationiert.

Krieges teil. General Dwight D. Eisenhower sah sie auf Augenhöhe mit Panzerfaust, Jeep und Atombombe als eine der Waffen, die am meisten zum Sieg der Alliierten beitrugen.

Zu den bekanntesten Ereignissen gehört der Abschuss einer Mitsubishi A6M Zero durch einen C-47 Piloten, der ein Browning Automatic Rifle (BAR) in den Wind richtete und das Feuer eröffnete. Der Flügel einer anderen C-47 wurde so stark beschädigt, dass sie den einer DC-2 erhielt und als asymmetrische „DC-2-and-a-half" weiterflog. Zu den Aufgaben der C-47 zählten Einsätze in Sizilien, Neuguinea, der Normandie und Südfrankreich sowie Angriffe auf die Brücken von Nimwegen und Arnheim.

Das Flugzeug diente auch als „Dakota" bei der RAF, die 1.895 Exemplare bei nicht weniger als 25 Staffeln im Einsatz hatte. Zu den britischen Varianten der C-47 gehörten die Dakota Mk I, Dakota Mk II (C-53), Dakota Mk III (C-47A) und Dakota Mk IV (C-47B).

TECHNISCHE DATEN (C-47)

Typ	Militärtransporter
Abmessungen	Länge 19,43 m Spannweite 29,11 m Höhe 5,18 m
Startgewicht max.	11.793 kg
Antrieb	2 x 1.200 PS Pratt & Whitney R-1830-92 14-Zylinder-Doppelsternmotor
Höchstgeschwindigkeit	370 km/h
Reichweite	2.575 km
Dienstgipfelhöhe	7.315 m (24.000 ft)
Besatzung	3
Bewaffnung	keine

Die Skytrain blieb für die USAF bis weit in die Nachkriegszeit ein wichtiges Transportmittel. Während der Berliner Luftbrücke 1948/49 spielte er eine wichtige Rolle beim Military Air Transport Service (MATS). Im Jahr 1961 befanden sich noch über 1.000 Exemplare im Bestand. Danach glänzte die C-47 bei zahlreichen Spezial- und Nebenaufgaben auf der ganzen Welt, darunter Antarktiserkundungen, Seepatrouillen, Navigationstrainings, Suche und Rettung (mit einem abwerfbaren Rettungsboot unter dem Rumpf), Radar-Gegenmaßnahmen oder Personaltransport.

In den frühen Jahren des Vietnamkrieges waren bei der USAF bewaffnete AC-47 im Einsatz. Die letzte Version der AC-47D, „Puff the Magic Dragon", war mit drei 7,62-mm-Kleinstkanonen mit 21.000 Schuss Munition bewaffnet, die durch die Tür und die Steuerbord-Seitenfenster feuerten. AC-47 flogen auch bei ausländischen Betreibern, insbesondere in Lateinamerika, wo sie als Skytrain-Kampfflugzeuge noch heute im Einsatz sind.

Das maritime Gegenstück der C-47 war die R4D der U.S. Navy. Sie wurde ab 1949 durch eine militärische Version

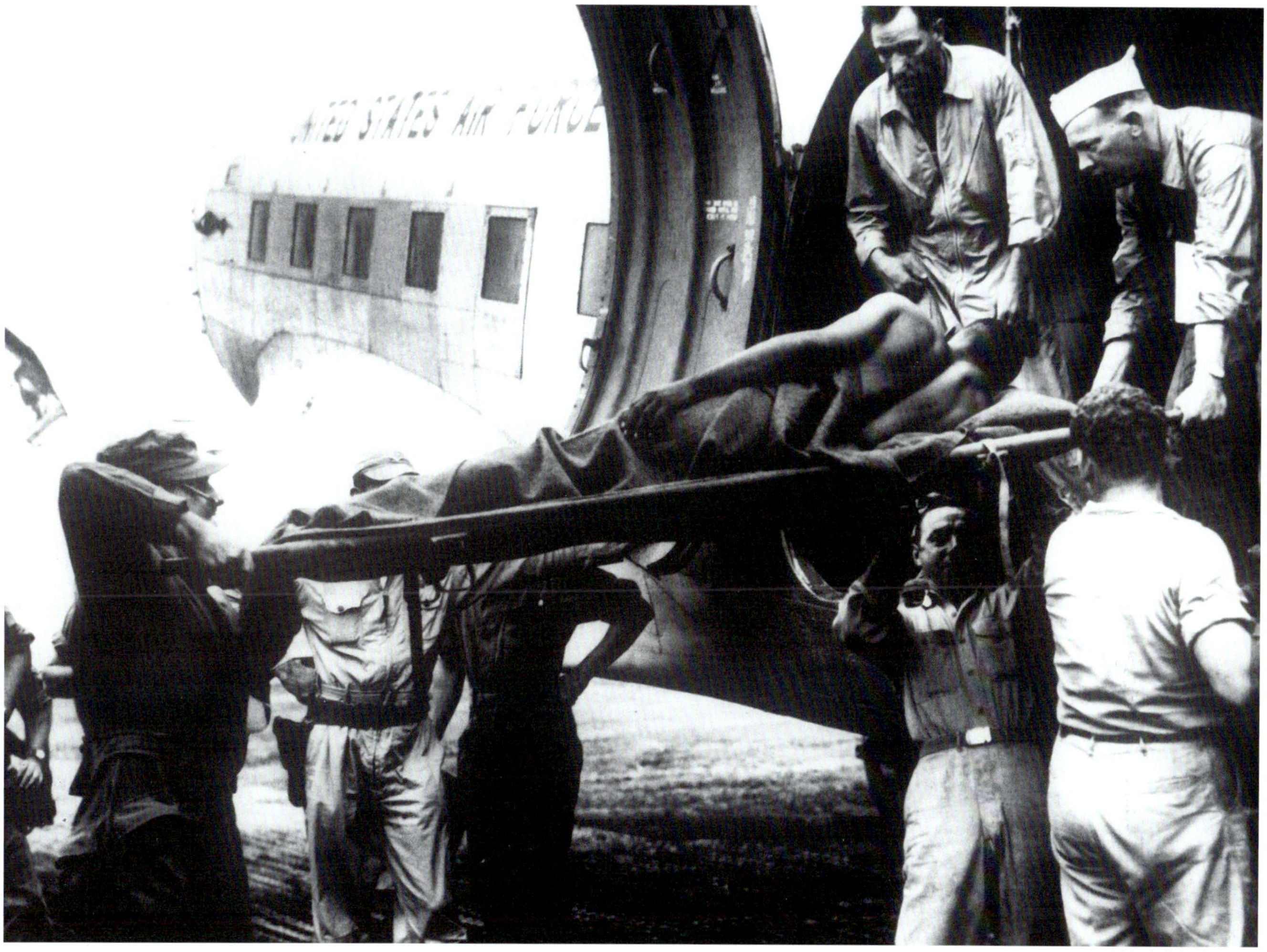

Verletzte des Koreakriegs werden in eine USAF C-47 auf einem Feldflugplatz geladen, um sie zu weiter südlich gelegenen Luftwaffenstützpunkten zu evakuieren. Diese Patienten werden Ende 1950 von der Front in der Nähe von Hagaru-ri evakuiert.

der überarbeiteten Super DC-3 ergänzt, bei der U.S. Navy als R4D-8 bezeichnet (später C-117D). Diese Version hatte eine geringere Spannweite, ein neu gestaltetes Heck, ein verbessertes Fahrwerk und einen verstärkten und verlängerten Rumpf mit Platz für 30 bis 38 Passagiere. Während die „Super" von Wright R-1820-80 Cyclones angetrieben wurde, konzentrierten sich spätere Umbauten auf Turboprops wie die von zwei Pratt & Whitney Canada PT6A-67R Turboprops angetriebenen beliebten Basler BT-67.

SKYTRAINS ÜBER SIZILIEN

Unter dem Codenamen „Operation Husky" fand bei der Invasion Siziliens im Juli 1943 der erste große alliierte Luftangriff statt. C-47 trugen die Hauptlast der Invasionstruppen aus der Luft und setzten 4.381 Fallschirmjäger ab. In der Nacht des 9. Juli wurden 137 britische Lastensegler zum Einsatz geschleppt, auch von etwa 100 C-47 der 51st US-Troop Carrier Wing. Aufgrund von Navigationsfehlern konnten die Fallschirmjäger ihr Ziel, die Brücke Ponte Grande, nicht erobern, und 69 Lastensegler stürzten ins Meer. Ein ähnliches Schicksal ereilte die 226 C-47 der 52nd Troup Carrier Wing, die gleichzeitig Fallschirmjäger der 82nd Airborne Division absetzten. Navigationsfehler ließen viele Fallschirmjäger weit vom geplanten Ort landen. Trotz aller Probleme konnten britische und amerikanische Truppen viele der Ziele erreichen. Am 10. Juli erfolgte ein Angriff von See aus. Mit seiner Einnahme durch die Alliierten wurde Sizilien zum Sprungbrett nach Italien.

Supermarine Spitfire (1936)

Der führende britische Weltkrieg-2-Jäger war ein Vollblut mit Rennsport-Genen. Das Meisterwerk von R.J. Mitchell gilt als eines der besten Jagdflugzeuge aller Zeiten und kam vom Ausbruch des Krieges bis zum Sieg der Alliierten auf jedem Kriegsschauplatz zum Einsatz.

Die Spitfire verdankte ihre Erfolge den Schneider-Trophy-Wasserflugzeugen aus dem Hause Supermarine. Die erste Serienversion, Spitfire Mk I, machte im März 1936 ihren Erstflug. Sie wurde von einem Merlin-II-Motor angetrieben und war mit acht Maschinengewehren bewaffnet. Die Mk I kam im August 1938 zur RAF und bewies sich im Sommer 1940 in der Luftschlacht um England.

Im September 1940 folgten die Spitfire Mk II mit Merlin-XX-Motor und die Mk-IIB-Version mit zwei 20-mm-Kanonen und vier Maschinengewehren. Das erste Fotoaufklärungsmodell war die Mk IV.

Die wichtigste Serien-Spitfire, die Mk V, erschien im März 1941 mit dem neuen Merlin-Mk-45-Motor und wurde als Standardjäger des RAF Fighter Command 6.479 Mal (von insgesamt 20.351

Diese Spitfire Mk V flog im Juli 1943 bei der No. 2 Squadron in der No. 7 Wing, South African Air Force (SAAF), als Teil der Desert Air Force. Der Typ ersetzte die Curtiss Kittyhawk und ging zunächst von Stützpunkten in Sizilien, später von eroberten Flugplätzen auf dem italienischen Festland aus in den Einsatz.

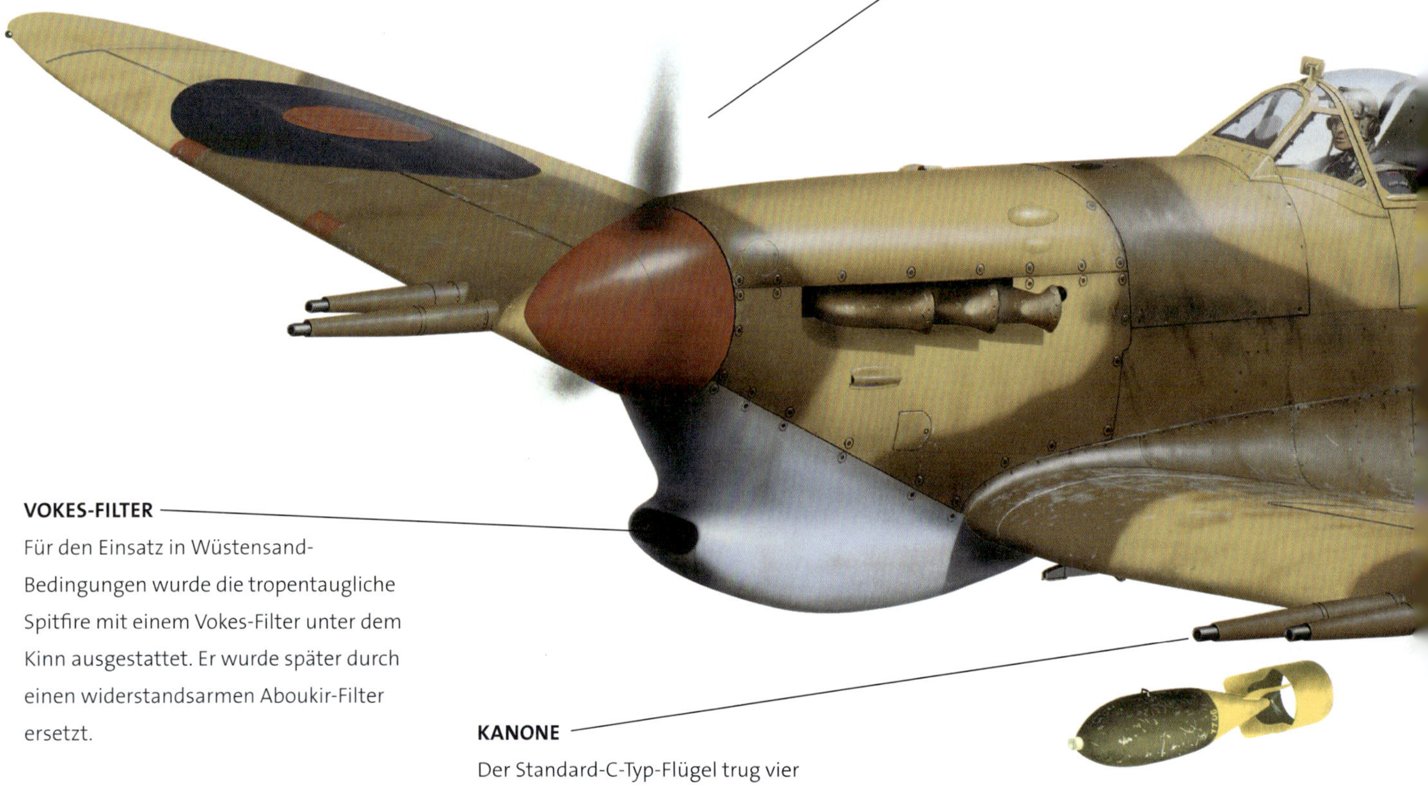

PROPELLER
Der Wirkungsgrad des Motors stieg durch einen Propeller mit konstanter Drehzahl, dessen Blattsteigung automatisch der geforderten Flugleistung angepasst wurde. Das gewährleistete, dass der Motor stets im optimalen Betriebsbereich lief.

VOKES-FILTER
Für den Einsatz in Wüstensand-Bedingungen wurde die tropentaugliche Spitfire mit einem Vokes-Filter unter dem Kinn ausgestattet. Er wurde später durch einen widerstandsarmen Aboukir-Filter ersetzt.

KANONE
Der Standard-C-Typ-Flügel trug vier 20-mm-Hispano-Kanonen mit je 120 Schuss Munition.

Flugzeugen) gebaut. Sie existierte in Varianten wie der Mk VB mit Kanonen- und Maschinengewehrbewaffnung oder der Mk-VC-Jagdbomber mit Außenlast-Vorbereitungen.

Die meisten Mk VC hatten „beschnittene" Flügel für bessere Flugleistungen in Höhen unter 5.000 Fuß (1525 Meter). Die Spitfire Mk VB galt von Mitte 1941 bis zu ihrer Ablösung durch die Mk IX (Mitte 1942) als das Rückgrat des Fighter Command.

Die Spitfire Mk IX mit Merlin-61-Motor und einem zweistufigen Zweigang-Höhenlader stand mit einer Produktionsziffer von 5.665 Maschinen an zweiter Stelle. Sie wurde in aller Eile als Antwort auf den Jagdbomber Fw 190 entwickelt und für gute Flugleistungen in mittleren und großen Höhen optimiert. Daneben gab es eine Version mit gekürzten Flügeln, die LF.Mk IX mit Merlin-66-Motor. Sie wurde in Großbritannien, im Nahen Osten und im Fernen Osten eingesetzt. Dieses Flugzeug konnte zusätzlich zur Geschützbewaffnung zwei 500-Pfund-Bomben unter den Flügeln tragen.

Zwei Höhenjäger-Entwicklungen der Mk IX wurden in Serie gebaut, die Mk VI und VII, beide mit verlängerten Flügelspitzen. Die Mk VIII war wiederum ein Zweirollen-Jäger und Jagdbomber, der wegen seiner Standard-Tropenausrüstung fast ausschließlich im Mittelmeerraum und im Fernen Osten zum Einsatz kam. Im Gegensatz zur hastig entwickelten Mk IX war die Mk VIII von Anfang an auf den Merlin-61/66-Motor zugeschnitten und besaß verschiedene Verbesserungen wie zum Beispiel ein einziehbares Spornrad. Weitere PR-Modelle folgten in Form der unbewaffneten, für Höhenflüge bestimmten Mk X und XI.

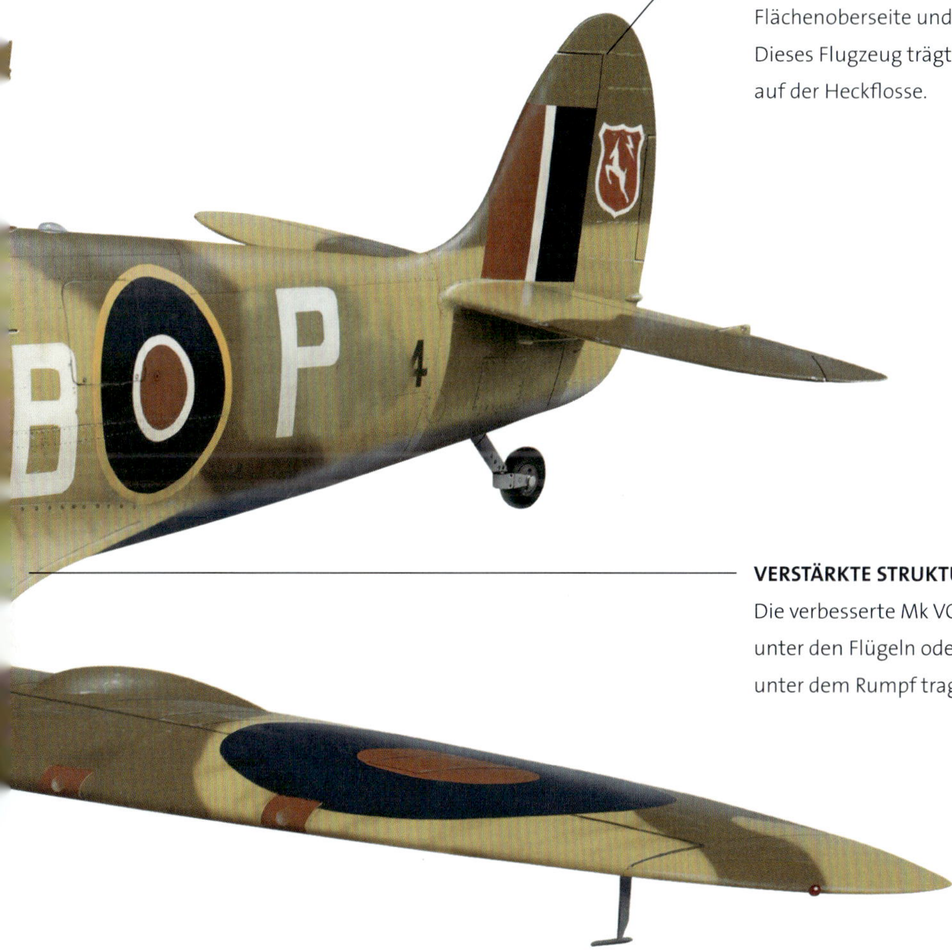

TARNUNG UND MARKIERUNGEN

Das Farbschema der RAF im Nahen Osten bestand normalerweise aus einem Erd-Farbton auf der Flächenoberseite und Himmel- oder Azurblau darunter. Dieses Flugzeug trägt die Insignien von No. 7 Wing der SAAF auf der Heckflosse.

VERSTÄRKTE STRUKTUR

Die verbesserte Mk VC konnte zwei 250-Pfund-Bomben unter den Flügeln oder eine einzelne 500-Pfund-Bombe unter dem Rumpf tragen.

Supermarine Spitfire (1936)

Diese Aufnahme einer in der Luftschlacht um England eingesetzten Spitfire Mk IA zeigt den klassischen elliptischen Flügel und das gelbe Gas-Detektor-Feld, das im Sommer 1940 auf dem Backbordflügel angebracht wurde.

Mit der Einführung der 652 km/h schnellen Mk XVI mit dem Packard Merlin 266 näherte sich die Spitfire ihrer Höchstleistung. Sie kam als Jagdflugzeug und Jagdbomber in mehreren Untervarianten. Die Mk XVI konnte auch Raketengeschosse tragen und die 2nd Tactical Air Force damit in den letzten Kriegsmonaten unterstützen.

Der Merlin-Motor wurde vom Rolls-Royce Griffon abgelöst. Die erste Serien-Spitfire mit dem neuen Griffon IV war die Mk XII. Mit dieser 1943 eingeführten Variante hoffte man, die Fw 190 ein für alle Mal ausschalten zu können. Die Mk XII wurde gefolgt vom Jagdbomber Mk XIV mit dem Griffon 65, der Mitte 1944 in Großbritannien zum Einsatz kam. Am Ende des Krieges tauchte schließlich der 712 km/h schnelle Zweirollen-Jäger und Aufklärer Mk XVIII auf. Die unbewaffnete Fotoaufklärungsversion mit Griffon-Antrieb, PR.Mk XIX, flog 1956 den letzten Einsatz einer RAF-Spitfire. Nach dem Krieg wurde die Jagdflugzeugentwicklung mit der Mk 21 (Griffon 61/64), Mk 22 (Griffon 85) und Mk 24 fortgesetzt.

Die Spitfire flog als Seafire beim Fleet Air Arm mit 2.334 produzierten Flugzeugen. Die ersten Mk-IB-Serien-Seafires basierten auf der landgestützten Mk V und erschienen Ende 1941 nach Erprobungsflügen von Bord des Flugzeugträgers HMS Illustrious. Im Mai 1942 folgte die Seafire Mk IIC mit dem Typ-C-Kanonenflügel anstelle des Typ-B-Flügels. Diese Version war für Einsätze in geringer Höhe vorgesehen. Ihre Nachfolger F.Mk III und LF.Mk III besaßen manuell faltbare Flügel.

Im Jahr 1945 trat die Griffon Seafire auf den Plan, zunächst als F.Mk XV, dann als F.Mk XVII mit Klarsichthaube für bessere Rundumsicht. Letztere war eine Jagdaufklärungsversion. Die F.Mk 56 besaß einen optionalen, gegenläufigen Propeller. Die Nachkriegsversionen F.Mk 46 und F.Mk 47 erhielten runde Kabinendächer, Vorbereitungen für Aufklärungsausrüstung und hydraulisch einklappbare Flügel. Die Mk 47 wurde im Koreakrieg eingesetzt.

TECHNISCHE DATEN (SPITFIRE MK VB)

Typ	Jagdflugzeug
Abmessungen	Länge 9,11 m Spannweite 11,23 m Höhe 3,48 m
Startgewicht max.	3.078 kg
Antrieb	1 x 1.440 PS Rolls-Royce Merlin 45/46/50 V12-Motor, flüssigkeitsgekühlt
Höchstgeschwindigkeit	602 km/h
Reichweite	756 km
Dienstgipfelhöhe	11.280 m (37.000 ft)
Besatzung	1
Bewaffnung	zwei 20-mm-Kanonen plus vier 7,7-mm-Maschinengewehre

Diese Spitfire Mk IA wurde im August 1940 vom südafrikanischen Fliegerass Adolph „Sailor“ Malan geflogen, dem Kapitän der Nr. 74 Squadron. Malan erzielte bis Ende 1940 insgesamt 18 Luftsiege.

SPITFIRES IM MITTELMEER

Die Spitfire ging erstmals als Mk V in den Auslandseinsatz. Im März 1942 wurde eine erste Lieferung dieser Jäger nach Malta verschifft, um die Inselfestung gegen die Achsenmächte zu verteidigen. Die ersten Flugzeuge für den maltesischen Betrieb wurden vom Deck der HMS Eagle auf die Insel geflogen. Im April waren schon über 350 Spitfires auf Malta angekommen, und Träger der Royal Navy und U.S. Navy unterstützten die Lieferungen. Für eine größere Reichweite von Malta aus entwickelte Supermarine einen externen 90-Gallonen-Tank (410 Liter) unter dem Rumpf. Als die Luftwaffe Ende 1942 erstmals Fw 190 in Nordafrika einzusetzen begann, wurde die Spitfire Mk IX dorthin beordert. Die ersten „Spits“ waren im Januar 1943 über dem Mittelmeer. Sie unterstützten die Alliierten dabei, die Luftüberlegenheit wiederherzustellen und flogen Einsätze, die die Versorgungswege der Achsenmächte in der Region abschneiden sollten. Dieses Bild zeigt eine Tropen-Spitfire Mk VC der No. 43 Squadron in Sizilien zum Zeitpunkt, da sich der alliierte Feldzug im Mittelmeer dem italienischen Festland zuwandte.

Junkers Ju 88 (1936)

Die Ju 88 gehörte zu den vielseitigsten Kampfflugzeugen des Zweiten Weltkriegs. Sie diente in unterschiedlichen Rollen – als mittlerer Bomber, für Schiffsangriffe, zur Luftnahunterstützung oder als Nachtjäger – und war ein unverzichtbares Werkzeug der Luftwaffe.

Das Flugzeug wurde als mittlerer Hochgeschwindigkeitsbomber in Ganzmetallbauweise konzipiert. Der erste Ju-88-V1-Prototyp flog im Dezember 1936. Sein Antrieb bestand aus zwei Daimler-Benz-DB-600A-V12-Motoren. Nach neun fertiggestellten Prototypen wurde die Produktion im Jahre 1939 auf den Bau einer Vorserie von zehn Ju-88A-0-Flugzeugen mit Vier-Mann-Cockpit umgestellt. Da die Ju 88 auch Sturzangriffe durchführen sollte, erhielt sie Sturzflugbremsen unter den Außenflügeln. Die Innenflügel wurden für den Transport von Bomben verstärkt.

Bis zum Kriegsausbruch erhielt die Luftwaffe Serienbomber vom Typ Ju 88A-1, von denen bis Ende 1939 rund 60 Exemplare fertiggestellt waren. Nach Erprobungsflügen im Sommer unternahm die I./Kampfgeschwader 30 im September des Jahres erste Kampfeinsätze. Zu Beginn des deutschen Ein-

BESATZUNG
Der Ju 88A-Bomber hatte üblicherweise eine vierköpfige Besatzung: Flugzeugführer, Beobachter/Zielschütze, Funker und Bordschütze.

DEFENSIVBEWAFFNUNG
Der Pilot konnte ein durch die Steuerbord-Windschutzscheibe feuerndes MG-15-Maschinengewehr nutzen. Eine oder zwei solcher Waffen waren im hinteren Cockpitbereich montiert.

BAUCHGONDEL
Diese enthielt ein viertes MG 15, das vom Bombenzielschützen bedient wurde.

BOMBENBELADUNG
Die Ju 88A-5 konnte im Rumpf 28 50-kg-Bomben tragen, dazu weitere bis zu je 500 kg schwere Lasten an vier Trägern unter den inneren Flügeln.

Eine weitere Ju 88A-5 des KG 30. Die I. Gruppe dieses Geschwaders war in Westerland auf Sylt stationiert und setzte als erste Einheit die Ju 88 im Kampf ein. Ihr erster Auftrag war ein Angriff britischer Kriegsschiffe im Firth of Forth am 26. September 1939.

BOMBENTRÄGER

Unter den äußeren Flügelsektionen der Ju 88A-5 konnten zwei zusätzliche Bombenträger für jeweils 250 kg Last angebracht werden.

Grundriss einer Ju 88A-5, die 1940 von Peter Stahl während des Nachtangriffs über Großbritannien geflogen wurde. Das Flugzeug gehörte der 9. Staffel der II./KG 30 an. Die A-5-Version besaß einen Flügel mit großer Spannweite, entwickelt für den im Bau verzögerten A-4-Bomber.

Die meisten Kennzeichen von Stahls Ju 88A-5 waren übermalt, damit das Flugzeug nicht von Suchscheinwerfern entdeckt wurde. Das gelbe „H“ weist auf die Zugehörigkeit zur 9. Staffel der II. Gruppe/KG 30 hin.

marsches in Norwegen waren insgesamt sieben Gruppen auf den Junkers-Bomber umgerüstet worden, und die Produktion stieg auf 300 Flugzeuge pro Monat.

1940 erschien die Ju 88A-2-Version mit Vorkehrungen für ein raketenunterstütztes Startgerät, gefolgt von der A-4 und der ähnlichen A-5. Beide hatten Junkers-Jumo-211-Motoren, eine größere Spannweite und ein verstärktes Fahrwerk. Die Ju 88 spielte eine bedeutende Rolle in der Luftschlacht um England und den anschließenden Blitzangriffen des Jahres 1940. Zu diesem Zeitpunkt war das Muster bereits bei 17 Gruppen im Einsatz.

Die Ju 88A blieb bis zum Ende des Krieges der wichtigste mittlere Bomber der Luftwaffe. Spätere Versionen verfügten über eine Schneidvorrichtung für Ballonkabel (Ju 88A-6), Seesuchradar (A-6/U), tropentaugliche Ausrüstung (A-9, A-10 und A-11), Modifikationen für Schiffsangriffe (A-14), einen vergrößerten Bombenschacht (A-15) und Vorkehrungen für Torpedoschlitten (A-17). Die Bomber kamen auf dem Balkan und im Mittelmeer sowie an der Ostfront zum Einsatz. Wohl am erfolgreichsten waren ihre Angriffe auf alliierte Nordkap-Konvois in den Jahren 1941 und 1942, als die in Norwegen stationierten Ju 88A der III./KG 26 und des KG 30 rund 27 Handelsschiffe und sieben Marineschiffe versenkten.

Die Ju 88 war auch als Nachtjäger sehr erfolgreich. In dieser Rolle kam sie erstmals im Sommer 1940 zum Einsatz. Die ersten dieser Flugzeuge, schwere Ju 88C-2-Jäger der II./NJG 1, griffen britische Bomber-Flugplätze von ihrer Basis in den Niederlanden aus an.

Der erste echte Nachtjäger war die Ju 88C-6B mit dem Radar FuG 220 Lichtenstein BC. Die Ju 88R-Serie bekam weitere Verbesserungen: Die der Ju 88C-6 ähnliche R-1 erhielt BMW-801-Motoren, die Ju 88R-2 BMW-801D-Motoren und ein FuG 217 Neptun-Heckwarnradar.

Während in den Jahren 1942 und 1943 Ju 88C- und R-Nachtjäger entstanden, konzentrierte sich die Produktion weiter auf die Bomberversionen. Infol-

TECHNISCHE DATEN (JU 88G-6C)

Typ	Nachtjäger
Abmessungen	Länge 15,58 m Spannweite 20,00 m Höhe 4,85 m
Startgewicht max.	13.100 kg
Antrieb	2 x 1.800 PS Junkers Jumo 213E V12-Motor, flüssigkeitsgekühlt
Höchstgeschwindigkeit	625 km/h
Reichweite	2.250 km
Dienstgipfelhöhe	10.000 m (32.810 ft)
Besatzung	3
Bewaffnung	vier 20-mm-MG 151/20-Kanonen sowie zwei nach oben gerichtete 20-mm-Kanonen MG 151/20 in der Rumpfmitte

Diese Ju 88A-4 der 3./KG 30 landete im Juli 1941 nach einem Nachtangriff auf Birkenhead versehentlich auf dem RAF-Stützpunkt Lulsgate Bottom. Sie wurde anschließend von der RAF in Farnborough gründlich getestet.

gedessen gab es viel weniger Ju-88-Nachtjäger als entsprechend umgebaute Messerschmitt Bf 110. Als Antwort auf die britische Nachtbombenoffensive von 1943 führte die Luftwaffe die neue Ju 88G ein, die der wichtigste deutsche Nachtjäger werden sollte. Die ersten Ju88G-0-Vorserienflugzeuge wurden von BMW 801D angetrieben und erhielten eine vergrößerte, eckige Heckflosse, Lichtenstein-SN-2-Radar und vier 20-mm-Kanonen. Ju-88G-Serienflugzeuge entstanden in einer Vielzahl von Untervarianten, darunter die in Dessau gebaute, von BMW-801D-Sternmotoren angetriebenen G-6a und G-6b und die in Bernburg produzierte G-6c mit Jumo-213E-Reihenmotoren. Viele dieser Untervarianten besaßen eine Fülle verschiedener Ausrüstungs- und Waffenmodifikationen sowie Radar (darunter die Basisversion SN-2, FuG 218 Neptun und FuG 240 Berlin).

Viele der erfolgreichsten Nachtjäger der Luftwaffe flogen Ju 88, darunter Helmut Lent (Kommandeur des NJG 3, 102 Nachtsiege), Heinz Rökker (2./NJG 2, 62 Siege) und Paul Zorner (II./NJG 100, 59 Abschüsse).

Zu den Ju-88-Spezialversionen gehörten schwere Jäger und Aufklärer (Ju 88C-Serie, meist mit Kanonen- und Maschinengewehrbewaffnung in der Nase), Fernaufklärer (Ju-88D-Serie) und Panzerabwehrflugzeuge. Zur letztgenannten Gruppe zählte die Ju 88P-1, eine Weiterentwicklung der A-4 mit 75-mm-Pak-40-Kanone. Ihre Fortentwicklungen P-2 bis P-4 boten verschiedene Kombinationen schwerer Panzerabwehrwaffen.

MISTEL

Um das Blatt in den hoffnungslosen letzten Kriegsmonaten noch zu wenden, griff die deutsche Luftwaffe zu immer unkonventionelleren Mitteln. So plante sie den Einsatz von Reserve-Ju-88 als unbemannte Raketen. Bei der Verbundwaffe „Mistel" flog eine mit Sprengstoff gefüllte Ju 88 huckepack auf einem bemannten Jäger ins Einsatzgebiet. Sobald das Gespann auf Zielkurs war, wurde die Ju 88 ausgeklinkt, und der Jäger kehrte zur Basis zurück. Mistel I war eine Kombination aus einer Ju 88A-4 und einem Bf-109F-Jäger. Zu den für das Mistel-Programm „zweckentfremdeten" Flugzeugen gehörte auch eine kleine Zahl von schweren Ju 88G-10, Ultralangstrecken-Jägern mit gestreckten Rümpfen für zusätzlichen Treibstofftransport. Mistel-Gespanne konnten in den letzten Kriegsmonaten einige Achtungserfolge verbuchen.

Douglas SBD Dauntless (1938)

Am Ende des Pazifikkrieges war dem ehrwürdigen Sturzkampfbomber Dauntless bereits sein Alter anzumerken. Seine Rolle in einer Reihe wichtiger Seeschlachten kann aber nicht hoch genug eingeschätzt werden, und kein Flugzeug zerstörte mehr japanische Schiffe.

BOMBENVISIER
Das Bombenvisier des Piloten hatte eine dreifach vergrößernde Zieloptik. Sie ragte durch die Frontscheibe und wurde für die Bordkanone oder Bombenabwürfe eingesetzt.

WRIGHT CYCLONE
Die SBD-1 besaß einen R-1820-32 Cyclone mit einer Startleistung von 1.000 PS. Der Lufteinlass auf der Motorhaube führt zum Vergaser.

BOMBEN
Die Unterflügelstationen konnten 100-Pfund-Bomben aufnehmen. Die Hauptbeladung von bis zu 725 kg (1.600 Pfund) saß unter dem Rumpf.

Die spätere Douglas SBD Dauntless war ein Entwurf der Northrop Corporation. Northrop zeichnete auch für den trägergestützten Sturzkampfbomber BT-1 von 1938 verantwortlich, von dem 54 Einheiten für USS Yorktown und USS Enterprise entstanden. Als Douglas Northrop übernahm, diente die BT-1 als Blaupause für den überarbeiteten Prototyp XBT-2 von 1938, eine modifizierte Weiterentwicklung des Northrop-Flugzeugs. Im April 1939 orderte das U.S. Marine Corps 57 SBD-1, die U.S. Navy 87 SBD-2 als Erkundungsflugzeuge und Bomber.

Vor dem US-Engagement im Pazifik hatte Douglas eine verbesserte SBD-3 mit einem zusätzlichen Paar von

Diese Vorkriegs-SBD-1 trägt die Abzeichen des Kommandanten der Marine-Corps-Staffel VSB-1, die Anfang 1941 in Quantico (Virginia) stationiert war. VMB-1 (später VMSB-132) war die zweite Einheit nach VMB-2, die SBD erhielt.

HECK

Seiten- und Höhenleitwerk waren in Halbschalenbauweise gefertigt. Die Steuerflächen waren stoffbespannt, an den Steuerflächen des Hecks befanden sich Trimmklappen.

Douglas SBD Dauntless (1938)

Diese SBD-4 stand im August 1943 bei der VMSB-243 im Einsatz und gehörte zu der 1st Marine Air Wing in Munda auf der Insel New Georgia, einem Teil der Salomonen-Kette.

Bug-Maschinengewehren, selbstdichtenden Tanks und dem Sternmotor Wright R-1820-52 herausgebracht. Die erste SBD-3 flog im März 1941, und als Japan am 7. Dezember 1941 Pearl Harbor angriff, waren bereits über 500 Exemplare ausgeliefert. Am 10. Dezember gelang es einer SBD der USS Enterprise, als erstes US-Flugzeug im Zweiten Weltkrieg ein feindliches Schiff zu versenken: Es war das japanische U-Boot I-70.

Wie die SBD-3 wurde auch die SBD-4 in El Segundo (Kalifornien) gebaut. Zwischen 1942 und 1943 entstanden dort 780 Flugzeuge. Bis 1942 wurden in El Segundo auch mehrere Fotoaufklärungsvarianten der SBD-1, 2 und 3 f gebaut. Mit der Gründung eines neuen Douglas-Werks in Tulsa (Oklahoma) wurde die dortige Produktion auf die SBD-5 umgestellt. 2.409 Flugzeuge dieser Variante liefen vom Band. Die zwischen 1943 und 1944 gebaute SBD-5 hatte einen R-1820-60-Motor, 451 Flugzeuge ihrer Nachfolgerin SBD-6 einen -66-Motor. SBD gehörten auf einem U.S. Navy-Träger in der Regel einer Bomberstaffel (VB) oder „Scout" (Erkundungs-) Staffel (VS) an. Diese waren Teil eines Geschwaders (Wing), dem auch zwei Jäger-Staffeln und eine Torpedobomber-Staffel angehörten. In der Praxis erfüllten VB- und VS-Einheiten ähnliche Aufgaben.

Die Dauntless versenkte mehr japanische Tonnage als jedes andere Flugzeug. Sie hatte großen Anteil an den Erfolgen der U.S. Navy bei den Schlachten von Midway, Coral Sea und den Solomon-Inseln. Das ist umso bemerkenswerter, als die Dauntless schon bei Ausbruch des Krieges als veraltet, untermotorisiert und verwundbar galt und eine geringe Reichweite hatte. Trotz dieser Einschränkungen gelang es einer SBD-Crew der Navy, innerhalb von nur zwei Tagen sieben japanische A6M-Zero-Jäger abzuschießen.

In ihrer vorgesehenen Rolle machte sich die Dauntless im Mai 1942 bei der Schlacht am Korallenmeer einen Namen. SBD-2 und SBD-3 der USS Yorktown griffen mit Douglas-TBD-1-Devastator-Torpedobombern den japanischen Flugzeugträger Shōhō an und sandten ihn nach 30-minütigem Kampf auf den Meeresgrund. Nur drei US-Flugzeuge gingen dabei verloren.

TECHNISCHE DATEN (SBD-5)

Typ	Aufklärer/Sturzkampfbomber
Abmessungen	Länge 10,06 m Spannweite 12,65 m Höhe 3,94 m
Startgewicht max.	4.924 kg
Antrieb	1 x 1200 PS Wright R-1820-60 Sternmotor
Höchstgeschwindigkeit	394 km/h
Reichweite	1.770 km
Dienstgipfelhöhe	7.407 m (24.300 ft)
Besatzung	2
Bewaffnung	12,7-mm-Maschinengewehr (Cal .50), zwei 7,62-mm-Maschinengewehre sowie Bombenladung 1 x 726 kg sowie 2 x 147 kg

Bei der Schlacht um Midway spielte die Dauntless die entscheidende Rolle. Im Juni 1942 starteten 128 Flugzeuge der von Admiral Chester Nimitz geführten Trägergruppen zur Suche nach den Flugzeugträgern des Admirals Isoroku Yamamoto. Sie entdeckten die japanische Streitmacht schließlich bei Einbruch der Dunkelheit, dicht an der Grenze ihrer Reichweite. 40 Sturzkampfbomber gingen verloren. Die übrigen SBD griffen mit ihren panzerbrechenden 1.000-Pfund-Bomben die Flugzeugträger Kaga, Akagi, Hiryu und Soryu an und versenkten alle vier. Drei Träger standen innerhalb von nur drei Minuten in Flammen. So wendeten die tapferen Dauntless-Piloten das Schicksal im Pazifik.

Weitere SBD-Pazifik-Einsätze fanden über Rabaul, Guadalcanal, den Salomonen und Truk statt. Gegen Ende des Krieges wurde die Dauntless als Sturzkampfbomber von der Curtiss SB2C Helldiver abgelöst. Dieses Muster zeigte jedoch zahlreiche Mängel und war letztlich nicht annähernd so erfolgreich. Doch sobald die Helldiver im Dienst stand, zog man ihre Vorgängerin nur noch zu U-Boot-Patrouillen und Luftunterstützungsaufgaben heran.

Die U.S. Army Air Force betrieb die Dauntless als A-24 Banshee. Zu den USAAF-Versionen zählten die A-24 (168 SBD-3A), A-24A (170 SBD-4A) und A-24B (615 SBD-5A). 5.936 SBD aller Versionen wurden insgesamt gebaut.

ANDERE NUTZER

SBD des U.S. Marine Corps mit Rumpf- und Unterflügelbomben sind auf dem Foto unten 1944 auf dem Weg zu japanischen Zielen auf Rabaul. Das USMC war der zweitwichtigste Nutzer der Dauntless und zweifellos der erfolgreichste außerhalb der U.S. Navy. Insgesamt 20 Marine-Corps-Staffeln flogen dieses Muster. Weniger Glück hatten im Januar 1941 georderte A-24 der USAAF: Sie erwiesen sich in Neuguinea und bei Makin japanischen Abfangjägern so klar unterlegen, dass die USAAF die Flugzeuge angesichts steigender Verluste aus dem Fronteinsatz nehmen musste. Großbritannien beschaffte neun Dauntless DB.Mk I (SBD-5), gab sie jedoch nach Tests im Jahre 1944 zurück. Die Royal New Zealand Air Force nutzte bei Kampfeinsätzen in Bougainville SBD-3-, SBD-4- und SBD-5-Modelle aus U.S.-Navy- und Marine-Corps-Beständen. Ein weiterer Front-Nutzer war ab 1944 Frankreich, das A-24 und SBD-3 in Agadir, Marokko, und im französischen Mutterland einsetzte, um deutsche Streitkräfte auf dem Rückzug zu bekämpfen.

Mitsubishi A6M Zero (1939)

Im Volksmund nur „Zero“ genannt, war die Mitsubishi A6M zum Zeitpunkt ihres Erscheinens das leistungsfähigste Träger-Jagdflugzeug der Welt und übertraf sämtliche landgestützte Zeitgenossen. Auch wenn andere später aufholten, blieb die Zero bis zum Kriegsende im Dienst.

Geistiger Vater der Mitsubishi A6M (alliierter Codename: „Zeke“) war der Konstrukteur Jiro Horikoshi. Sein freitragender Tiefdecker war als Ersatz für das Träger-Jagdflugzeug Mitsubishi A5M gedacht.

Der von einem Mitsubishi-Zuisei-13-Sternmotor angetriebene A6M1-Prototyp absolvierte seinen Jungfernflug im April 1939. Er zeigte gute Flugleistungen, erreichte aber nicht ganz die geforderte Höchstgeschwindigkeit. Das Serienflugzeug A6M2 kam Anfang 1940 mit dem neuen Nakajima-Sakae-12-Triebwerk heraus. Die Bewaffnung bestand aus zwei in den Flügeln montierten 20-mm-Kanonen und zwei Maschinengewehren in der Nase.

Mit einigen Vorserienmaschinen wurden 1940 erste Einsatztests durchgeführt. Die antiquierten Polikarpow-Jäger des Gegners erwiesen sich schnell als unterlegen, und im September 1940 erzielte eine Zero den ersten Luftsieg. Bis Ende des Jahres hatten A6M bereits 59 chinesische Flugzeuge ohne eigene Verluste vernichtet.

Nach ersten Einsätzen im Zweiten Weltkrieg erwies sich die extrem wendige A6M2 sofort als äußerst erfolgreich und erlangte bei den Feldzügen der kaiserlichen japanischen Marine in Ostindien und Südostasien schnell die Vorherrschaft in der Luft. Die A6M2 war auch das wichtigste Jagdflugzeug der IJN beim Überfall auf Pearl Harbor im Dezember 1941, bei dem acht von 105 Zero-Jägern verloren gingen. Die A6M bewies ihre herausragende Rolle nach Ausdehnung der Kampfhandlungen auf Malaya, die Philippinen und Burma und zeigte sich kleineren alliierten Jägern wie Brewster Buffalo, Curtiss P-36, P-40 und Hawker Hurricane deutlich überlegen. Die Zero des führenden japanischen Jagdfliegers im Pazifikkrieg, Saburo Sakai, erzielte nach den Aufzeichnungen 64 Abschüsse.

LEICHTBAU

Um die für Einsätze über dem pazifischen Raum erforderliche achtstündige Flugdauer zu schaffen, wurde die Zero in Leichtbauweise konstruiert. Das Ergebnis war eine dünne Flugzeugzelle, für die selbst Gewehrkaliber-Projektile eine Gefahr darstellten. Ein schneller Sturzflug konnte zu strukturellem Versagen und zum Absturz führen.

Diese A6M2 der 2. Sentai, 1. Koku Kentai war im Juni 1942 bei der Schlacht von Midway auf dem Träger Hiryu im Einsatz. Bei den Gefechten bildete die japanische Marine große Zero-Formationen zum Schutz ihrer Flotte. Die Flugzeuge konnten jedoch die Angriffe der US-Pazifikflotte nicht abwehren und den Verlust von vier japanischen Flugzeugträgern nicht verhindern.

COCKPIT
Der Pilot des A6M2 war nicht durch Panzerung geschützt. Er musste auf eine kugelsichere Windschutzscheibe und selbst auf ein abwerfbares Kabinendach verzichten. Letzteres bestand aus mehreren flachen, einfachen Glasplatten.

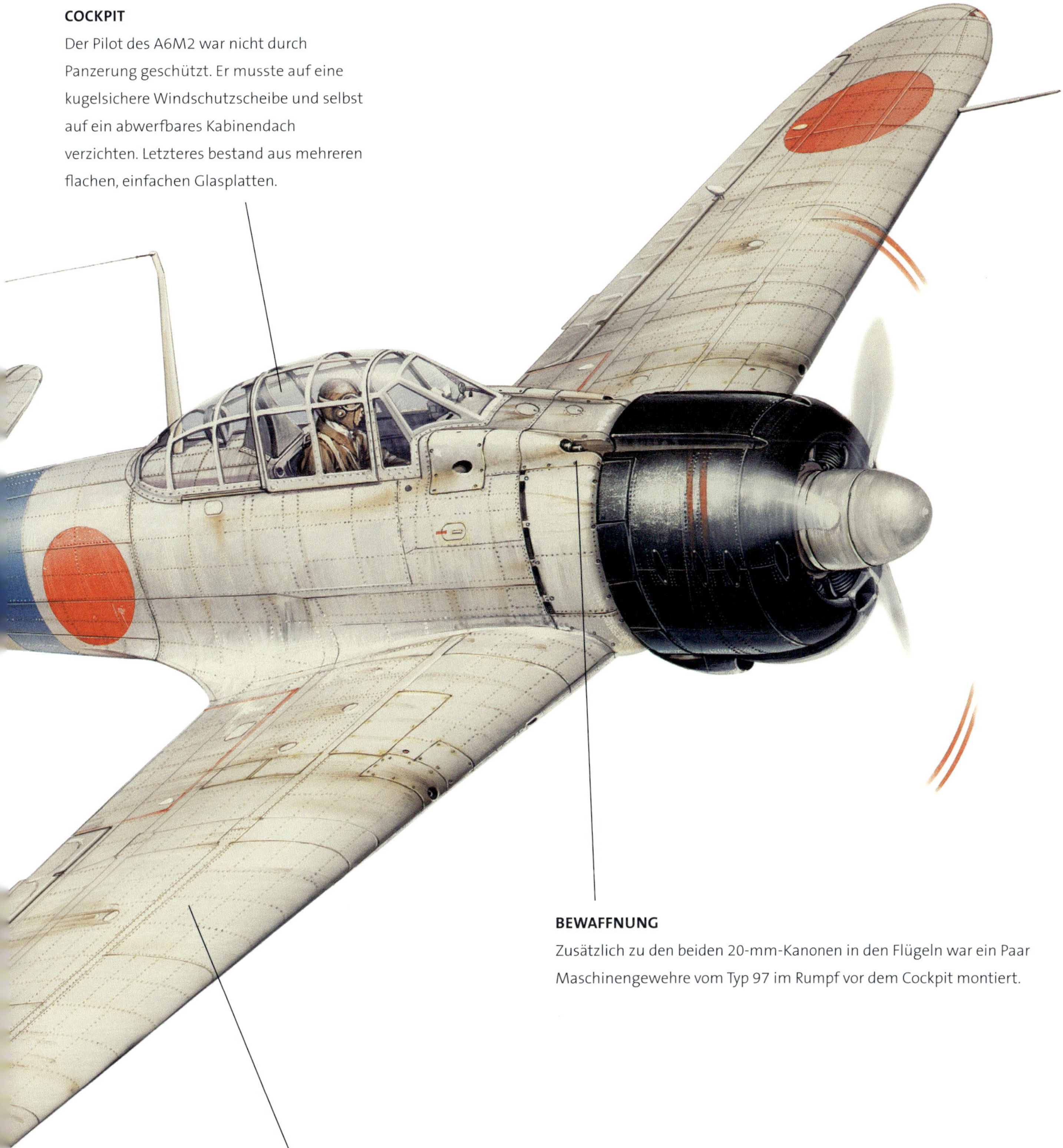

BEWAFFNUNG
Zusätzlich zu den beiden 20-mm-Kanonen in den Flügeln war ein Paar Maschinengewehre vom Typ 97 im Rumpf vor dem Cockpit montiert.

HANDHABUNG
Die Zero besaß stoffbespannte Steuerflächen. Das Flugzeug war bemerkenswert wendig, rollte aber langsam um die Längsachse und beschleunigte im Sturzflug schlechter als seine Gegner.

Mitsubishi A6M Zero (1939)

Die 93 Mal gebaute Untervariante A6M5c besaß ein zusätzliches Paar 13,2-mm-Maschinenkanonen, die weiter entfernt von der Standard-Flügelkanone angebracht waren.

Eine verbesserte A6M3 kam im Frühjahr 1942 an die Front, angetrieben von einem Sakae 21 mit zweistufigem Kompressor. Die Zero war äußerst manövrierfähig und mit einem Rumpftank für Langstrecken-Jagdpatrouillen gut für die weiten Distanzen des pazifischen Kriegsschauplatzes gerüstet. Doch schon vor Einführung der mächtigen Hellcat bekam die A6M einen wichtigen Gegner: Die schlagkräftige Grumman F4F Wildcat konnte bei geringerer Leistung und Wendigkeit Kampfschäden besser standhalten, da sie über selbstdichtende Tanks und Panzerschutz für den Piloten verfügte. Die Zero war immer schnell, doch wegen ihres vergleichsweise schwachen Motors sehr leicht gebaut und kaum gepanzert. Das machte sie auch durch Maschinengewehrfeuer verwundbar.

Die Schlacht von Midway im Juni 1942 stellte für die Zero einen Wendepunkt dar: Der japanische Jäger zeigte sich zunehmend alliierten Flugzeugen unterlegen, vor allem der in allen Höhen schnelleren Grumman F6F Hellcat der U.S. Navy. Hatte die A6M3-Version es noch mit der Wildcat aufnehmen können, konnte sie gegen die Hellcat wenig ausrichten.

Die Kaiserlich Japanische Marine versprach sich bessere Leistungen von der A6M5 mit dem Sakae-21-Motor und einem verbesserten Abgassystem. Diese Version hatte zwar eine geringere Höchstgeschwindigkeit als die A6M2, dafür eine bessere Steigleistung und einen schnelleren Sturzflug. Sie wurde in größerer Stückzahl gebaut als alle anderen Zero-Modelle. Als sich das Blatt gegen die Japaner wendete, wurde die Zero auch für Kamikaze-Angriffe eingesetzt. Bei einem Einsatz im Oktober 1944 versenkten so fünf A6M5 den US-Navy-Träger St. Lo und beschädigten drei weitere.

Die letzten Zero-Jäger waren die A6M6 (Ende 1944, mit Wasser-Methanol-Einspritzung im Sakae 31) und der A6M7-Jagd-/Sturzkampfbomber (Mitte 1945, mit Rumpfträger für eine 250-kg-Bombe). Insgesamt wurden mehr als 10.000 Zero-Jäger fertiggestellt, da-

TECHNISCHE DATEN (A6M5B)

Typ	Träger-Jagdflugzeug
Abmessungen	Länge 9,12 m Spannweite 11,00 m Höhe 3,51 m
Startgewicht max.	2.733 kg
Antrieb	1 x 1.100 PS Nakajima NK2F Sakae 21 Sternmotor
Höchstgeschwindigkeit	565 km/h
Reichweite	1.143 km
Dienstgipfelhöhe	11.740 m (38.517 ft)
Besatzung	1
Bewaffnung	zwei 20-mm-Kanonen plus drei 13,2-mm-Maschinengewehre

runter die von Nakajima gebaute Wasserflugzeugversion A6M2N (alliierter Name „Rufe"). Damit war die Zero das meistgebaute japanische Jagdflugzeug aller Zeiten.

Die Kaiserlich Japanische Marine fand keinen angemessenen Ersatz für die Zero. Daher blieb das Flugzeug trotz der bekannten Nachteile gegenüber der Hellcat, die sich besonders während der Schlachten auf den Philippinen und im Golf von Leyte im Jahr 1944 zeigten, bis zum bitteren Ende im Einsatz.

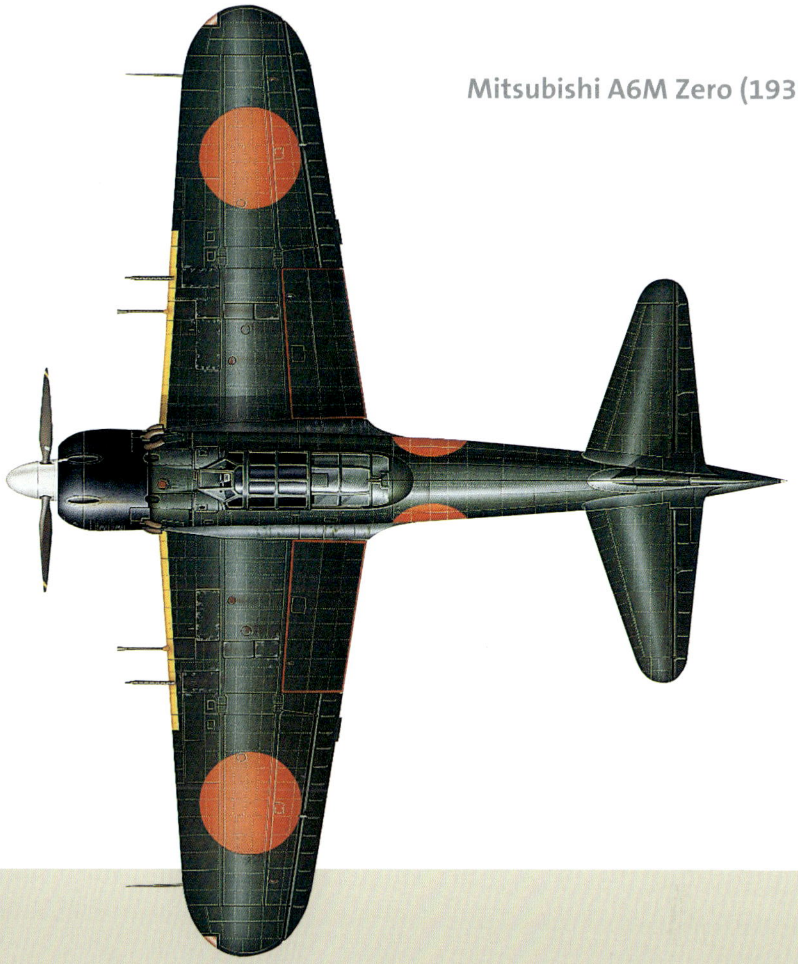

Mitsubishi A6M Zero (1939)

ANGRIFF AUF RABAUL

Der japanische Angriff auf Rabaul im Januar 1942 war typisch für die stürmischen Einsätze der A6M in der Anfangsphase des Pazifikkrieges. Die Luftstreitkräfte auf Rabaul, der wichtigsten strategischen Basis auf der Insel Neubritannien, bestanden aus australischen Hudson-Leichtbombern und Wirraway-Aufklärungsflugzeugen ohne echten Jagdschutz. Am 20. Januar startete ein japanischer Verband von 120 A6M2, Aichi D3A1 und Nakajima B5N von den Trägern Zuikaku, Shokaku, Kaga und Akagi zum Angriff auf Rabaul. Die Japaner kämpften sich durch den tapferen Widerstand der Wirraways und schossen den Weg für eine Einsatzgruppe von 5.300 Mann frei, die am 23. Januar in Simpson Harbor landete und den Hafen und den Flugplatz von Kavieng übernahm. Nach der Eroberung von Rabaul errichtete Japan dort einen größeren Stützpunkt und setzte auf das Festland von Neuguinea über, von wo die Soldaten nach Port Moresby und in Richtung Australien vordrangen.

North American B-25 Mitchell (1939)

„Der" leichte/mittlere Bomber der USAAF im Zweiten Weltkrieg diente wohl auf mehr Schauplätzen als jedes andere Flugzeug. Die B-25 bewährte sich auch bei der U.S. Navy und den Alliierten und flog den „Doolittle-Überfall" auf Japan.

COCKPIT
Die B-25 hatte eine zweiköpfige Besatzung, bestehend aus dem Flugzeugkommandanten auf dem linken und dem Copiloten / Navigator auf dem rechten Sitz. Die B-25C/D besaß einen Autopiloten.

BOMBENBELADUNG
Der tiefe Bombenschacht befand sich in Höhe der Flügel unter dem Rumpf. Seine Gesamtkapazität betrug 2.359 kg (5.200 Pfund).

Die B-25 begann als North American NA-40, dem Ergebnis einer Ausschreibung des U.S. Army Air Corps aus dem Jahre 1938 für einen Angriffsbomber. Die NA-40 flog erstmals im März 1939 mit R-1830-Triebwerken von Pratt & Whitney. Sie erhielt als NA-40B Motoren vom Typ Wright R-2600-A71 Cyclone. Aus dieser Version entstand im September 1939 die NA-26. Dieses Flugzeug machte seinen Erstflug im August 1940 und ging mit mehreren Modifikationen als B-25 in Produktion.

Der Bomber zeigte einen guten Mix aus Geschwindigkeit, Bewaffnung und Wendigkeit. Die Hauptmerkmale waren die beiden Motoren, eine dreiköpfige Cockpit-Besatzung mit nebeneinander angeordneten Sitzen und ein einziehbares Dreirad-Fahrwerk.

Die B-25 erhielt ihren Ehrennamen nach William Mitchell, dem US-Fliegerhelden der Zwischenkriegszeit. Die 40 gebauten B-25A hatten weitere Verbes-

RÜCKENTURM

Ein Bendix-Rückenturm mit zwei Cal-.50-Browning-Maschinengewehren (12,7 mm) übernahm die Deckung nach hinten.

Diese B-25D mit der Seriennummer 41-29896 diente 1943 bei der 340th Bombardment Group (Medium) in Nordafrika. Das D-Modell ähnelte im Wesentlichen der B-25C, obwohl die Produktion der insgesamt 2.290 Flugzeuge bei North American in Dallas (Texas) und nicht in Inglewood (Kalifornien) auslief.

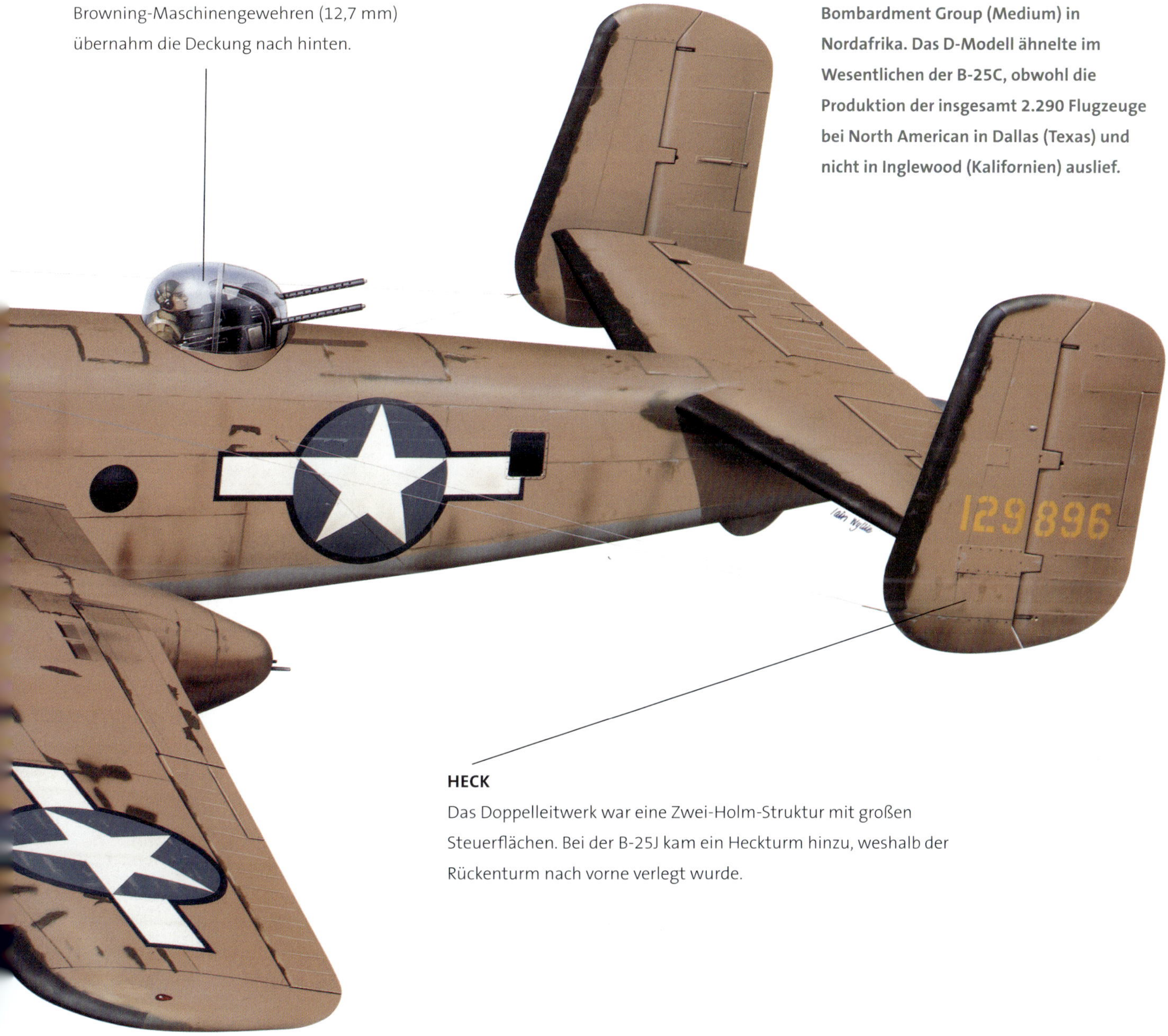

HECK

Das Doppelleitwerk war eine Zwei-Holm-Struktur mit großen Steuerflächen. Bei der B-25J kam ein Heckturm hinzu, weshalb der Rückenturm nach vorne verlegt wurde.

Diese B-25J mit dem „Air Apache"-Abzeichen am Heck gehörte zur 345th Bombardment Group (Medium), die im November 1944 nach Leyte auf den Philippinen verlegt wurde. Die „Fledermausflügel"-Bemalung auf der Nase zeigt die Zugehörigkeit zur 499th Squadron.

serungen wie zusätzliche Panzerung und selbstdichtende Tanks und gingen als erste Serienvariante im Frühjahr 1941 bei der 17th Bombardment Group (Medium) in den Einsatz. Diese Einheit hatte eine „Premiere", als sie am 24. Dezember 1941 ein japanisches U-Boot nahe der Mündung des Columbia River versenkte – die erste Zerstörung eines feindlichen U-Boots in US-Gewässern.

Die Entwicklung der B-25 ging zügig weiter, zunächst mit der B-25B (120 Einheiten) mit motorgetriebenen Bendix-Geschütztürmen in der Rücken- und Bauchposition, dafür ohne Heckgeschütz. Die nächste Variante B-25C bekam Wright-R-2600-13-Sternmotoren anstelle der R-2600-9-Triebwerke.

Die B-25C war auch das erste in nennenswerten Stückzahlen gebaute Modell – insgesamt 1619 – und besaß Neuerungen wie einen Autopiloten und Bombenstationen unter den Flügeln. Die 2290 Mal gebaute B-25D entsprach weitgehend der B-25C und diente als Grundlage für eine Aufklärungsversion mit der Bezeichnung F-10.

Die B-25 ging erstmals mit der 3rd Bomb Group im Südwestpazifik in den Einsatz, während die 17th Bomb Group den berühmten „Doolittle-Überfall" auf Tokio vorbereitete. Die B-25 diente auch über Neuguinea, während die 12th Air Force das Flugzeugmuster in Nordafrika einzusetzen begann. In Indien kamen B-25 unter das Kommando der 10th Air Force, während die 11th Air Force auf den Aleuten kämpfte. In Neuguinea bewährte sich die B-25 im Tiefflugangriff bei der 5th Air Force.

Zu den Hauptzielen gehörten japanische Flugplätze und Schiffe. Major Paul I. „Pappy" Gunn trieb die Entwicklung gesonderter B-25-Bodenangriffsversionen voran, die mit bis zu acht nach vorne schießenden Browning-Maschinengewehren und Splitterbomben bewaffnet waren. Eine eindrucksvolle Demonstration ihrer Tiefflieger-Stärke zeigte die B-25 bei der Schlacht in der Bismarcksee im März 1943. Gemeinsam mit australischen Bristol Beaufighters und B-17, B-25 und Douglas A-20 der 3rd und 38th Bomb Groups wurde ein

TECHNISCHE DATEN (B-25D)

Typ	Mittlerer Bomber
Abmessungen	Länge 16,12 m Spannweite 20,60 m Höhe 4,82 m
Startgewicht max.	15.880 kg
Antrieb	2 x 1.700 PS Wright R-2600-13 Sternmotor
Höchstgeschwindigkeit	457 km/h
Reichweite	2.414 km
Dienstgipfelhöhe	6.462 m (21.200 ft)
Besatzung	5
Bewaffnung	sechs 12,7-mm-Maschinengewehre (Cal .50) plus maximale Bombenladung 1.361 kg

Eine Vorderansicht der zur 499th Squadron gehörenden B-25J „Bats Outa Hell". Das Flugzeug mit dem Namen „Betty's Dream" trug 18 Kanonen, davon zwölf in der Nase.

japanischer Konvoi mit solcher Wucht angegriffen, dass von 16 Schiffen nur vier Zerstörer entkamen. B-25 der RAF flogen bei der No. 2 (Bomber) Group in den Versionen Mitchell Mk I und Mk II. 850 B-25 wurden ab März 1942 auch an die UdSSR geliefert.

Rüstungsexperimente führten 1943 zu den mit verschiedenenartigen 75-mm-Kanonen versehenen Versionen B-25G und B-25H. Das erste dieser Gunships, die experimentelle XB-25G, ging mit einem 75-mm-Feldgeschütz der U.S. Army in die Erprobung. Die 405 Serienflugzeuge der B-25G erhielten eine M4-Kanone des gleichen Kalibers, ergänzt durch eine Batterie von sechs Maschinengewehren. Die 1.000 Mal gebaute B-25H besaß eine noch stärkere Bewaffnung mit einer 75-mm-Kanone und 14 (später 18) Maschinengewehren.

Die am weitesten verbreitete Variante war die B-25J, erhältlich mit verglastem oder festem Bug. Die RAF flog das J-Modell unter der Bezeichnung Mitchell Mk III. Die insgesamt 4.390 B-25J wurden von R-2600-92-Motoren angetrieben und waren mit zwölf Maschinengewehren bewaffnet.

Die U.S. Navy war ein weiterer Kunde für ein B-25-Derivat mit der Bezeichnung PBJ-1 und erhielt 706 Flugzeuge mit einem der B-25J vergleichbaren Standard. Diese Flugzeuge gingen alle an das U.S. Marine Corps, das sie als PBJ-1C und PBJ-1D mit Suchradar in Bauch und Nase in den Südpazifik-Einsatz schickte. Einige Maschinen trugen als PBJ-1Js ihr Radar in einer Steuerbordflügelkapsel. Neun USMC-Staffeln kämpften im Zweiten Weltkrieg. Als erste die VMB-413, im März 1944 auf Stirling Island in den Salomonen.

Nach dem Krieg leistete die B-25 bei mehreren Luftwaffen wertvolle Dienste. Beim US-Militär wurde sie bis weit in die 1950er Jahre zur Ausbildung genutzt, zunächst als AT-25 (Advanced Trainer), später als TB-25. Das letzte Exemplar, ein Personentransporter, wurde 1960 außer Dienst gestellt.

DOOLITTLES ANGRIFF

Am 18. April 1942 startete eine Truppe von 16 B-25B der 17th Bomb Group unter dem Kommando von Lt. Col. James H. Doolittle vom Flugzeugträger USS Hornet. Zu dieser Zeit war die B-25 das schwerste jemals von einem Träger betriebene Flugzeug. So begann ein Einsatz über 1.184 Kilometer zum Angriff der japanischen Hauptstadt und weiterer Ziele in Nagoya, Kobe und Yokohama. Die Bomber besaßen größere Tanks, ihre Defensivbewaffnung war ausgebaut worden. Aus militärischer Sicht war der Überfall kein großer Erfolg. Dafür war die Propagandawirkung auf die US-Amerikaner, die immer noch unter dem Schock des Überraschungsangriffs auf Pearl Harbor standen, umso größer. Nach den Angriffen machten sich die überlebenden B-25 auf den Weg nach China, wo die meisten notlanden mussten. Als Anerkennung für den Überfall erhielt Doolittle die Medal of Honor und übernahm noch im selben Jahr als Generalmajor das Kommando über die 12th Air Force in Nordafrika.

Focke-Wulf Fw 190 (1939)

Zum Zeitpunkt ihrer ersten Kampfeinsätze war die Fw 190 das leistungsfähigste Jagdflugzeug mit einer unschlagbaren Kombination von Leistung und Manövrierfähigkeit. Weiterentwicklungen sorgten dafür, dass dies bis zum Ende des Krieges so blieb.

1937 begann unter der Leitung von Kurt Tank die Entwicklung der als Ersatz für die Bf 109 geplanten Fw 190. Angetrieben von einem luftgekühlten BMW-Sternmotor, machte der Prototyp des freitragenden Tiefdeckers im Juni 1939 seinen Erstflug. Der zweite Prototyp, V2, war mit zwei 13-mm-MG-131 und zwei 7,92-mm-MG-17-Maschinengewehren bewaffnet. Die Vorserienversion Fw 190A-0 wurde von einem 14-Zylinder-Sternmotor (BMW 801) angetrieben und mit geringer und großer Spannweite erprobt. Letztere Version erwies sich als am vielversprechendsten und

BEWAFFNUNG
Im oberen Rumpf befanden sich zwei 7,92-mm-MG-17-Maschinengewehre mit je 1.000 Schuss.

ANTRIEB
Die auf der Zelle der Fw 190A-5 basierende Fw 190F-2 hatte den zweireihigen 14-Zylinder-Sternmotor BMW 801D-2, der an einer verlängerten Aufhängung saß.

BOMBE
Die frühe Fw 190F konnte eine einzelne Bombe am ETC-501-Rumpfgestell oder vier kleinere Lasten an einem ER-4-Adapter tragen.

ging als Fw 190A-1 in die Fertigung. Die ersten Flugzeuge wurden Mitte 1941 ausgeliefert. Der erste Abnehmer war die 6./JG 26. Bald nachdem das Jagdflugzeug über Westeuropa zum Einsatz kam, zeigte es sich der RAF-Spitfire Mk V überlegen.

Zur A-Serie gehörte die Fw 190A-3 mit BMW-801D-2-Motor und einer Bewaffnung von vier 20-mm-Kanonen und zwei Maschinengewehren. Die A-4 kam in Jagdbomber-, Zerstörer- und Tropenvarianten heraus, alle mit Wasser-Methanol-Leistungssteigerung. Die A-5 hatte eine leicht gestreckte Nase und mehrere Varianten, darunter den A-5/U6-Jagdbomber, die A-5/U12 mit sechs 30-mm-Kanonen, den Langstrecken-Jagdbomber A-5/U8, das Nahunterstützungsflugzeug A-5/U11 mit einer 30-mm-MK-103-Kanone unter jedem Flügel und die A-5/U14 und U15 mit Torpedohalterung. Der A-5/U16-Bomber/Zerstörer erhielt eine 30-mm-MK-108-Kanone in der Außenflügelposition. Die A-7 und A-8 wurden im Dezember 1943 in die Produktion eingeführt und boten eine stärkere Bewaffnung und Panzerung.

Die Fw 190A-5/U2 wurde speziell für die Nachtjagd entwickelt. Sie kam mit der „Wilde-Sau-Taktik" zum Einsatz, die die Tagjäger entlasten und – vor allem – dem „Window"-Jamming der RAF-Bomber entgegenwirken sollte. „Wilde Sau"-Hauptakteur war das JG 300 mit Fw 190 und Bf 109G. Die Taktik wurde erstmals im August 1943 angewendet und erwies sich als relativ

Diese Fw 190F-2 kämpfte 1943 über Charkiw an der Ostfront. Sie gehörte zu den speziellen Luftnahunterstützungsversionen, die die Ju 87 in dieser Rolle ersetzten. Dieses Flugzeug flog in 5. Staffel, II. Gruppe des Schlachtgeschwaders 1.

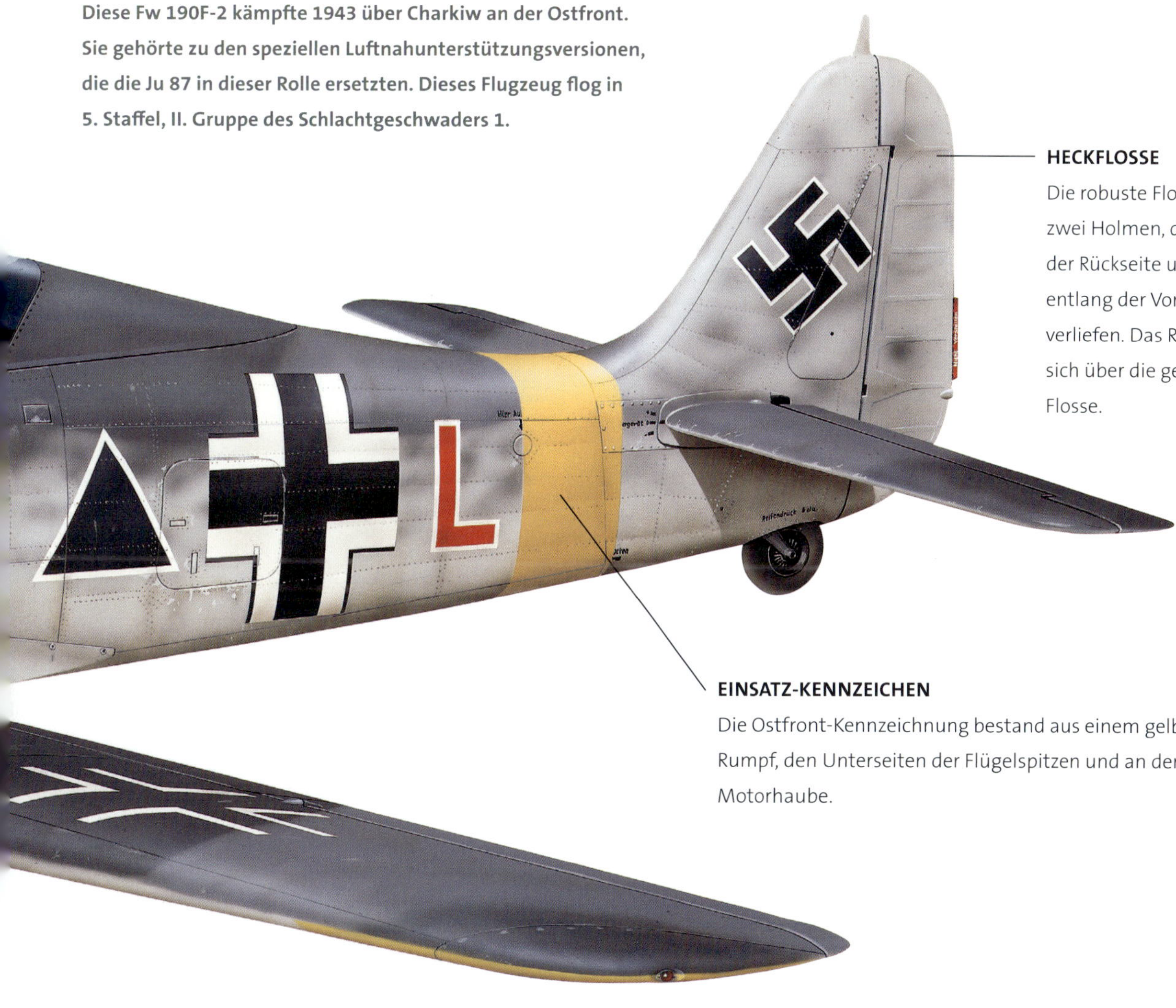

Die 6./JG 26 war im November 1941 in Coquelles im Pas-de-Calais stationiert, wo sie einige der ersten Serien-Fw 190A-1 erhielt. Dieses Flugzeug flog Walter Schneider.

erfolgreich. Die meisten solcher Einsätze wurden von Fw 190A-8 geflogen.

Die „Dora"-Serie war der nächste wichtige Produktionsschritt. Sie wurde aus mehreren mit flüssigkeitsgekühlten Junkers-Jumo-213A-V12-Motoren modifizierten Fw 190A-7 entwickelt, die als Prototypen für die Fw 190D-0 dienten. Die Fw 190D war an ihrer verlängerten Nase zu erkennen, unter der der Jumo 213 mit seiner ringförmigen Motorhaube saß. Zu den Neuerungen gehörten Vorbereitungen für Außentanks an zwei Unterflügelstationen. Die wichtigste Untervariante Fw 190D-9 kam im Herbst 1944 zur Luftwaffe. Mit einer Höchstgeschwindigkeit von 685 km/h errang sie schnell den Ruf des besten deutschen Kolbenmotor-Kampfflugzeugs. Die D-9 hatte einen 2.240 PS starken Jumo 213A mit Wasser-Methanol-Einspritzung, zwei Kanonen und zwei Maschinengewehre. Die für Bodenangriffe optimierte D-12 verfügte über eine verbesserte Motorpanzerung. Sie hatte zwei MG 151/20 und eine einzelne, durch den Propeller feuernde MK-108-Kanone.

Die Fw 190F und Fw 190G waren als spezielle Bodenangriffsflugzeuge mit bis zu 1.800 Kilogramm Waffenlast konzipiert. Als erste kam die Fw 190G-1 zur Truppe. Sie basierte auf der Fw 190A-5, besaß aber für die Beladung mit einer 1.800 kg schweren Bombe ein verstärktes Fahrwerk. Die Flügelbewaffnung wurde auf ein Paar MG 151/20-Kanonen reduziert, an die Außenstationen kamen zwei Abwurftanks.

Die Fw 190F-1 erschien Anfang 1943 nach den ersten G-Serienflugzeugen. Sie ähnelte in vielerlei Hinsicht der Fw 190A-4, hatte aber zusätzlichen Panzerschutz für Cockpit und Triebwerk, keine 20-mm-Kanone und stattdessen einen unter dem Rumpf angebrachten ETC-51-Bombenträger. Die Fw 190F-2 bekam ein rundes Kabinendach, die F-3 konnte eine 250-kg-Bombe unter dem Rumpf tragen. Feldmodifikationen wie

TECHNISCHE DATEN (FW 190A-8)

Typ	Jagdflugzeug
Abmessungen	Länge 8,84 m Spannweite 10,50 m Höhe 3,96 m
Startgewicht max.	4.900 kg
Antrieb	1 x 2.100 PS BMW 801D-2 Sternmotor
Höchstgeschwindigkeit	654 km/h
Reichweite	805 km
Dienstgipfelhöhe	11.400 m (37.402 ft)
Besatzung	1
Bewaffnung	vier 20-mm-Kanonen sowie zwei 7,92-mm-Maschinengewehre

die Fw 190F-3 / R1 und F-3 / R3 erhielten vier ETC 50-Unterflügelbombenträger oder zwei 30-mm-MK-103-Unterflügelkanonen.

Eine Weiterentwicklung der Fw 190D war die stärker bewaffnete Focke-Wulf Ta 152 mit großer Spannweite („Ta" für den Chefkonstrukteur Kurt Tank), deren leistungsstarker Jumo 213E/B für eine Höchstgeschwindigkeit von 760 km/h in 12.500 Metern sorgte.

Eine Draufsicht von Schneiders Fw 190A-1 zeigt die hervorragende Sicht aus der einteiligen, nach hinten verschiebbaren Haube. Als Triebwerk diente der 1.600 PS starke BMW 801C-1.

FW 190A: ERSTE IM KAMPF

Die A-Serie, von der hier im Sommer 1941 als Vorserienmaschinen der Fw-190A-0-Serie in „Kurzflügel"- und auch „Langflügel"-Version getestet wurde, ging als erste in den Kampfeinsatz. Als Testeinheit für das neue Jagdflugzeug mit dem Namen „Würger" diente die II. Gruppe des JG 26. Im Juni 1941 verließen die ersten Serienflugzeuge das Werk. Einige von Arado gebaute Maschinen wurden im August ausgeliefert, zwei weitere von AGO im Oktober. Bis Ende September waren 82 Fw 190A-1 von der II./JG 26 in Moorseele (Belgien) übernommen worden, die III./JG 26 in Liegescourt (Frankreich) befand sich in der Umrüstung. Die Fw 190 zeigte sofort ihre Überlegenheit über die Spitfire Mk V. Die A-1-Version neigte allerdings zur Motorüberhitzung und wurde im Herbst 1941 durch die A-2 mit dem verbesserten BMW-801C-2-Motor ersetzt. Diese Variante bekam zwei 20-mm-Kanonen als Ersatz für die Maschinengewehre in den Flügelwurzeln.

Iljuschin Il-2 Schturmowik (1939)

Die Il-2 wurde in größerer Stückzahl gebaut als jedes andere Militärflugzeug der Geschichte. Mit über 36.000 zwischen 1941 und 1955 produzierten Einheiten war sie für die Sowjets eine unschätzbare Waffe. Das Bodenangriffsflugzeug konnte selbst die am stärksten geschützten deutschen Panzer zerstören.

Die Iljuschin Il-2 Schturmowik („Angreifer") war robust gebaut und besaß eine großzügige Panzerung und schlagkräftige Bewaffnung. Sie diente als eine der effektivsten sowjetischen Waffen im Zweiten Weltkrieg meist unter schwerem Jagdschutz. Ihr Konzept stammte aus den frühen 1930er Jahren und wurde bis 1938 von Sergej Iljuschin und seinem Team vom Zentralen Konstruktions-Büro weiterentwickelt. Der Prototyp für die Il-2 war ein schwer gepanzerter Zweisitzer mit Schutz für Besatzung, Motor, Kühler und Kraftstofftank. Der Prototyp TsKB-55 absol-

Diese Il-2M3 gehörte zum 566. Luftangriffsregiment der 277. Luftangriffsdivision und diente im Sommer 1944 an der Leningrader Front. Ihr Pilot war Geschwaderkommandant V.I. Mychlik. Das Flugzeug trägt am Rumpf die Aufschrift „Für Leningrad" und „Rache für Christenko", einen Anfang 1944 gefallenen Piloten.

DEFENSIVBEWAFFNUNG
Mit der Einführung des zweiten Besatzungsmitglieds kam ein 12,7-mm-UBT-Maschinengewehr auf einer flexiblen Halterung im hinteren Cockpit zum Einsatz.

RAKETEN
Hier feuert die Il-2M3 ungelenkte RS-132-Raketen von den Unterflügelstationen ab. Die Waffen wurden Mitte 1941 eingeführt und kamen mit älteren RS-82 zum Einsatz. Die Il-2 konnte sechs, später acht RS-132 tragen.

vierte im Oktober 1939 seinen Erstflug und erhielt später die sowjetische Luftwaffenbezeichnung BSh-2.

Die BSh-2 mit dem ersten, flüssigkeitsgekühlten Mikulin-AM-35-Motor war zu schwerfällig. Als Einsitzer mit der Bezeichnung TsKB-57 bekam sie den stärkeren, für Flüge in geringen Höhen optimierten Mikulin AM-38. Dieses Flugzeug machte im Oktober 1940 seinen Erstflug, bestand im März 1941 die staatliche Abnahme und erhielt im April die endgültige Bezeichnung Il-2. Im Mai 1941 begann die Auslieferung an die Truppe.

Bis zum deutschen Einmarsch in die Sowjetunion im Juni 1941 waren nur etwa 250 Exemplare fertiggestellt worden. Nachdem die Fertigung von Westrussland in den Osten des Urals verlegt worden war, nahm die Produktion schnell Fahrt auf. Stalin persönlich erklärte, die Rote Armee brauche die Il-2 „wie Luft, wie Brot“. Damit beschleunigte er das Produktionstempo zusätzlich.

Kurz nach dem Beginn der deutschen Invasion gerieten Il-2 des 4. Schlachtfliegergeschwaders über dem Fluss Beresina (Weißrussland) in Kampfhandlungen. Piloten und Bodenpersonals hatten kaum Ausbildung auf diesem Typ erhalten, weshalb es zu hohen Anfangsverlusten kam. Doch schon nach kurzer Zeit hatten sich die Besatzungen eigene Taktiken angeeignet. Sie flogen meist in Echelon-Formation von vier bis zwölf Flugzeugen an und attackierten ihre Ziele gleichzeitig aus

COCKPITPANZERUNG

Der Pilot saß in einer zum Motor hin verlängerten Wanne aus fünf bis zwölf Millimeter starkem Panzerstahl, die guten Schutz gegen leichte Waffen bot.

MOTOR

Die Il-2M3 hatte einen flüssigkeitsgekühlten Mikulin AM-38F V12-Motor mit 1.720 PS. Er wurde im Juli 1942 eingeführt und konnte mit Pkw-Kraftstoff betrieben werden.

Die Frontansicht einer Il-10.
Mit ihrem Mikulin-AM-42-Motor mit Dreiblattpropeller zeigte sie deutlich bessere Leistungen als die Il-2.

einem flachen Kurven-Sinkflug. Raketengeschosse konnten die meisten gepanzerten Ziele mit einem einzigen Treffer ausschalten, allerdings erforderte das Zielen viel Übung. Viele Piloten bevorzugten daher die zwei nach vorne feuernden 20-mm-Kanonen und die beiden Maschinenkanonen oder warfen PTAB-Hohlladungsstreubomben ab. Letztere kamen erstmals während der Schlacht von Kursk im Juli 1943 in größerem Umfang zum Einsatz.

Andauernde Verluste durch feindliche Jäger erzwangen die Wiedereinführung eines Heckschützen. Als Notlösung wurden Il-2 vor Ort modifiziert, wobei man im Rumpf hinter dem Cockpit Platz für ein Cal-.50-UBT-Maschinengewehr in einer improvisierten Halterung schuf. Einen wirksameren Schutz gegen feindliche Jäger bot im Februar 1942 die zweisitzige Il-2M, bei der der Heckschütze unter einer gestreckten Haube saß. Das Flugzeug kam im September an die Front, und die verbliebenen Einsitzer wurden auf ähnliche Art umgerüstet.

Andere Änderungen umfassten den Ersatz der ursprünglichen 20-mm-Kanone durch Kaliber-23-mm- sowie 37-mm-Waffen zu Anfang 1942, aerodynamische Verbesserungen, die Verwendung teils metallbeplankter Flügel und die Erhöhung des Kraftstoffvorrats.

Im Jahre 1943 erhielt die Il-2M3 überarbeitete Flügel mit 15-Grad-Pfeilung an den äußeren Vorderkanten, bei nahezu geraden Hinterkanten. Die „Pfeilflügel" Schturmowik zeigte deutlich bessere Flugleistungen und Handhabung und avancierte zum meistgebauten Modell. Die Variante war im Januar 1943 einsatzbereit, gerade noch rechtzeitig für die Endphase der Schlacht von Stalingrad. Berichten zufolge zerstörten Il-2M3 im Juli 1943 insgesamt 70 Panzer der 9. Deutschen Panzerdivision innerhalb von nur 20 Minuten. Zwei Stunden Dauerangriff vernichteten anschließend 270 Panzer der 3. Panzerdivision.

Il-2 dienten auch in polnischen, tschechischen, jugoslawischen und bulgarischen Einheiten. Ihre Nachfolgerin Il-10 mit dem neuen AM-42-Triebwerk kam im Oktober 1944 an die Front.

TECHNISCHE DATEN (IL-2M3)

Typ	Bodenangriffsflugzeug
Abmessungen	Länge 11,60 m Spannweite 14,60 m Höhe 4,20 m
Startgewicht max.	6.380 kg
Antrieb	1 x 1.723 PS Mikulin AM-38F V12-Motor, flüssigkeitsgekühlt
Höchstgeschwindigkeit	414 km/h
Reichweite	720 km
Dienstgipfelhöhe	5.500 m (18.045 ft)
Besatzung	2
Bewaffnung	zwei 23-mm-Kanonen sowie zwei 7,62-mm-Maschinengewehre, alle nach vorn feuernd, dazu ein 12,7-mm-Maschinengewehr im hinteren Cockpit, plus 600 kg Unterflügelladung

Diese Il-10 gehörte 1945 zu einer in Polen stationierten Einheit der sowjetischen Luftwaffe. Drei Il-10-Regimenter kämpften vor dem Kriegsende im Westen, ein weiteres im Fernen Osten.

Durch die die sowjetische Luftüberlegenheit konnten die Il-10 auf einen Teil ihrer Panzerung verzichten, behielten aber den Heckschützen. Der Rumpf bestand nun ganz aus Metall und behielt die Grundbewaffnung von zwei 23-mm-Kanonen und zwei Maschinengewehren im Flügel. Als Ersatz für das bisherige Selbstschutz-Maschinengewehr war eine neue 20-mm-Waffe erhältlich. Die Il-10 wurde auch in der Tschechoslowakei in Lizenz gebaut und nach dem Krieg in großer Zahl nach China und Nordkorea exportiert.

DIE SCHLACHT VON KURSK

Bei der Schlacht von Kursk im Sommer 1943 setzte Wassili Rjasanow, Kommandant des 1. Luftangriffs-Korps, die Il-2 besonders effektiv als Teil einer vereinten Streitmacht aus Infanterie, Panzern und Artillerie ein. Vor der Schlacht hatten die Sowjets 35 Prozent aller Kampfflugzeuge in Kursk versammelt. Sie verfügten über deutlich bessere Wartungmöglichkeiten und mehr Treibstoffreserven als ihre deutschen Gegner. Die Il-2 waren in großer Zahl über Kursk im Einsatz und vernichteten zahllose deutsche Panzer, erlitten allerdings hohe eigene Verluste. Rjasanow erhielt zweimal den Goldenen Stern der Helden der Sowjetunion, sein 1. Luftangriffskorps als erste Einheit den Ehrentitel „Wachtruppe“. Der Sieg von Kursk war ein Wendepunkt, bei dem die Rote Armee die strategische Initiative erlangte und bis zum Kriegsende behielt.

De Havilland Mosquito (1940)

Die Mosquito trug wegen ihrer Holzbauweise den Spitznamen „Wooden Wonder“. Sie hatte den Ruf des vielseitigsten Kampfflugzeugs der RAF und diente als schneller Aufklärer, leichter Bomber, Nachtjäger, Jagdbomber und Seezielangreifer. Die Mosquito blieb bis in die 1950er Jahre im Einsatz.

BESATZUNG
Die zweiköpfige Cockpit-Besatzung saß nebeneinander, der Pilot auf der linken Seite. Seitliche Ausbuchtungen im Kabinendach verbesserten die Sicht nach hinten. Für die Navigation mit dem Sextanten stand ein Astrodome zur Verfügung.

MOTOREN
Der PR.Mk 34 wurde entweder von Merlin-113-Motoren (rechte Seite) und Merlin 114 oder (bei der Variante Mk 34A) von Merlin 114A mit zweistufigem Kompressor angetrieben.

Ein Team unter der Leitung von Geoffrey de Havilland begann im Oktober 1938 in Eigeninitiative mit den Arbeiten an der DH98 Mosquito. Erste Pläne sahen einen leichten, fast völlig aus Holz gebauten Bomber vor, um in Kriegszeiten strategisch wichtige Materialien zu schonen. 1940 orderte die Royal Air Force 50 Flugzeuge gemäß der Spezifikation B.1/40.

Der erste Prototyp machte im November 1940 seinen Erstflug, angetrieben von zwei Rolls-Royce Merlin 21 mit 1.460 PS. Das neue Flugzeug zeigte dabei sofort hervorragende Leistungen, und seine Höchstgeschwindigkeit übertraf die aller bisherigen britischen Kampfflugzeuge. Die erste Produk-

HOLZKONSTRUKTION
Der ovale, nach hinten verjüngte Rumpf war in Sandwich-Bauweise aus Balsaholz und Sperrholz gebaut.

Diese Mosquito PR.Mk 34 flog 1955 bei der No. 81 Squadron auf RAF Tengah (Singapur) als Teil der Far East Air Force. 50 Flugzeuge dieser letzten Fotoaufklärungs-Version wurden bei Percival gebaut.

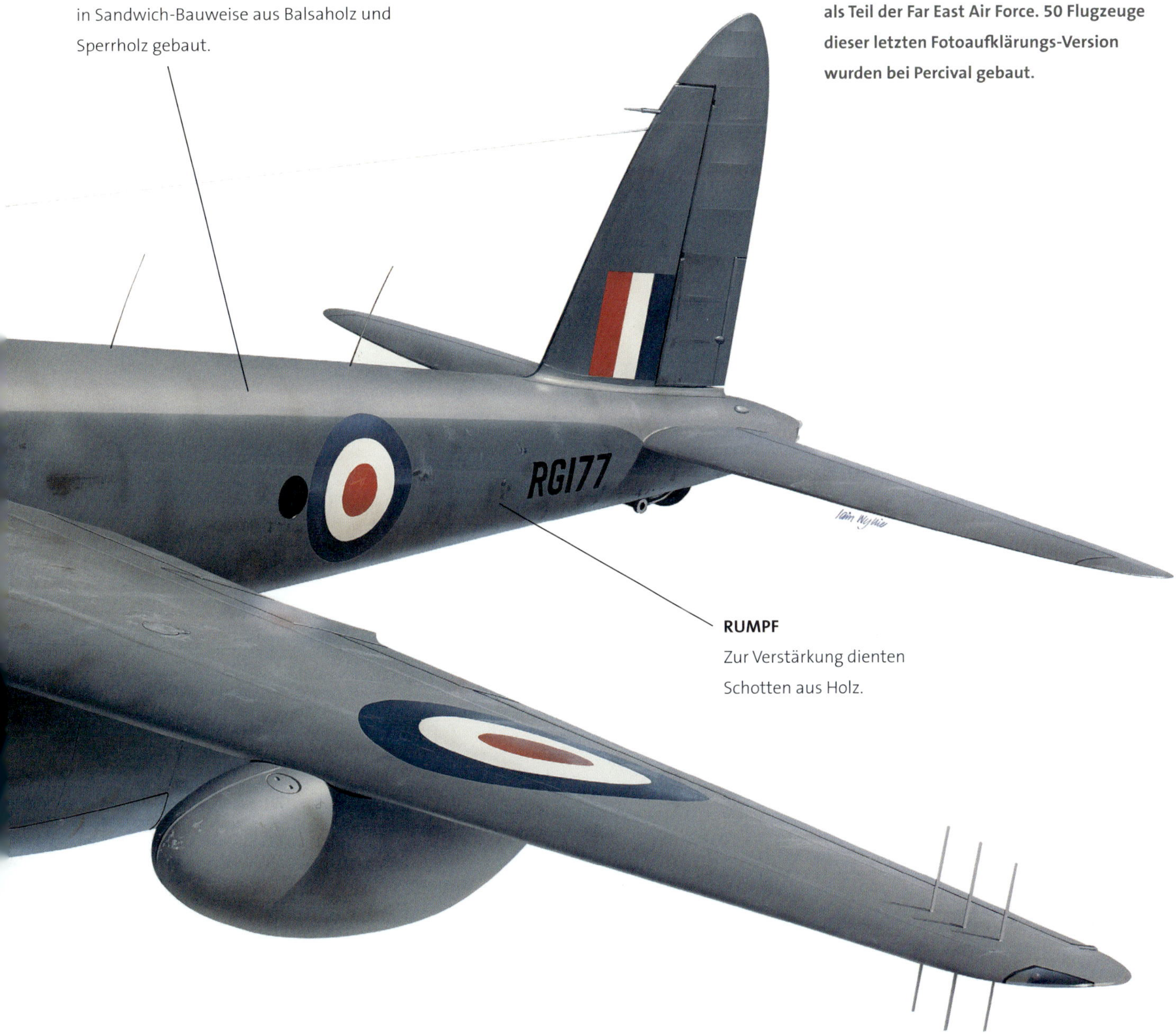

RUMPF
Zur Verstärkung dienten Schotten aus Holz.

Frontansicht eines leichten Mosquito-Bombers B.Mk IV Serie II. Er hatte verlängerte Motorgondeln, ein größeres Leitwerk und Flammendämpfer an den Auspuffen.

tionscharge umfasste zehn leichte Mosquito-Bomber B.Mk IV Serie I mit verglaster Nase und internem Bombenschacht, von denen der erste im September 1941 seinen Jungfernflug machte.

Aus dieser Version entstand die B.Mk IV Serie II mit Merlin-21-, -23- oder -25-Motoren in verlängerten Gondeln. Sie ging mit der Nr. 105 Squadron bei einem Angriff auf Köln im Mai 1942 in den ersten Kampfeinsatz. Die leichten Mosquito-Bomber waren so schnell, dass sie unbewaffnet fliegen und der Aufmerksamkeit feindlicher Jäger entgehen konnten.

Die Mosquito-Familie wurde im Krieg um Flugzeuge mit gewölbten Schächten für 4.000-Pfund-Cookie-Bomben erweitert. In Kanada entstand die Mosquito B.Mk VII mit Packard-Merlin-Mk-31-Motoren. Die Version B.Mk IX hatte mehr Bombenkapazität und Merlin-72-Motoren. Die B.Mk XVI bekam eine Druckkabine, eine bessere Navigationsausrüstung und einen gewölbten Bombenschacht. Die beiden letzten Mosquito-Kriegsbomber, B.Mk XX und B.Mk 25, entstanden ebenfalls in Kanada.

Fotoaufklärung war immer eine der wichtigsten Rollen der Mosquito. Der letzte der drei Prototypen (Erstflug: Juni 1941) war speziell für diese Rolle ausgerüstet und ging als erster im September auf einen Tageslicht-Aufklärungseinsatz über dem besetzten Frankreich. Der einzigen Mosquito PR.Mk I folgten eine Reihe von Umbauten der B.Mk IV, aus denen die PR.Mk IV mit bis zu vier Fotobehältern entstand. Eine ähnliche Version, PR.Mk VIII, erhielt Merlin-61-Motoren mit zweistufigen Kompressoren.

Die PR.Mk IX basierte auf der B.Mk IX und wurde in größeren Stückzahlen gebaut. Sie hatte Merlin-72-Motoren und größere Tanks. Die erste druckbelüftete PR-Version PR.Mk XVI war eine Variante der B.Mk XVI mit Astrodome. Die für große Höhen ausgelegte PR.Mk 32 mit Merlin-113-Motoren und einer leichteren Zelle ähnelte dem Nachtjäger Mosquito NF.Mk XV,. Die letzte Aufklärungsversion, PR.Mk 34, kam noch nach dem Krieg zum Einsatz. Sie verfügte für sehr lange Missionen über zusätzliche Treibstoffreserven in einem gewölbten Bombenschacht.

TECHNISCHE DATEN (MOSQUITO NF.MK 30)

Typ	Nachtjäger
Abmessungen	Länge 12,73 m Spannweite 16,51 m Höhe 4,65 m
Startgewicht max.	9.798 kg
Antrieb	2 x 1.700 PS Rolls-Royce Merlin 76 V12-Motor, flüssigkeitsgekühlt
Höchstgeschwindigkeit	655 km/h
Reichweite	1.143 km
Dienstgipfelhöhe	11.885 m (39.000 ft)
Besatzung	2
Bewaffnung	vier 20-mm-Kanonen

Die Mosquito B.Mk IV Serie II der No. 105 Squadron, RAF Bomber Command, stationiert 1943 in Marham. Das erste Flugzeug kam Ende 1942 zur Einheit.

Der zweite Mosquito-Prototyp, ein Nachtjäger, machte im Mai 1941 seinen Erstflug. Er hatte stärkere Tragflächen als der Bomber, eine flache Frontscheibe, ein AI-Mk-IV-Radar und eine Bewaffnung von vier 20-mm-Kanonen und vier Maschinengewehren in der Nase. Das erste Serienmodell war die Mosquito NF.Mk II mit einer Höchstgeschwindigkeit von 595 km/h. Sie wurde im Mai 1942 in Dienst gestellt.

Als nächste kam im Dezember 1942 die NF.Mk XII mit reiner Kanonenbewaffnung und einem KI-Mk-VIII-Radar heraus. Während die Mk XII aus Umbauten entstand, wurde die ihr ähnliche NF.Mk XIII neu konstruiert. Einige Flugzeuge dieser Version bekamen das amerikanische Mk-X-Radar in einer vergrößerten Nase. Sie erhielten die neue Bezeichnung NF.Mk XVII.

Eine andere neu gebaute Variante mit höherer Abflugmasse und Merlin-25-Motoren war die NF.Mk XIX. Für Einsätze in großen Höhen setzte die RAF die Mosquito NF.Mk XV mit größerer Spannweite und Merlin-76/77-Motoren ein. Ihre Bewaffnung beschränkte sich auf vier Maschinengewehre.

Ab Juli 1944 kam das letzte Nachtjägermodell des Krieges an die Front, die NF.Mk 30 mit Merlin-72/73-, 76/77- oder 113/114-Motoren und einer Höchstgeschwindigkeit von 655 km/h.

Die Mosquito machte sich als Jagdbomber zunächst in der Version FB.Mk VI einen Namen, mit der Geschützbewaffnung des Nachtjägers und der internen Bombenlast des leichten Bombers. Dieser Typ ging an den Coastal Command, wo er erstmals Raketenangriffe auf Schiffe machte. Die FB.Mk VI wurde im November 1943 in Dienst gestellt und später durch einige FB.Mk XVIII mit 57-mm-Molins-Kanone in der Nase ergänzt.

Die Mosquito flog auch für andere Luftstreitkräfte. In Großbritannien, Kanada und Australien entstanden insgesamt 7.785 Flugzeuge. Die Royal Air Force setzte noch bis 1955 Photo-Reconnaissance-Mosquitos im Fernen Osten ein. Die letzten ihrer Flugzeuge gingen 1961 in den Ruhestand.

OPERATION JERICHO

Eine der außergewöhnlichsten Episoden mit diesem Flugzeugtyp ereignete sich am Morgen des 18. Februar 1944. Im Rahmen der „Operation Jericho“ griff eine Staffel von RAF-Mosquito-Bombern aus einer Flughöhe von 15 Metern über dem Boden das Stadtgefängnis von Amiens im besetzten Frankreich an.
An der Aktion waren Mosquitos vom Typ FB.Mk VI der No. 21, No. 487 und No. 464 Squadron der No. 2 Group beteiligt. Sie wurden von Hawker-Typhoon-Jägern begleitet, die sich im Verlauf des Einsatzes bei Amiens Luftkämpfe mit Fw 190 lieferten. Trotz schlechter Sicht gelang es den Briten, die Gefängnismauern mit 250-Pfund-Bomben mit Verzögerungszünder zu durchbrechen und 258 Gefangene zu befreien, darunter zahlreiche Mitglieder der französischen Résistance. Zwei Mosquitos gingen beim Angriff verloren. Die genauen Hintergründe der Operation sind bis heute nicht geklärt, und eine beträchtliche Anzahl der befreiten Gefangenen wurde später wieder festgenommen.

North American P-51 Mustang (1940)

Die P-51 war eines der besten Jagdflugzeuge des Zweiten Weltkriegs. Nach ihrer Umrüstung auf das britische Merlin-Triebwerk und der Einführung in der Truppe Ende 1943 mauserte sich das bis dahin unbekannte Flugzeug zu einem absolut siegversprechenden Langstrecken-Geleitschutzjäger. Die P-51 kämpfte später auch im Koreakrieg.

KABINENDACH

Der Pilot saß unter einem nach hinten verschiebbaren, runden „Bubble"-Kabinendach, das vom hohen Rücken der P-51B/C eine bessere Rundumsicht bot als die Standard-Haube.

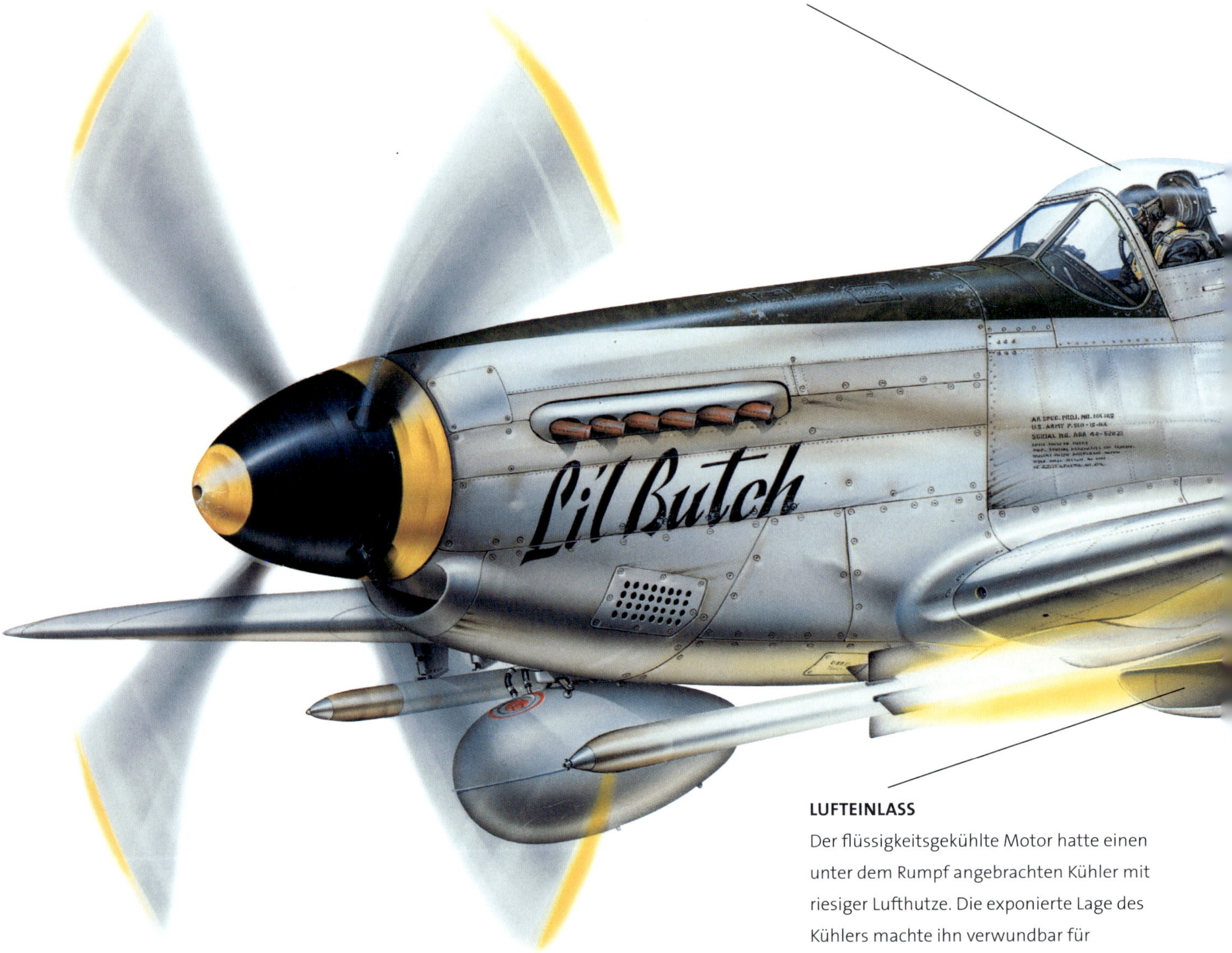

LUFTEINLASS

Der flüssigkeitsgekühlte Motor hatte einen unter dem Rumpf angebrachten Kühler mit riesiger Lufthutze. Die exponierte Lage des Kühlers machte ihn verwundbar für gegnerisches Feuer vom Boden.

Die P-51 entstand aufgrund einer dringlichen britischen Forderung an den Hersteller North American vom April 1940. Nach seiner Fertigstellung innerhalb von nur 120 Tagen machte der NA-73-Prototyp mit dem Allison-V-1710-F3R-Triebwerk im Oktober den Erstflug. Die erste Serienmaschine flog im Mai 1941 und traf im November des Jahres zur Erprobung in Großbritannien ein. Auch das U.S. Army Air Corps (USAAC) testete zwei frühe Exemplare unter der Bezeichnung XP-51, orderte aber zunächst keine Flugzeuge.

So war es die Royal Air Force, die als wichtigster Erstkunde 320 Mustang-Mk-I-Modelle bestellte. Die ersten Mustangs zeigten gute Tiefflugeigenschaften und eine hohe Reichweite. Sie wurden auch wegen ihrer relativ schweren Bewaffnung von vier 12,7-mm- und vier 7,62-mm-Maschinengewehren zur Luftnahunterstützung der Army herangezogen. Dabei fiel auf, dass der Allison-Motor in Höhen über 12.000 Fuß (3660 Meter) stark zu kämpfen hatte.

Im April 1942 kamen die ersten mit einer Kamera ausgerüstete Mustang Mk I zur RAF. Sie gingen später an 23 Squadrons des Fighter Commands. Ein britischer Folgeauftrag brachte weitere 300 Mustang Mk I über den Atlantik.

Das USAAC orderte 150 P-51 zur Lieferung nach Großbritannien. Die Flugzeuge hatten selbstdichtende Kraftstofftanks und vier 20-mm-Kanonen. 93 Exemplare mit der Bezeichnung

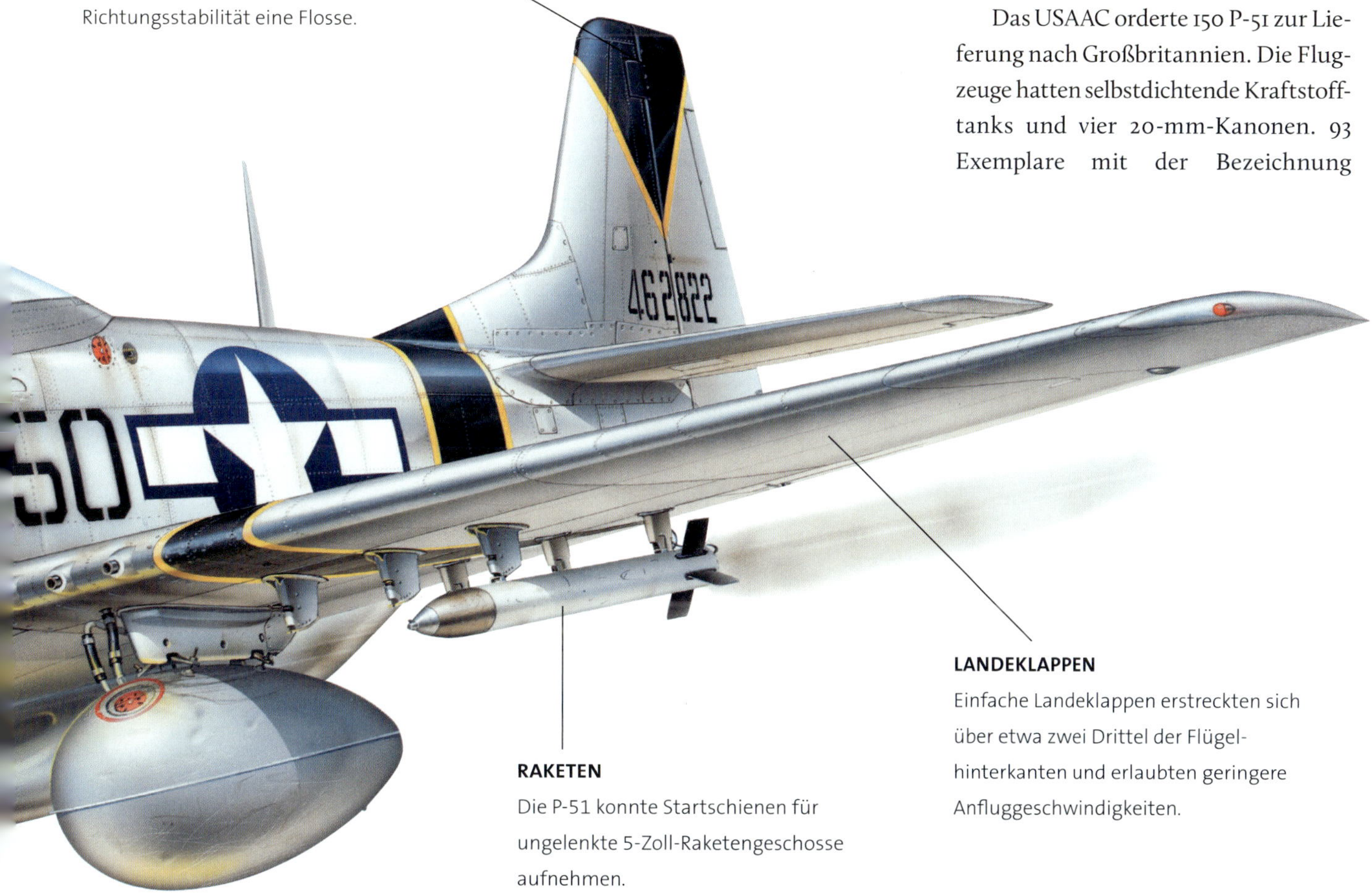

HECKFLOSSE

Kurz nach Beginn der P-51D-Produktion bekam das Heck für bessere Richtungsstabilität eine Flosse.

RAKETEN

Die P-51 konnte Startschienen für ungelenkte 5-Zoll-Raketengeschosse aufnehmen.

LANDEKLAPPEN

Einfache Landeklappen erstreckten sich über etwa zwei Drittel der Flügelhinterkanten und erlaubten geringere Anfluggeschwindigkeiten.

„Li'l Butch" war eine P-51D der 47th Fighter Squadron, 15th Fighter Group, U.S. 7th Air Force und im Jahre 1945 in Iwo Jima im Pazifik stationiert. Um Verwechslungen mit japanischen Flugzeugen zu vermeiden, brachte man auffällige Farbbänder an Flügeln und Rumpf sowie Dreiecke auf Propellernabe und Flosse an.

Leonard Carson von der 362nd Fighter Squadron in Leiston/Suffolk flog im Jahre 1945 die P-51K „Nooky Booky IV".
Carson war mit 18,5 Abschüssen der erfolgreichste Jagdflieger der 357th Fighter Group.

Mustang Mk IA wurden ausgeliefert. Die USAAF nutzte eine Variante mit Kamera, die F-6A, zur taktischen Aufklärung.

Als die USA in den Krieg eintraten, gab die Führung ihre Zurückhaltung gegenüber der Mustang auf. Die USAAF bestellte die NA-73 zunächst als A-36A für die Bodenunterstützung. Ihr erstes Exemplar machte im September 1942 den ersten Flug. Die 500 „Apache"-Versionen für die USAAF hatten sechs Maschinengewehre in der Tragfläche und im oberen Rumpf sowie Bombenstationen unter den Flügeln. An der Ober- und Unterseite der Flügel saßen Sturzflugbremsen. Die Apache war ab Mitte 1943 in Nordafrika und Südostasien im Einsatz.

Die erste Jägerversion bei der USAAF, P-51A, besaß vier Flügel-Maschinengewehre und einen Allison-V-1710-81-Motor. 310 Exemplare wurden 1942 bestellt und etwa zeitgleich mit der Apache ausgeliefert. Rund 50 P-1A gingen als Mustang Mk II an die RAF, andere wurden als F-6C für die Aufklärung bei der USAAF umgerüstet.

Die Royal Air Force hatte entschieden, das Flugzeug auf den Rolls-Royce-Merlin-Motor umzurüsten und erprobte vier Exemplare. Die so gesteigerte Leistung des Jägers führte 1943 zum Bau der P-51B mit einem von Packard hergestellten V-1650-3 Merlin. Mit dem neuen Motor kamen ein verstärkter Rumpf, ein modifiziertes Querruder und vier 12,7-mm-Maschinengewehre. Die P-51B erreichte 710 km/h in 9.085 Metern (29.800 ft) Höhe und wurde bald in beträchtlichen Mengen bestellt. 1.988 Flugzeuge entstanden in Inglewood (Kalifornien). Die ähnliche Variante P-51C lief 1750 Mal in Dallas (Texas) vom Band.

Im Verlauf der Produktion wurde die starre Bewaffnung zu Versuchszwecken von Maschinengewehren in den Flügeln ergänzt. Als die USAAF ihre Tagesbomberoffensive begann, bekam die P-51 größere Treibstofftanks. Damit konnte sie 3.347 Kilometer zurücklegen und Berlin erreichen. Die Royal Air Force betrieb die P-51B/C als

TECHNISCHE DATEN (P-51D)

Typ	Langstreckenjäger
Abmessungen	Länge 9,85 m Spannweite 11,28 m Höhe 3,71 m
Startgewicht max.	5.262 kg
Antrieb	1 x 1.490 PS Packard Rolls-Royce Merlin V-1650-7 V12-Motor, flüssigkeitsgekühlt
Höchstgeschwindigkeit	704 km/h
Reichweite	3.347 km
Dienstgipfelhöhe	12.770 m (41.900 ft)
Besatzung	1
Bewaffnung	sechs 12,7-mm-Maschinengewehre plus zwei 1.000-Pfund-Bomben oder sechs 5-Zoll-Raketen

Mustang Mk III, die USAAF die Aufklärervariante F-6C.

Die letzte Mustang-Version P-51D (RAF: Mustang Mk IV, Aufklärer: F-6D) hatte einen verkürzten Rumpf und ein windschlüpfiges „Teardrop"-Kabinendach mit hervorragender Rundumsicht. Sechs Kanonen in der Tragfläche gehörten zur Grundausstattung. Die „D" war mit 7.956 Exemplaren die meistgebaute Version. Sie wurde durch Umrüstung auf den Aeroproducts-Propeller zur P-51K. Von dieser Variante entstanden 1.500 Flugzeuge, darunter F-6K-Aufklärer und Mustang Mk IV für die RAF. Die mit 784 km/h schnellste Mustang war die P-51H. 555 Exemplare wurden davon gebaut, bevor die Kampfhandlungen endeten. Insgesamt entstanden 15.586 P-51 aller Versionen, darunter Mustangs der Commonwealth Aircraft Corporation für die Royal Australian Air Force.

Trotz der hohen Kadenz ihrer sechs Cal-.50-Browning-Maschinengewehre im Flügel war die P-51K leichter bewaffnet als die P-47 oder die zahlreichen anderen RAF-Jäger mit Kanonen.

„KLEINE FREUNDE"

Diese P-51D mit Langstrecken-Abwurftank diente bei der 8th Air Force in der 357th Fighter Squadron der 361st Fighter Group. Sie war ein typischer Geleitschutzjäger, der die „schweren Vögel" der USAAF bei Tageslicht-Bombenangriffen über dem besetzten Europa schützten. Die ersten P-51B trafen im November 1943 in England ein. Ihre Reichweite und Höhenleistung erwies sich auf Anhieb der P-47 überlegen, die bis dahin Geleitschutz flog. Obendrein erwies sich die P-51 als zuverlässiger als die P-38 Lightning. Die hohe Einsatzbereitschaft der Mustangs ermöglichte USAAF-Bomberangriffe auf Ziele tief im Inneren Deutschlands und erlaubte in Zusammenarbeit mit dem RAF-Bomberkommando, den Druck auf den Gegner rund um die Uhr aufrechtzuerhalten. Der Erfolg der P-51 war so groß, dass man in Erwägung zog, alle Fighter Groups der 8th Air Force damit auszurüsten. Auch wenn diese Idee nicht verwirklicht wurde, flogen bis Ende 1944 nicht weniger als 15 Fighter Groups der „Mighty Eighth" die P-51.

Jakowlew Jak-1/3/7/9 (1940)

Die Jakowlew-Einsitzer gelten als wichtigste sowjetische Jagdflugzeug-Baureihe des Zweiten Weltkriegs. Sie wurden in größerer Zahl hergestellt und erzielten mehr Siege als alle anderen sowjetischen Jagdflugzeugtypen zusammen.

Das erste einsitzige Jagdflugzeug der Jakowlew-Familie, die Jak-1, war Resultat eines Anfang 1939 ausgeschriebenen Konstruktionswettbewerbs. Das Flugzeug war von Anfang an um den Klimow-M-105P-Reihenmotor mit integrierter Kanone geplant, und die sowjetischen Behörden schrieben Holz- oder Verbundwerkstoffe als Baumaterial vor. Der so entstandene I-26-Prototyp war ein Tiefdecker in Stahlrohr-Holzkonstruktion und machte im

COCKPITHAUBE

Mit dem nach hinten abgeflachten Rumpf bot die neue Kabinenhaube eine hervorragende Rundumsicht. Die einteilige Windschutzscheibe der Yak-3 erzeugte nur geringen Luftwiderstand.

MOTOR

Die Jak-3 behielt den Klimow-M-105PF-Motor (spätere Bezeichnung VK-105PF), allerdings mit deutlicher Leistungssteigerung.

LUFTEINLASS

In der Wurzel des linken Flügels befand sich ein großer Ölkühler-Lufteinlass, als Ersatz für den bisherigen Einlass unter der Nase. Er war ein gutes Erkennungsmerkmal der Jak-3.

Januar 1940 seinen Erstflug. Tragflächen und Leitwerk waren stoffbespannt, der vordere Rumpf metallbeplankt.

Im Mai 1940 ging die spätere Jak-1 als I-26 in die Produktion. Sie hatte eine durch die Propellernabe feuernde 20-mm-Kanone und zwei Maschinengewehre über dem Motor. Bis zum Sommer 1940 wurden 18 Vorserien-Jak-1 fertig, zum Jahresende waren es erst 64. Zum Zeitpunkt der deutschen Invasion im Juni 1941 war lediglich ein Regiment im Westen mit der Jak-1 ausgerüstet. Als die Rote Armee zurückweichen musste, verlegte man die Produktion nach Sibirien und in andere Landesteile.

Die Produktion nahm langsam Fahrt auf, doch Jakowlew wollte der sowjetischen Luftwaffe weitere Jäger als vorläufigen Ersatz bereitstellen. Das Unternehmen wählte die Jak-7UTI aus, einen zweisitzigen Trainer auf Basis der Jak-1. Im August 1941 wurde das erste dieser Flugzeuge unter Beibehaltung des hinteren Cockpits zum Jagdflugzeug Jak-7 umgerüstet. Es erbrachte mit größeren Treibstofftanks ähnliche Flugleistungen wie die Jak-1. Im September 1941 stellte Jakowlew die Produktion der Jak-7UTI komplett auf den Jak-7-Jäger um.

Anfang 1942 kam die weiter entwickelte Jak-7A mit neuem Cockpit heraus. Mitte 1942 erschien die Jak-7B mit 12,7-mm-Kanonen anstelle der 7,62-mm-Maschinengewehre. Im März 1942 wurde eine kleine Serie leichterer Jak-1

KONSTRUKTION

Die gewichtsoptimierte Jak-3 hatte Holzflügel und ein teils sperrholzbeplanktes, teils stoffbespanntes Heck. Der Rumpf bestand aus Stahlrohr, mit einer Duralabdeckung vorn und Sperrholz/Stoff hinten.

Eine Jak-3 der 303. Kampffliegerdivision, 1. Sowjetische Luftarmee, an der 3. Ukrainischen Front im Jahr 1944. Pilot dieses Flugzeugs war Divisionskommandeur Georgij Nefedowitsch, ein erfolgreicher Jagdflieger mit 23 Abschüssen.

Diese Jak-9D flog 1944 im berühmten „Normandie-Niemen"-Regiment. Die französisch bemannte Einheit wurde 1943 gegründet und kämpfte mit Auszeichnung in Weißrussland und Litauen.

ohne Maschinengewehre, dafür aber mit stärkeren M-105PF-Motoren fertig. Im Juni 1942 kam die Jak-1b mit verkürztem hinterem Rumpf und neuem Rundumsicht-Cockpitdach heraus. Anschließend wurden alle folgenden Jak-1 entsprechend modifiziert. Die Bewaffnung bestand nun aus einer 20-mm- und einer 12,7-mm-Kanone.

Um gegen die Bf 109F/G zu bestehen, bekamen die Jak-1 und die Jak-7B ab August 1942 den M-105PF-Motor, gerade noch rechtzeitig zum Einsatz über Stalingrad. Einige Jak-7B erhielten den M-105PA-Motor und eine neue 37-mm-Kanone. Nach 8.734 gebauten Jak-1 wurde die Produktion im Juli 1944 auf die Jak-3 umgestellt.

Im Sommer 1942 erlaubten neue Legierungen gewichtssparende Umbauten der Jak-7 für mehr Kraftstoffreserven. So entstand die Jak-7D mit vergrößerter Reichweite. Bis zum Ende der Produktion im Juli 1944 wurden insgesamt 6.399 Jak-7 aller Modelle fertiggestellt. Im Juni 1942 rüstete man eine Jak-7B mit einem M-105PF-Motor und den Flügeln einer Jak-7D aus. Der verkürzte hintere Rumpf und das Kabinendach ähnelten denen der Jak-1B. Im ungenutzten hinteren Cockpit konnten zusätzlicher Treibstoff, kleine Bomben oder Kameras untergebracht werden. Der Umbau erhielt die Bezeichnung Jak-9 und wurde zur „schweren" Standard-Version der Jak-Kampfflugzeuglinie.

Die Jak-9 war von den Stückzahlen her das wichtigste sowjetische Kampfflugzeug und erlebte in Stalingrad erstmals bedeutendere Einsätze. Der neue Jäger hatte nur noch wenige Holzkomponenten und war mit einer 20-mm-Kanone und einem 12,7-mm-Maschinengewehr bewaffnet. Während die Produktionsanlagen schrittweise von der Jak-7 auf die Jak-9 umgestellt wurden, flossen einige Baumerkmale der Jak-7 in die Jak-7B ein.

Die Jak-3 entstand aus einer leichteren Jak-1-Version vom März 1942. Sie

TECHNISCHE DATEN (YAK-9D)

Typ	Langstreckenjäger
Abmessungen	Länge 8,55 m Spannweite 9,74 m Höhe 3,00 m
Startgewicht max.	3.117 kg
Antrieb	1 x 1.180 PS Klimov M-105PF V12-Motor, flüssigkeitsgekühlt
Höchstgeschwindigkeit	591 km/h
Reichweite	1.360 km
Dienstgipfelhöhe	9.100 m (30.000 ft)
Besatzung	1
Bewaffnung	eine 20-mm-Kanone sowie ein 12,7-mm-Maschinengewehr (Cal .50)

Eine Frontansicht der Jak-9D. Die leichte Bewaffnung besteht aus einer durch den Propellerkreis feuernden 20-mm-SchWAK-Kanone und einem 12,7-mm-UBS-Maschinengewehr.

war besonders wendig, hatte einen leistungsstarken M-105PF-Motor und diente als „leichte" Ergänzung der Jak-9. Unter den Modifikationen waren ein neues Kabinendach mit Sicht nach hinten sowie ein kürzerer Flügel. Die Jak-3 kam im Frühjahr 1944 an die Front. Bis zum Ende der Produktion Mitte 1946 wurden 4.848 Flugzeuge aller Untervarianten hergestellt. Die Jak-9 blieb bis Ende 1948 in Produktion. Zu diesem Zeitpunkt waren 16.769 Exemplare in mehreren Versionen gebaut worden. Die wichtigsten Nachkriegsversionen der Jak-3 und Jak-9 waren die im Koreakrieg eingesetzte Ganzmetall-Jak-9P sowie die Jak-3P mit Drei-Kanonen-Bewaffnung und VK-105PF-Motor.

JAK-9-KRIEGSVARIANTEN

Diese Jak-9B der 130. Jagdfliegerdivision tragen in Anspielung auf das Moskauer Maly-Theater die Aufschrift „Kleines Theater: Front". Die Jak-7B war ein Jagdbomber, wurde aber nur in begrenzter Stückzahl produziert. Erfolgreicher war die Langstreckenversion Jak-9D mit einer Reichweite von 1.360 km, dank zusätzlicher Treibstoffreserven im umfunktionierten hinteren Cockpit. Die verbesserte Jak-9DD kam durch zusätzliche Flügelkraftstofftanks auf 2.285 km Reichweite. Die Jak-9T und Jak-9K hatten 37-mm-und 45-mm-Kanonen zur Panzerabwehr. Die letzten Versionen im Krieg waren die strukturverstärkte Jak-9M und die Jak-9U mit dem stärkeren VK-107A-Motor.

Republic P-47 Thunderbolt (1941)

Die kämpferische P-47 war ein herausragender alliierter Jäger des Zweiten Weltkriegs. Sie bewährte sich bei Langstreckenbomber-Eskorten über dem besetzten Europa oder starken Bodenangriffen auf Kriegsschauplätzen vom Mittelmeer bis Burma.

Die P-47 war eine Weiterentwicklung der Seversky P-43, entworfen von einem Team unter der Leitung des innovativen Alexander Kartveli. Beide Jäger besaßen Sternmotoren. Der Prototyp der P-47, die XP-47B, machte im Mai 1941 seinen Erstflug. Der große Jäger, ein freitragender Tiefdecker in konventioneller Ganzmetallbauweise und mit stoffbespannten Steuerflächen, wurde rund um den R-2800-Double-Wasp-Motor von Pratt & Whitney konstruiert.

Eine P-47D Thunderbolt der 56th Fighter Group, U.S. 8th Fighter Command, stationiert in Boxted (England) im Jahre 1944. Pilot David C. Schilling flog bei der 56th 132 Kampfeinsätze und erzielte 22,5 Abschüsse.

RAKETEN
Ungelenkte 5-Zoll-M8-Raketen wurden von Dreifach-Rohrwerfern unter den Flügeln abgefeuert. Sie konnten selbst schwer gepanzerte deutsche Tiger- und Panther-Panzer ausschalten.

MOTOR
Die P-47 hatte den zuverlässigen, luftgekühlten Double Wasp 18-Zylinder-Sternmotor der Pratt & Whitney R-2800-Serie. Diese P-47D-25 wird von einem R-2800-21 oder -59 mit einem neuen Wassereinspritzsystem und verbessertem Turbolader angetrieben.

Das Flugzeug besaß einen abgasgetriebenen Turbolader im hinteren Rumpf und ein einziehbares Spornrad. Die Bewaffnung bestand aus acht Maschinengewehren in den Flügeln. Der Pilot saß unter einer nach oben zu öffnenden Haube.

Die P-47B ging nach geringfügigen Verfeinerungen in die Fertigung und erreichte im Januar 1943 die in Großbritannien stationierten Einheiten. Die ersten Thunderbolt-Nutzer waren die 56th und die 78th Fighter Group. Im April des Jahres kam das Flugzeug beim Begleitschutz für die B-17-Tagesbomber zum Einsatz.

Dabei zeigte die Thunderbolt zwar nur eine eher mittelmäßige Steigleistung und Wendigkeit, steckte aber Kampfschäden sehr gut weg. Das nächste Serienmodell, die P-47C, bekam einen verlängerten Rumpf und Vorbereitungen für einen Zusatztank unter dem Rumpf. Hauptvariante mit über 12.000 hergestellten Flugzeugen war jedoch die P-47D. Ihre Ableger erhielten einen verkürzten hinteren Rumpf mit „Bubble"-Kabinendach und Wassereinspritzung zur Leistungssteigerung. Die P-47D kam vor allem in Nordeuropa, im Mittelmeerraum und im Fernen Osten zum Einsatz.

Als die P-51D die Langstrecken-Eskorte übernahm, flogen die P-47 zunehmend Bodenangriffe und zeigten nach der alliierten Invasion in der Nor-

„BUBBLE"-COCKPITDACH

Block 25 der P-47D erhielt ein rundes „Bubble"-Cockpitdach als Standardausführung. Damit verbesserte sich die Rundumsicht im Vergleich zu den früheren „Razorback"-(Rasiermesser)-Hauben deutlich.

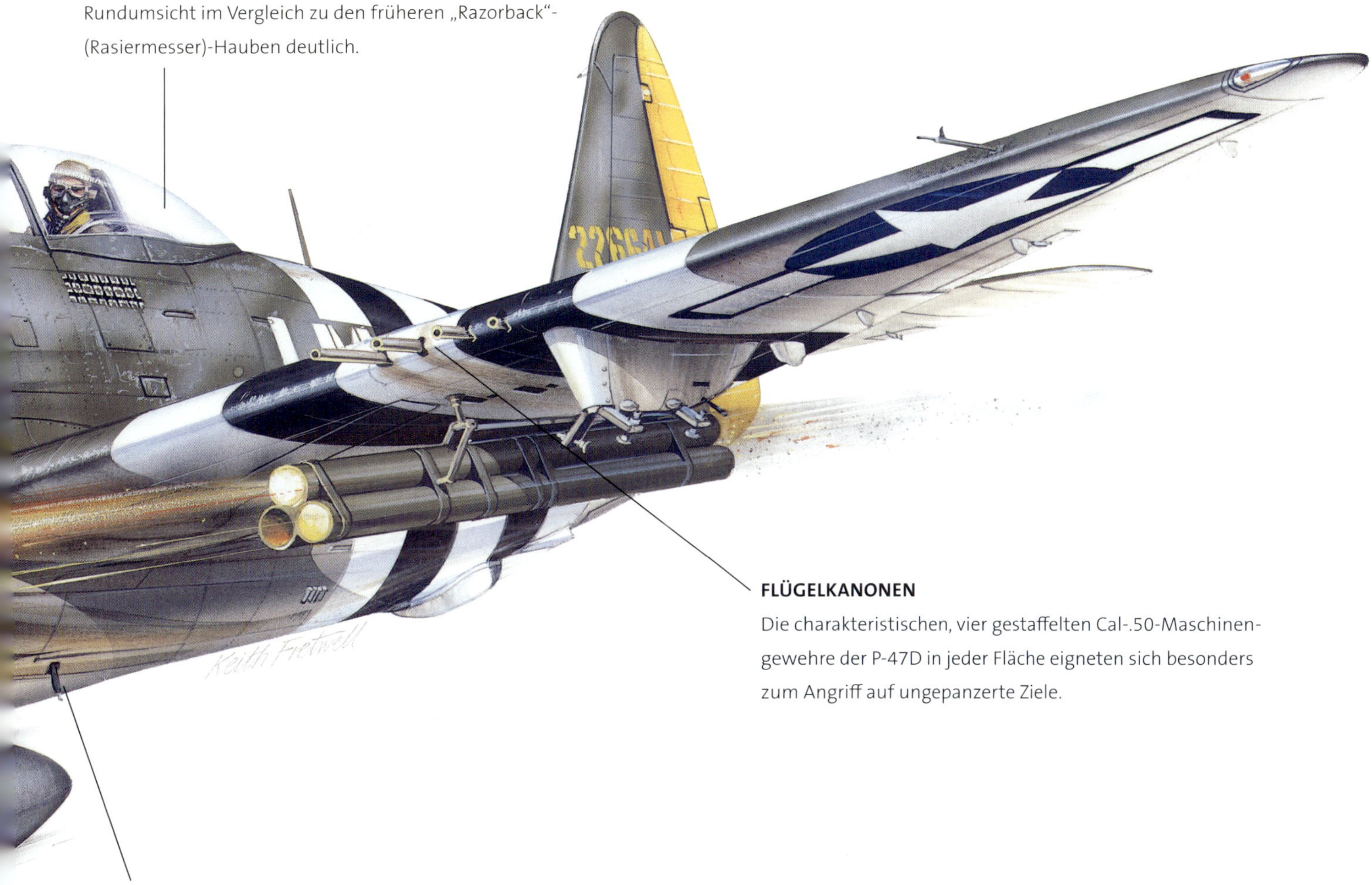

FLÜGELKANONEN

Die charakteristischen, vier gestaffelten Cal-.50-Maschinengewehre der P-47D in jeder Fläche eigneten sich besonders zum Angriff auf ungepanzerte Ziele.

KRAFTSTOFF

Der Haupttank im mittleren Rumpf fasste 776 Liter (205 US-Gallonen) und konnte durch einen 284 Liter (75 US-Gallonen) großen Zusatztank unter dem Rumpf ergänzt werden.

Republic P-47 Thunderbolt (1941)

Eine P-47D der 527th Fighter Squadron, 86th Fighter Group in Italien, 1944. Die Einheit bekämpfte auf dem Rückzug befindliche deutsche Streitkräfte in Italien und flog Begleitschutz für Bomber.

mandie ihre Stärke. Mehrere Piloten waren auf diesem Muster besonders erfolgreich, allen voran Francis S. Gabreski mit 31 Abschüssen, davon drei gegen Bodenziele. Bei Kriegsende hatte jede P-47 bei über einer halben Million Kampfeinsätzen rechnerisch 4,6 feindliche Flugzeuge zerstört. So meldeten im April 1945 P-47-Piloten der 78th Fighter Group den Abschuss von 135 deutschen, am Boden geparkten Flugzeugen. Die eigene Verlustrate lag bei außergewöhnlich niedrigen 0,7 Prozent pro Einsatz.

Die P-47M-Version erzielte mit neuem Kompressor eine Höchstgeschwindigkeit von 763 km/h in 32.000 Fuß (9.755 m) und kam Ende 1944 zu ihren Einheiten in Europa. Die letzte Variante im Pazifikkrieg, die P-47N, erhielt größere, stumpfe Tragflächen und mehr Treibstoffkapazität. Von dieser schnellsten und schwersten Serienversion entstanden über 1.800 Exemplare. Sie dienten meist als Bomber-Eskorte bei B-29-Angriffen auf Japan.

Mit 15.675 produzierten Exemplaren ist die P-47 der meistgebaute Jäger der US-Geschichte. Viele Flugzeuge wurde für Bodenangriffe modifiziert. So erhielt die P-47D zusätzlich zum 568-Liter-Zusatztank unter dem Rumpf Unterflügelstationen für zwei 1.000-Pfund-Bomben. Spätere Varianten konnten noch mehr Bombenlast und bis zu zehn 127-mm-Raketen tragen.

Die P-47D griff als Jagdbomber der 384th Fighter Group von Australien aus japanische Ziele in Neuguinea an. P-47D-Jagdbomber dienten später bei der 9th und 15th U.S. Air Force in Großbritannien und im Mittelmeerraum. 16 RAF-Staffeln in Burma flogen nicht weniger als 826 Thunderbolt Mk I (P-47B) und Mk II (P-47D). Die britischen Thunderbolts dienten hauptsächlich als Jagdbomber, flogen Patrouillen über dem Dschungel und griffen japanische Ziele an, die ihnen von mobilen Fliegerleitoffizieren am Boden zugewiesen wurden. P-47 dienten auch in Brasilien, Frankreich, Mexiko und der UdSSR. Die letzte Version P-47N blieb noch lange nach dem Krieg in US-Diensten. Mehrere Exemplare gingen mit der Bezeichnung F-47N an die Air National Guard, die sie 1955 aussonderte. Ausländische Betreiber, vor allem Taiwan und einige Staaten in Lateinamerika, flogen die Thunderbolt noch einige Jahre.

TECHNISCHE DATEN (P-47D)

Typ	Langstreckenjäger
Abmessungen	Länge 11,01 m Spannweite 12,43 m Höhe 4,32 m
Startgewicht max.	8.800 kg
Antrieb	1 x 2.300 PS Pratt & Whitney R-2800-59 Sternmotor
Höchstgeschwindigkeit	689 km/h
Reichweite	2.028 km
Dienstgipfelhöhe	12.800 m (42.000 ft)
Besatzung	1
Bewaffnung	acht 12,7-mm-Maschinengew., zwei 1.000-Pfund-Bomben, bis zu zehn 5-Zoll-Raketen

Diese Vorderansicht einer P-47D der 527th Fighter Squadron zeigt die Außenlasten, darunter 1.000-Pfund-Bomben (454 kg) unter den Flügeln und einen von neun Außentank-Typen unter dem Rumpf.

56TH FIGHTER GROUP

Diese Formation von „Razorback"-P-47B kam im Oktober 1942 bei der 56th Fighter Group zum Einsatz. In der am nächsten zum Fotografen fliegenden Maschine sitzt Hubert Zemke, einer der erfolgreichsten Thunderbolt-Jagdflieger. Die 56th war Hauptnutzer der P-47 und konnte mit 665,5 im Luft-Luft-Kampf zerstörten Flugzeugen mehr als jede andere Kampfgruppe der 8th Air Force für sich verbuchen. Sie war auch die P-47-Einheit mit der höchsten Zahl von Abschüssen im Zweiten Weltkrieg und zweiterfolgreichste aller USAAF-Fighter Groups. Neben ihren Luftsiegen verbuchte die 56th 311 am Boden zerstörte Jäger. Zu ihren erfolgreichsten Piloten gehörten Hubert Zemke, Bud Mahurin, Robert Johnson, Jerry Johnson und Gabby Gabreski. Robert Johnson übertraf am 8. Mai 1944 als erster den Rekord von Eddie Rickenbackers 26 Abschüssen, alle am Knüppel einer P-47.

Avro Lancaster (1941)

Der berühmteste britische Bomber des Zweiten Weltkriegs, die Lancaster, kam durch gewagte Einsätze wie den „Überfall auf Dambusters“ und den Angriff auf die Tirpitz zu Ehren. Seine Anfänge als Avro Manchester waren jedoch alles andere als vielversprechend.

Der Prototyp der Lancaster war ein Entwurf von Avros Chefdesigner Roy Chadwick. Er basierte auf dem zweimotorigen Avro Manchester Bomber, einem Schwergewicht mit leistungsschwachen und unzuverlässigen Rolls-Royce-Vulture-Motoren. Im September 1941 erhielt Avro einen Auftrag über zwei neue Prototypen, deren erster schon innerhalb von vier Monaten fliegen sollte. Einer der überarbeiteten Bomber bekam die Dreifach-Heckflosse der Manches-

BESATZUNG
Die typische Bomber-Command-Crew der Lancaster bestand aus sieben Männern: einem Piloten, einem Flugingenieur, einem Navigator, einem Funker, einem Heckschützen, einem Rückenturmschützen und einem Bug/Bombenzielschützen.

BUGBEMALUNG
Dieses Flugzeug, WS-Y, trägt eine farbenfrohe Bemalung am Bug. Sie beruht auf einer Werbefigur der Youngers-Brauerei. Der Schriftzug „Getting younger every day“ (Du wirst jeden Tag jünger) ist neben den Abzeichen für 41 erfolgreiche Einsätze angebracht.

ter, vergrößerte Außenflügel und vier der bewährten, 1.145 PS starken Rolls-Royce-Merlin-X-Motoren. Der zweite erhielt neue Doppelflossen und Seitenruder, die später bei Serien-Lancastern zum Standard gehören sollten. Der erste Prototyp machte im Januar 1941 seinen Erstflug und wurde anschließend intensiv erprobt.

Das Ministerium für Flugzeugbau hatte erwogen, die Fertigungsanlagen in Manchester nach dem vereinbarten Bau von 200 Avro Manchester komplett zu schließen. Zum Glück für den Bomber Command wurde das Vorhaben verworfen, und Avro konnte die Entwicklung an der Manchester Mk III (der späteren Lancaster) fortsetzen. Schon im Oktober 1941 flog die erste Serienmaschine.

Aus der Manchester wurde die Lancaster, aber die Versorgung mit Motoren konnte nicht mit den enormen Produktionszahlen mithalten. Als Ausweg bot sich die Beschaffung in Lizenz gebauter Packard-Merlin-Motoren aus den USA an. Eine andere Maßnahme sah die Umrüstung der Lancaster auf Hercules-VI- oder -XVI-Sternmotoren von Bristol vor. Der Hercules entwickelte 1.735 PS im Vergleich zu 1.280 PS des Merlin XX und Merlin 22 oder zu 1.620 PS des Merlin 24 in den übrigen Serienflugzeugen.

Zum Selbstschutz der Lancaster sollte ein Bauchgeschütz dienen, aber man

DOPPELTE HECKFLOSSEN
Im Gegensatz zum dreifachen Seitenleitwerk der Avro Manchester besaß die Serien-Lancaster ein deutlich höheres, doppeltes Leitwerk.

Eine Lancaster B.Mk I (Special) der No. 9 Squadron, stationiert bei RAF Bardney im Jahre 1945. Das gezeigte Flugzeug wirft eine Tallboy-Bombe ab. Jene Waffe kam auch beim Angriff auf die U-Boot-Bunker in Bergen/Norwegen zum Einsatz.

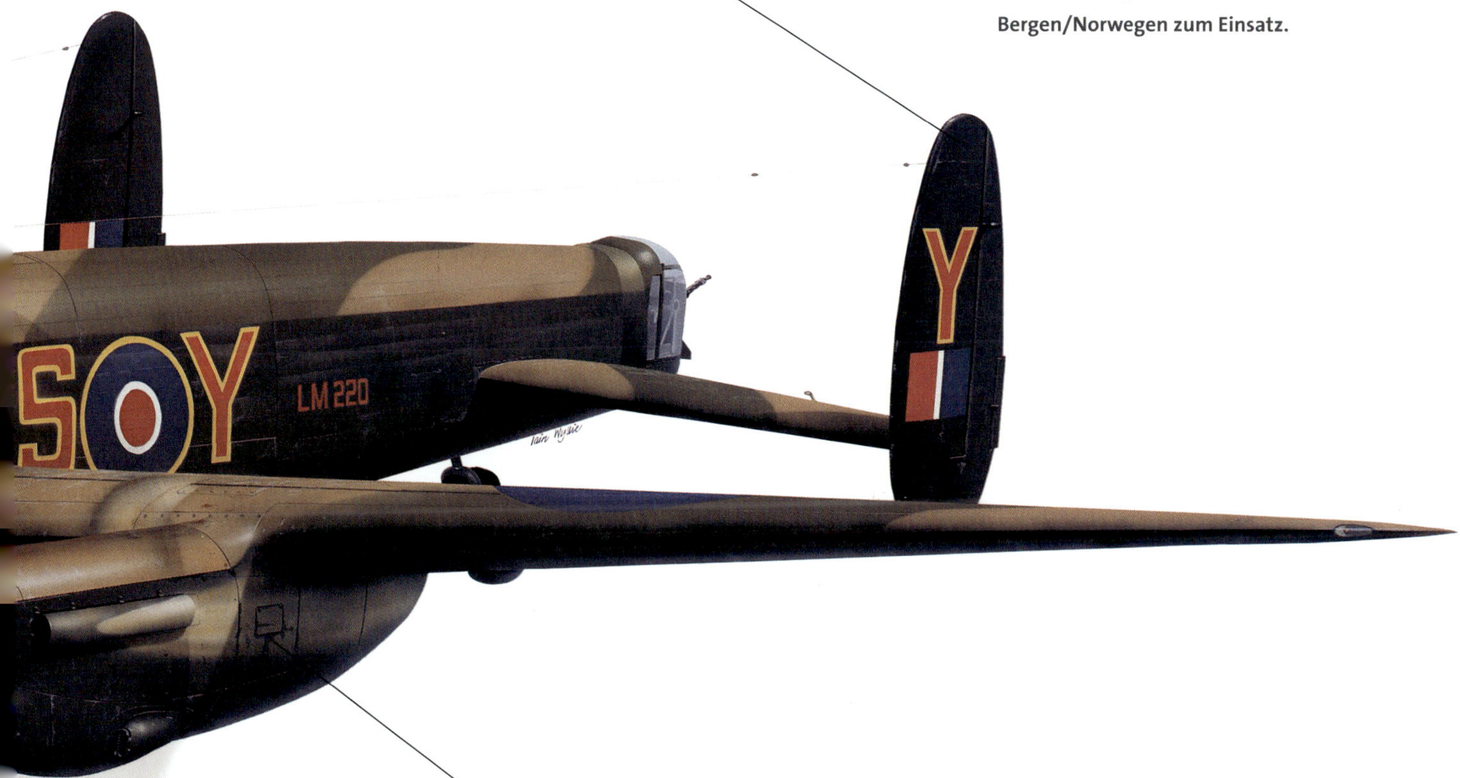

KRAFTSTOFFVORRAT
Die Lancaster hatte eine typische Treibstoffkapazität von 9.792 Litern in drei Tanks pro Flügel. Für Überführungsflüge konnte im Bombenschacht zusätzlicher Treibstoff mitgeführt werden.

Diese Lancaster B.Mk I, R5868, wurde von Metropolitan-Vickers als Teil einer Avro-Manchester-Charge begonnen und als Lancaster fertiggestellt. Sie steht heute im Royal Air Force Museum.

beließ es zunächst bei den drei hydraulisch betriebenen Frazer-Nash-Türmen. Jeder von ihnen war mit 7,7-mm-Maschinengewehren bestückt, je zwei in der Nase und auf der Rumpfmitte sowie vier im Heckturm. Offensivwaffen lagerten in einem geräumigen Bombenschacht. Er war ursprünglich für eine Last von 1.814 kg (4.000 Pfund) konzipiert und wurde während der Betriebszeit der Lancaster laufend für immer größere Bomben erweitert. Auf die 8.000 und 12.000 Pfund (3.629 kg und 5.443 kg) schweren Standard-Bomben folgte schließlich die von Barnes Wallis konstruierte kolossale Grand-Slam-Bombe mit einem Gewicht von sage und schreibe 22.000 Pfund (9.979 kg).

Die erste Lancaster-Staffel, No. 44 (Rhodesia) Squadron mit Sitz in Waddington, erhielt das erste Flugzeug im Dezember 1941. In der Nacht vom 10. auf den 11. März 1942 erfolgte der Einsatz beim Angriff auf Essen. Im April 1942 beteiligten sich Lancaster-Bomber der No. 44 und der No. 97 Squadron an einem riskanten Tiefflug-Tagesangriff auf die Dieselmotorenfabrik von MAN in Augsburg.

Anfang 1943 sollte Guy Gibson die besten Piloten des Bomber Command für einen Spezialeinsatz auswählen. Die neue zusammengestellte No. 617 Squadron trainierte den Tiefflug-Angriff und erhielt den Befehl, drei Staudämme im Herzen des Ruhrgebiets zu zerstören. Der erfolgreiche „Dam Buster"-Angriff vom Mai 1943 war einer der gewagtesten Bombenangriffe der Geschichte und ein großer Propagandaerfolg, doch seine strategische Wirkung war begrenzt.

Die nächsten Spezialeinsätze der No. 617 Squadron waren Angriffe mit 12.000-Pfund-Tallboy- und 22.000-Pfund-Grand-Slam-Bomben auf das in Norwegen liegende Schlachtschiff Tirpitz. Ende 1944 gelang es schließlich, den schwimmenden Riesen zu versenken. 1943 und Anfang 1944 kämpfte die Einheit bei den Luftschlachten über Hamburg, dem Ruhrgebiet und Berlin, 1943 war sie am Angriff auf Peenemünde beteiligt. Lancasters dienten im Zweiten Weltkrieg bei mindestens 59 Staffeln des Bomber Command und flogen über 156.000 Einsätze, bei denen sie über 600.000 Tonnen Sprengbomben und

TECHNISCHE DATEN (LANCASTER B.MK I)

Typ	Schwerer Bomber
Abmessungen	Länge 21,18 m Spannweite 31,09 m Höhe 6,10 m
Startgewicht max.	31.751 kg
Antrieb	4 x 1.640 PS Rolly-Royce Merlin XXIV V12-Motor
Höchstgeschwindigkeit	462 km/h
Reichweite	4.070 km mit Bombenladung
Dienstgipfelhöhe	7.470 m (24.500 ft)
Besatzung	7
Bewaffnung	acht 7,7-mm-Maschinengewehre, sowie Bombenladung (eine Bombe mit max. 9.979 kg oder kleinere Bomben bis insgesamt 6.350 kg)

Eine Frontansicht der Lancaster B.Mk I. Lancaster-Bomber wurden von Avro, Armstrong Whitworth, Austin Motors, Metropolitan Vickers, Vickers-Armstrong und Victory Aircraft gebaut.

über 50 Millionen Brandbomben abwarfen. Fast die Hälfte aller während des Krieges gelieferten Lancaster, 3.345 von 7.373, gingen im Einsatz verloren. Dabei kamen über 21.000 Besatzungsmitglieder ums Leben.

Auf die ersten Lancaster B.Mk I und B.Mk II mit Hercules-Motoren folgte die B.Mk III mit verbesserten Merlin-Triebwerken. Die letzte in nennenswerter Zahl gebaute Lancaster-Variante war die in Kanada hergestellte B.Mk X. Das Grundmodell B.Mk I wurde den ganzen Krieg über weiter produziert und bewies die guten Fähigkeiten des ersten Entwurfs. Die letzte Lancaster wurde im Februar 1946 ausgeliefert.

BATTLE OF BRITAIN MEMORIAL FLIGHT

Diese Lancaster mit dem Kennzeichen PA474 ist eine von zwei noch flugfähigen Maschinen und gehört zur „Battle of Britain Memorial Flight“ der Royal Air Force. Sie wurde im Mai 1945 in Broughton fertiggestellt, verpasste nur knapp den Krieg in Europa und flog von 1948 bis 1952 Fotoaufklärung in Afrika. Nach einer Dienstzeit bei Flight Refueling Ltd. ging PA474 als Versuchsplattform an das Royal College of Aeronautics in Cranfield. 1964 wurde der Bomber von der Air Historical Branch übernommen und wirkte in zwei Filmen mit, bevor man ihn für die Ausstellung im RAF-Museum vorbereitete. Nach eingehender Restaurierung erhielt die PA474 schließlich 1967 wieder das Lufttüchtigkeitszeugnis. Seit 1973 nimmt sie am „Battle of Britain Memorial Flight“ teil und hält als fliegendes Denkmal bei Flugvorführungen und Veranstaltungen die Erinnerung an die Männer des Bomber Command wach.

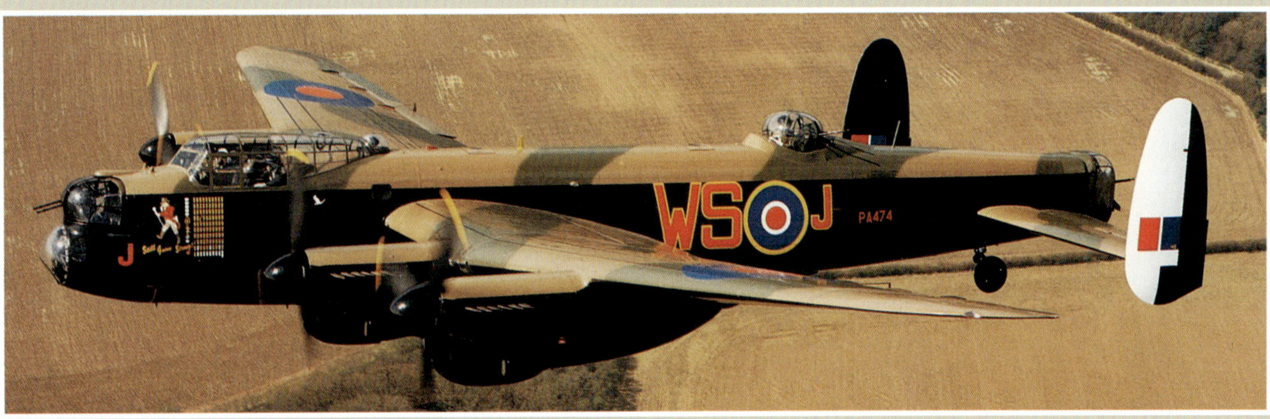

Grumman F6F Hellcat (1942)

Das beste Träger-Jagdflugzeug des Zweiten Weltkriegs, die Hellcat, knüpfte an die Erfolge von Grummans F4F Wildcat an. Auf ihr Konto gehen 75 Prozent aller U.S.-Navy-Luftsiege im Krieg, 5.156 im Luftkampf zerstörte Flugzeuge.

Die F6F Hellcat war eine Weiterentwicklung der Wildcat. 7.885 Wildcats hatten in den ersten Kriegsmonaten maßgeblich dazu beigetragen, den Japanern die Luftüberlegenheit im Pazifik abzuringen.

Die geballte Kampferfahrung der U.S. Navy-Wildcat-Piloten und zahlreiche alliierte Lageberichte flossen in die Entwicklung der Hellcat ein. Ihre Tragflächen waren tiefer angesetzt als bei der F4F, wobei das äußere Erscheinungsbild erhalten blieb. Durch diese Modifikation konnte das Hauptfahrwerk in den Mittelteil des Flügels eingefahren werden, anstatt wie bei der Wildcat in den Rumpf. Neu war auch die Ganzmetallkonstruktion mit bündig vernie-

TRAGFLÄCHEN

Der Flügel bestand im Wesentlichen aus zwei robusten Mittelholmen. Zur Unterbringung unter Deck konnten die Außenflächen um 90 Grad gedreht, nach hinten gefaltet und flach an den Rumpf angelegt werden.

FLÜGELBEWAFFNUNG

Die übliche Bewaffnung bestand aus sechs versetzt eingebauten Cal-.50-Browning-Maschinengewehren mit je 50 Schuss Munition. Dieses Flugzeug trägt zusätzlich sechs 5-Zoll-Raketengeschosse (127 mm) gegen Bodenziele.

teten Oberflächen und faltbaren Außenflügeln zur Unterbringung auf Trägern. Die Grundbewaffnung bestand aus sechs 12,7-mm-Maschinengewehren in den Vorderkanten der Tragflächen.

Das neue Jagdflugzeug machte im Juni 1942 als XF6F-1 seinen Erstflug. Es wurde anfangs von einem Wright R-2600-10 Cyclone mit zweistufigem Turbolader angetrieben und erhielt in den späteren Versionen immer stärkere Motoren: den aufgeladenen R-2600-16 (XF6F-2), den R-2800-10 Double Wasp (XF6F-3) und den R-2800-27 (XF6F-4).

Noch vor Abschluss der Modifikationen wurde überraschend die Produktion der F6F-3-Variante angefordert. Im Januar 1943 gelangten die neuen Flugzeuge zu den Fronteinheiten, die ersten davon zur VF-9 an Bord der USS Essex. Den ersten Kampf ihrer Jäger gegen die Japaner erlebte im August 1943 die VF-5 der USS Yorktown. Im Oktober desselben Jahres schoss Robert W. Duncan als erster Hellcat-Pilot zwei A6M-Zero-Jäger bei einem Luftkampf ab. Noch spektakulärer war ein Einsatz in der Nähe von Kwajalein im Dezember 1943: 91 Hellcats vernichteten im Kampf gegen 50 Zeros bei nur zwei eigenen Verlusten 28 Gegner. An zwei Tagen im Februar 1944 zerstörten die Hellcats zehn verschiedener Staffeln bei Träger-Einsätzen in der Nähe von Truk 127 japanische Flugzeuge in der Luft und 86 am Boden. Dieser Erfolg wiederholte sich im März an zwei Tagen, als 150 japanische Flugzeuge rund um Palau den F6Fs von elf Flugzeugträgern zum Opfer fielen.

Die Hellcat war nun reif für weitere Rollen. So entstanden die Nachtjäger

KENNZEICHNUNG
Das gelbe Band an der Nase diente als Unterscheidungsmerkmal bei Angriffen auf Tokio. Nach etwa zwei Wochen wurde die Motorhaube wieder blau lackiert.

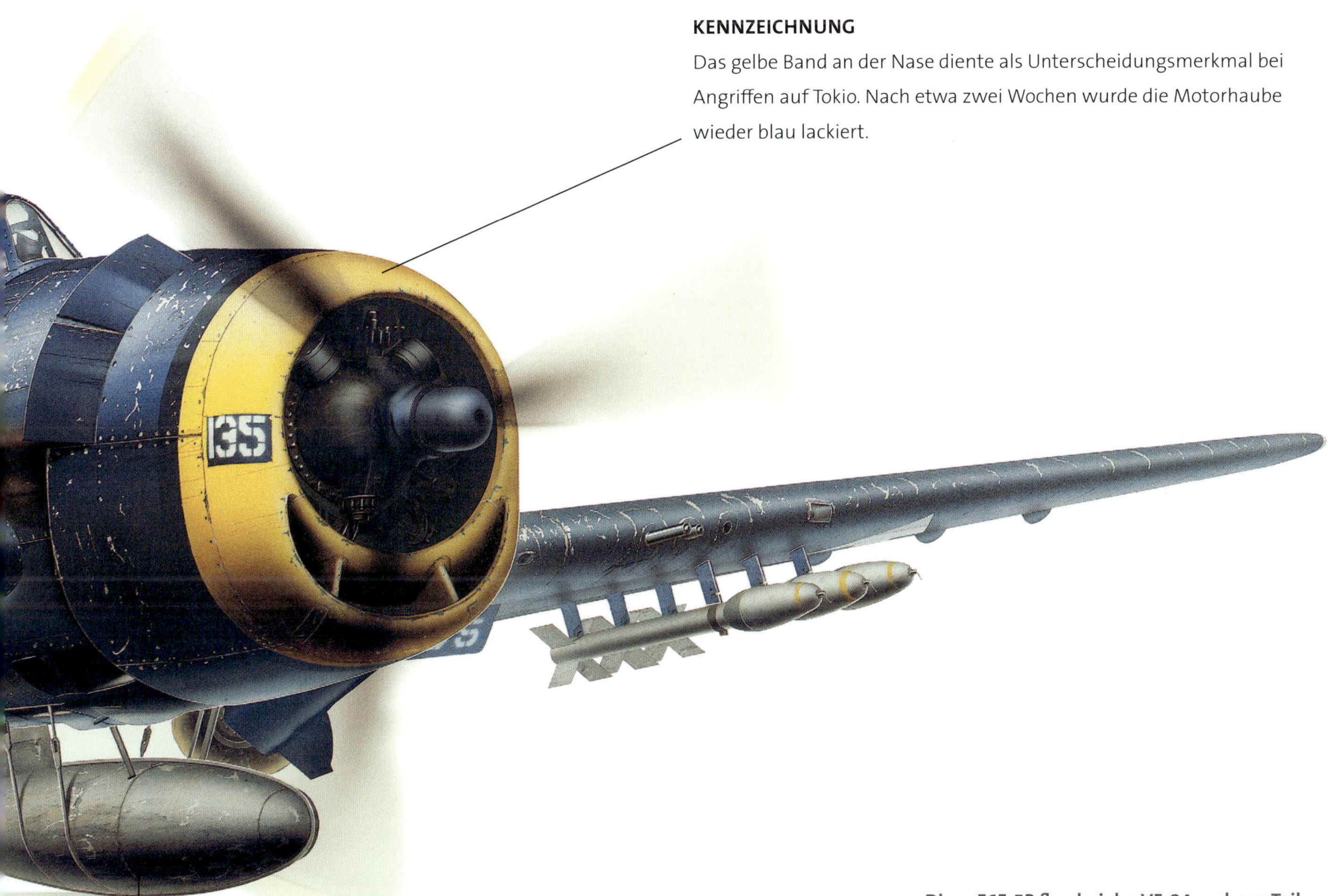

AUSSENTANK
Alle Hellcat-Versionen konnten einen 500-Liter-Zusatztank unter dem Rumpf tragen.

Diese F6F-5P flog bei der VF-84 und war Teil der Carrier Air Group 84, die dem Flugzeugträger USS Bunker Hill im Februar 1945 zugeteilt wurde. Die F6F-5P-Variante hatte eine Kamera zur taktischen Aufklärung am Rumpfheck.

Eine F6F-5 der VF-27 an Bord von USS Princeton, während der Schlacht im Golf von Leyte im Oktober 1944. Unter den zehn Fliegerassen der VF-27 war Carl A. Brown Jr. mit 10,5 Abschüssen.

F6F-3E und F6F-3N mit einem Radarbehälter an den Flügeln. Üblicherweise gehörten vier Hellcat-Nachtjäger zur Ausrüstung jeder Träger-Jagdstaffel.

Die neue Jagdbomber-Version F6F-5 vom April 1944 hatte Vorrichtungen für bis zu 2.000 Pfund (907 kg) Bombenlast oder alternative Kampfmittel. Einige F6F-5 bekamen schlagkräftigere 20-mm-Kanonen statt der Innenflügel-Maschinengewehre. Diese Variante hatte eine neu gestaltete Motorhaube, andere Querruder, eine verstärkte Heckstruktur und ein Wassereinspritzsystem zur Leistungssteigerung des R-2800-10-Motors. Die Nachtkampf-Ausführung F6F-5N erhielt ein Radom auf dem Steuerbordflügel. Die „Dash 5" ersetzte nach 4.402 fertiggestellten Flugzeugen Mitte 1944 die F6F-3. Die Gesamtproduktion der F6F-5N-Serie belief sich auf 7.868 Maschinen.

TECHNISCHE DATEN (F6F-5)

Typ	Träger-Jagdflugzeug/Jagdbomber
Abmessungen	Länge 10,24 m Spannweite 13,05 m Höhe 3,99 m
Startgewicht max.	6.991 kg
Antrieb	1 x 2.000 PS Pratt & Whitney R-2800-10W Sternmotor
Höchstgeschwindigkeit	612 km/h
Reichweite	1.521 km
Dienstgipfelhöhe	11.369 m (37.300 ft)
Besatzung	1
Bewaffnung	sechs 12,7-mm-Maschinengewehre oder zwei 20-mm-Kanonen und vier 12,7-mm-Maschinengew., plus zwei 1.000-Pfund-Bomben

Die Hellcat zeigte ihre Fähigkeiten besonders eindrucksvoll im Juni 1944 bei der Schlacht in der Philippinischen See. An diesem großen Einsatz nahmen 15 Flugzeugträger der U.S. Navy mit insgesamt 480 F6F, 222 Sturzkampfbombern und 199 Torpedobombern teil. Innerhalb einer Woche zerstörte die Task Force 58 über 400 japanische Flugzeuge und versenkte drei Flugzeugträger. Ein bekannter Hellcat-Pilot mit 34 Abschüssen war das „Ass der Asse" der U.S. Navy, David McCampbell. Er zerstörte im Oktober 1944 neun Flugzeuge in einem einzigen Gefecht.

Der britische Fleet Air Arm nutzte als zweiter Hellcat-Betreiber 252 F6F-3 als „Gannet" (später Hellcat) Mk Is und 930 F6F-5 als Hellcat Mk II. Die erste britische Einheit war die 800 Naval Air Squadron. Bis zum Produktionsende im November 1945 wurden 12.275 Hellcats aller Versionen fertiggestellt, davon allein im Jahre 1943 über 2.500. Nach dem Krieg stand das Flugzeug noch mehrere Jahre in US-Diensten und flog später bei einer kleinen Zahl ausländischer Betreiber. Frankreich schickte seine Hellcats noch einmal in Indochina in den Kampf.

Die Frontansicht dieser voll aufgerüsteten F6F-5 der VF-27 zeigt Details ihrer Waffen, darunter Maschinengewehre im Flügel, Bomben an den inneren und Raketengeschosse an den äußeren Unterflügelstationen.

HELLCATS DER NACHKRIEGSZEIT

Rechts abgebildet sind ein mit Radar ausgerüsteter F6F-5N-Nachtjäger und drei F6F-5 nach dem Krieg bei der U.S. Navy. Die helle Markierung trugen Hellcats bei 13 Reserveeinheiten in den USA. Die letzten Exemplare verschwanden 1948 von den Flugzeugträgern. 1953 kehrten einige noch einmal kurz zurück, da technische Probleme die Auslieferung des Kampfjets Grumman F9F Panther verzögerten. Die letzten F6F-5N Nachtjäger wurden erst 1954 ausgemustert. In Lateinamerika flog die Hellcat bis 1961 bei den Streitkräften von Argentinien, Paraguay und Uruguay. Frankreichs Luftwaffe und Marine erhielten 179 Exemplare der Versionen F6F-5 und -5N. Sie dienten zwischen 1950 und 1952 bei Bodenangriffen in Indochina. Französische Hellcats flogen ihre Einsätze von Landflugplätzen aus, in den Jahren 1953 und 1954 aber vom Flugzeugträger Arromanches.

Messerschmitt Me 262 (1942)

Die Me 262 war der erste Strahljäger der Luftfahrtgeschichte und das fortschrittlichste Einsatz-Jagdflugzeug im Zweiten Weltkrieg. Sie führte die militärische Luftfahrt ins Jet-Zeitalter.

Die Entwicklung der Me 262 reicht bis ins Jahr 1938 zurück und profitierte von der deutschen Vorkriegs-Gasturbinenforschung. Messerschmitt erhielt im Januar 1939 den Auftrag, Eckdaten für ein neues strahlgetriebenes Kampfflugzeug zu erstellen. 1941 waren die ersten Zellen-Prototypen fertig. Das neue Jagd-

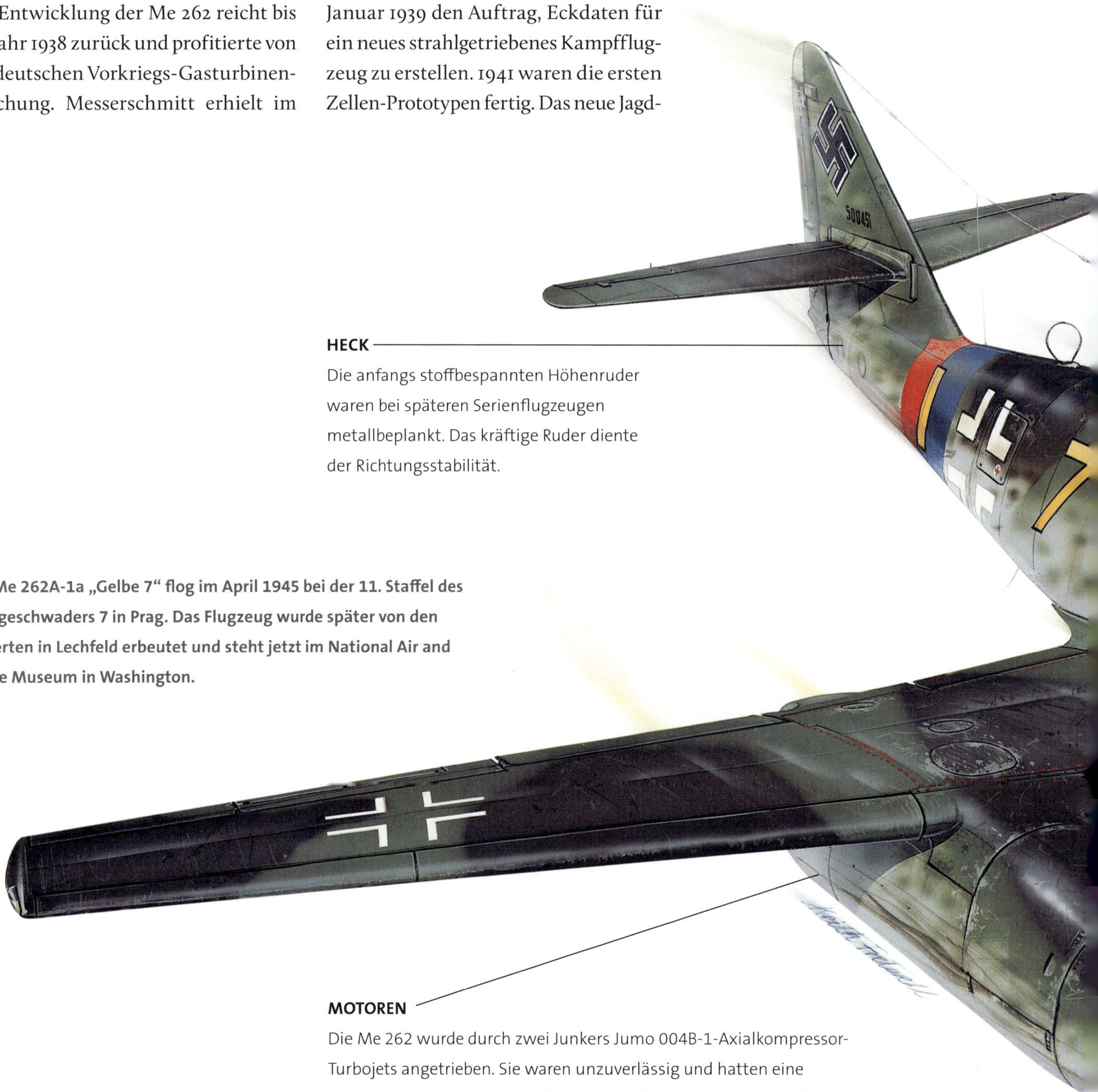

Die Me 262A-1a „Gelbe 7" flog im April 1945 bei der 11. Staffel des Jagdgeschwaders 7 in Prag. Das Flugzeug wurde später von den Alliierten in Lechfeld erbeutet und steht jetzt im National Air and Space Museum in Washington.

flugzeug sollte zwei gemeinsam mit BMW entwickelte Gasturbinen-Triebwerke bekommen. Eine einmotorige Version war verworfen worden, da man die frühen Turbojets noch für zu unzuverlässig hielt.

Die Entwicklung der BMW-P.3302-Triebwerke dauerte länger als geplant. So machte der erste Prototyp V1 erst im April 1942 seinen Jungfernflug, angetrieben von einem einzelnen Jumo-210G-Kolbenmotor im Bug. Der erste Flug mit zwei BMW-003-Turbojets erfolgte im März. Sicherheitshalber beließ man den Jumo 210 am Flugzeug, falls es technische Probleme mit den Jet-Triebwerken gab. Tatsächlich fielen diese schon beim Jungfernflug kurz nach dem Start aus, und der Prototyp musste mit seinem Kolbenantrieb landen.

Die ersten Prototypen besaßen noch ein Spornradfahrwerk. Mit Produktionsstart im Jahre 1944 bekam das neue Jagdflugzeug das heute übliche Standard-Fahrwerk mit Bugrad. Der Ausfall der beiden BMW-003-Turbostrahltriebwerke beim Prototyp konnte auf Mängel an den Kompressorschaufeln zurückgeführt werden. Der Motor wurde entsprechend modifiziert.

Das neue Flugzeug erhielt Junkers-Jumo-Turbojets, die größer und schwerer waren als die BMW-Triebwerke. Im Juli 1942 erhob sich die Me 262 wieder in die Luft, diesmal angetrieben von zwei Jumo 004A. Der Prototyp V6 mach-

PILOT

Die „Gelbe 7" wurde von Heinz Arnold geflogen. Er verbuchte 42 Luftsiege auf kolbengetriebenen Jägern, bevor er auf den Jet wechselte. Innerhalb von nur drei Wochen zerstörte er sieben Gegner und wurde im April 1945 als vermisst gemeldet.

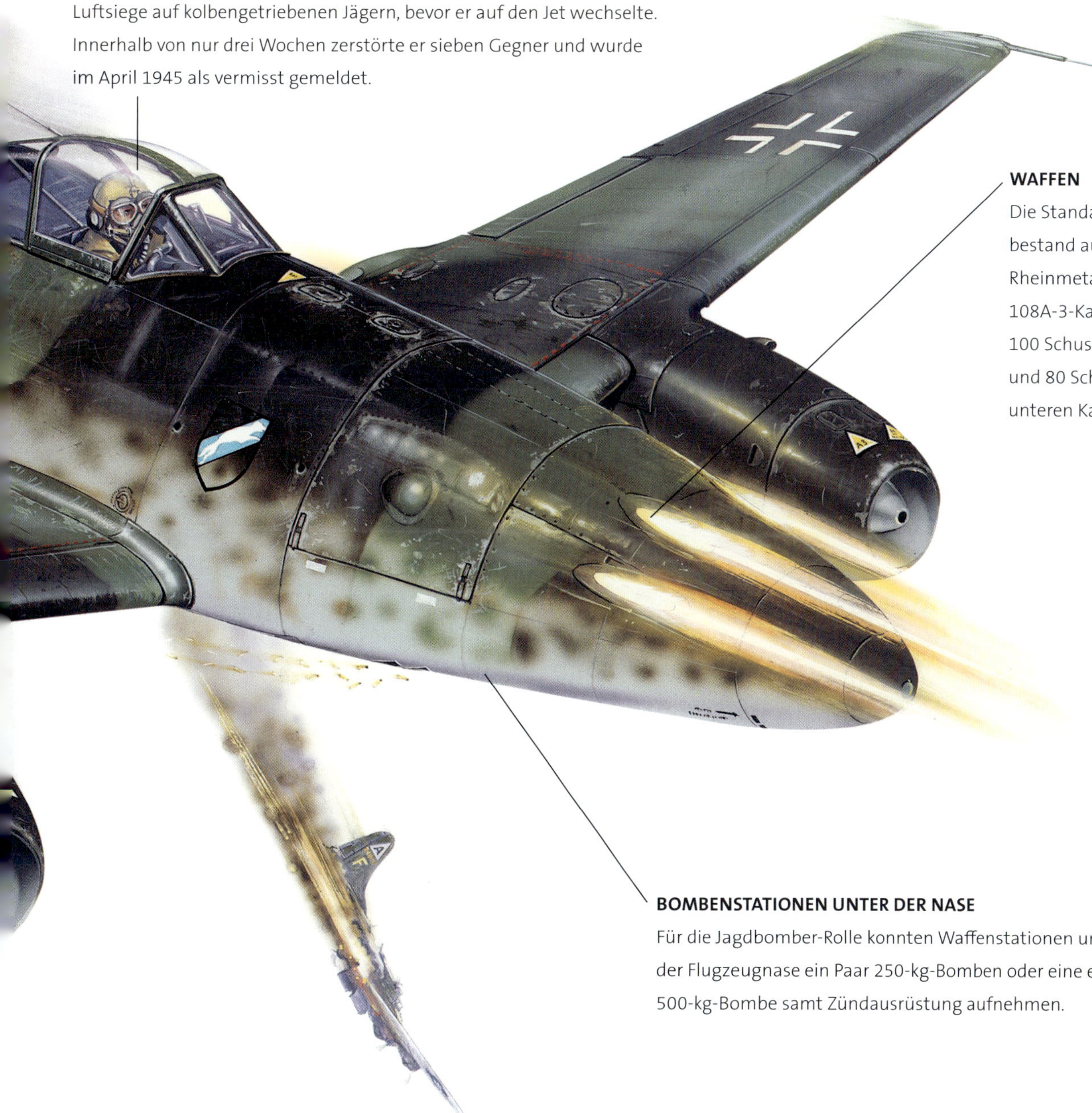

WAFFEN

Die Standardbewaffnung bestand aus vier 30-mm-Rheinmetall-Borsig-MK-108A-3-Kanonen, mit je 100 Schuss für die oberen und 80 Schuss für die unteren Kanonen.

BOMBENSTATIONEN UNTER DER NASE

Für die Jagdbomber-Rolle konnten Waffenstationen unter der Flugzeugnase ein Paar 250-kg-Bomben oder eine einzelne 500-kg-Bombe samt Zündausrüstung aufnehmen.

Seiten- und Frontansicht der „Gelben 8“, einer Me 262A-1a der 3./JG 7, die den vorrückenden alliierten Streitkräften im April 1945 in Stendal in die Hände fiel. Das Emblem des JG 7 war ein springender Windhund.

te im November 1943 seinen Erstflug mit leichteren und besseren Jumo-004B-1-Turbojets. Diese Triebwerke wurden zur Standardausrüstung. Nach Fertigstellung von zehn Prototypen begann der Bau von 20 Vorserienmaschinen.

Die anfänglichen Triebwerksprobleme verlangsamten die Fertigstellung des Düsenjägers, so dass die Me 262 erst im Juli 1944 zur Luftwaffe kam. Das erste Flugzeug mit vollem Einsatzstatus war die mit vier 30-mm-Kanonen bewaffnete Me 262A-1a eines Versuchskommandos in Lechfeld. Im Juli 1944 griff Alfred Schreiber mit seiner Me 262A-1a ein Mosquito-Aufklärungsflugzeug der RAF an, das Berichten zufolge bei der Notlandung zerstört wurde.

Im selben Monat erhielt die Versuchseinheit die Bezeichnung „Kommando Nowotny“ und flog ab August 1944 die ersten Einsätze gegen die Alliierten. Das Flugzeug existierte nun in vier Varianten: als Grundversion Me 262A-1a, als Me 262A-1a/U1 mit einem weiteren Kanonenpaar, als Me 262A-1a/U2 für Schlechtwettereinsätze und als unbewaffneter Aufklärer Me 262A-1a/U3.

Einige Quellen geben an, die späte Indienststellung der Me 262 sei auf Hitlers Forderung nach einem Jet-Bomber (der Me 262A-2a) zurückzuführen. Er befürwortete zweifellos einen Bomber,

TECHNISCHE DATEN (ME 262A-1A)

Typ	Abfangjäger
Abmessungen	Länge 10,61 m Spannweite 12,50 m Höhe 3,83 m
Startgewicht max.	6.775 kg
Antrieb	2 x 8,8 kN Junkers Jumo 004B-1 Turbojets
Höchstgeschwindigkeit	870 km/h
Reichweite	845 km
Dienstgipfelhöhe	11.000 m (36.090 ft)
Besatzung	1
Bewaffnung	vier 30-mm-Kanonen

doch heute lässt sich sein Einfluss auf die Entwicklung und das Liefertempo der Me 262 nicht mehr nachweisen. Abgesehen von den Triebwerksproblemen, kosteten auch alliierte Angriffe auf die Me-262-Produktionsstätten viel Zeit. Die Herstellung wurde von Regensburg nach Oberammergau verlegt, wo sich die Probleme durch den Mangel an geeigneten Arbeitskräften noch verstärkten.

Abgesehen von ihrer Basisbewaffnung von vier Kanonen konnte die Me 262A-2a eine Beladung von bis zu 500 Kilogramm Bomben tragen. Die zweisitzige Variante Me 262A-2a/U erhielt ein Bombenzielgerät und eine verglaste Nase.

Die Me 262 hatte auch als Nachtjäger einen gewissen Erfolg. Die Version Me 262B-1a/U1 mit Radar erschien kurz vor Kriegsende. Für den Einsatz als Tagbomber/Zerstörer konnte die Me 262 24 ungelenkte R4M-Unterflügelraketen tragen. Insgesamt wurden nur 1.430 Me 262 gebaut und viel zu spät an die Front gebracht. So konnte das modernste Flugzeug der Welt trotz unbezweifelter Vorzüge das Kriegsgeschick nicht mehr ändern.

NACHTJÄGER ME 262B-1A/U1

Der Nachtjäger Me 262B-1a/U1 wurde auf Basis des Doppelsteuer-Schulflugzeugs Me 262B-1a entwickelt, das einen zweiten Sitz im hinteren Teil des langgestreckten Cockpits besaß. Um den geringeren Kraftstoffvorrat auszugleichen, wurden Zusatztanks unter dem vorderen Rumpf angebracht. Die ersten Versuche mit dem Lichtenstein-SN-2-Radar erfolgten im Oktober 1944 in Rechlin. Die Serienversion sah einen Spezialisten auf dem hinteren Sitz vor, der das FuG 218 Neptun V-Radar mit der an der Nase montierten Antennenanlage bedienen sollte. Gegen Ende des Krieges wurde noch an dem verbesserten Nachtjäger Me 262B-2a mit verlängertem Rumpf, größerer Reichweite und nach oben schießender Kanone gearbeitet.

Northrop P-61 Black Widow (1942)

Die leistungsstarke P-61 war zweifellos einer der besten Nachtjäger des Krieges. Sie wurde als eines der wenigen alliierten Flugzeuge speziell für ihre Aufgabe konstruiert und diente besonders erfolgreich im Pazifik, oft als nächtlicher Angreifer bei Einsätzen gegen Land- und Seeziele.

Midnite Madness II war eine P-61B der 548th Night Fighter Squadron, U.S. 7th Air Force, stationiert auf der Insel Ie-Jima im Juni 1945. Der Pilot James W. Bradford und seine Crew vernichteten am 24. Juni 1945 eine G4M „Betty“ als einen von fünf der Staffel zugeschriebenen Abschüsse.

BESATZUNG
Der Pilot saß im vorderen Cockpit und bediente die 20-mm-Kanone. Der Radarbediener saß erhöht weiter hinten und war für den Geschützturm mit verantwortlich. Der Heckschütze war in einem separaten Bereich hinter dem Turm untergebracht.

MOTOREN
Die P-61B wurde von zwei Doppelstern-18-Zylindermotoren R-2800-65 Double Wasp von Pratt & Whitney angetrieben. Die „Dash 65“ verfügte über Wassereinspritzung für mehr Schub.

Mit dem Beginn der Nachtbomberoffensive in Europa im Jahr 1940 stieg in den USA das Interesse an speziellen Jagdflugzeugen, und das U.S. Army Air Corps entwarf Anforderungen für einen solchen Flugzeugtyp. Northrop stellte daraufhin ein großes zweimotoriges Flugzeug mit schwerer Kanonenbewaffnung, Doppelleitwerk und drei Besatzungsmitgliedern in Aussicht, dessen neues Luft-Luft-Radar zur Abfangjagd sich in der Entwicklung befand.

Weitere Impulse für das Programm kamen von den britischen Arbeiten am Hohlraummagnetron. Die USA hatten von dieser Technik während der Tizard-Mission erfahren, die den Amerikanern Einzelheiten zu Großbritan-

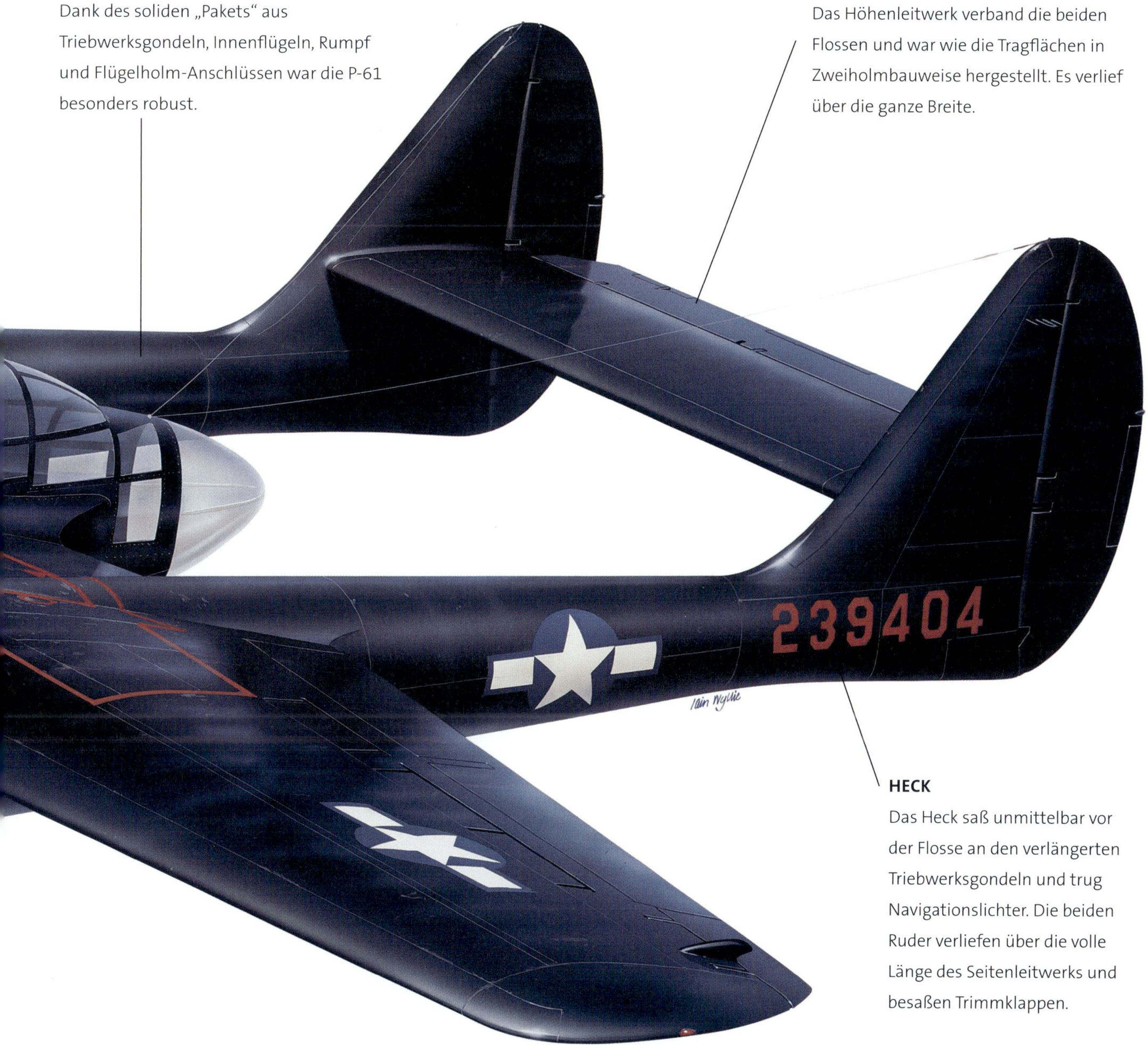

ROBUSTE STRUKTUR
Dank des soliden „Pakets" aus Triebwerksgondeln, Innenflügeln, Rumpf und Flügelholm-Anschlüssen war die P-61 besonders robust.

HÖHENLEITWERK
Das Höhenleitwerk verband die beiden Flossen und war wie die Tragflächen in Zweiholmbauweise hergestellt. Es verlief über die ganze Breite.

HECK
Das Heck saß unmittelbar vor der Flosse an den verlängerten Triebwerksgondeln und trug Navigationslichter. Die beiden Ruder verliefen über die volle Länge des Seitenleitwerks und besaßen Trimmklappen.

niens Spitzentechnologie-Militärprojekten lieferte. Hohlraummagnetrons ermöglichten den Bau von effektiveren Zentimeterwellen-Radargeräten. Angloamerikanische Forschung brachte das Nachtjäger-Abfangradar SCR-70 hervor.

Im Januar 1941 wurden zwei XP-61-Prototypen bestellt, und innerhalb der nächsten 13 Monate gingen Aufträge für 573 Flugzeuge ein. Im Mai 1942 machte der erste Prototyp seinen Erstflug, doch es sollte noch anderthalb Jahre dauern, bis P-61A-Serienmaschinen verfügbar waren. In der Zwischenzeit erfolgten Tests mit 13 YP-61.

Die erste Charge von 37 P-61A-Serienflugzeugen trug einen ferngesteuerten Drehturm mit vier 12,7-mm-Maschinengewehren auf dem Rücken, dazu vier feste 20-mm-Kanonen im Rumpf. Bald stellte sich heraus, dass der Drehturm in Querlage aerodynamische Probleme verursachte. Er wurde daher ab dem 38. Flugzeug nicht mehr eingebaut. Die ersten Serienexemplare gingen an die 18. Fighter Group in Guadalcanal. Diese Einheit erzielte im Juli 1944 mit dem Abschuss eines japanischen Mitsubishi-G4M-Bombers den ersten Luftsieg einer Black Widow, worauf die P61A die als Behelfs-Nachtjäger eingesetzte Douglas P-70 ablöste.

Bei der Erstproduktion zeigten sich einige Mängel, insbesondere die Unzuverlässigkeit der R-2800-65-Motoren von Pratt & Whitney. Nach dem Bau von 200 P-61A stellte man die Produktion auf die überarbeitete P-61B um, deren Auslieferung im Juli 1944 begann. Obwohl die P-61B-Version stets als Nachtjäger eingestuft wurde, konnte sie auch andere Waffen tragen, etwa vier 1.600-Pfund-Bomben oder vier 1.136-Liter-Außentanks (300 Gallonen) unter den Flügeln. Einige Flugzeuge wurden zur Bekämpfung japanischer Schiffe im Fernen Osten vor Ort mit 127-mm-Raketengeschosse ausgerüstet. Die letzten 250 P-61B erhielten wieder einen Drehturm auf dem Rumpfrücken.

Die letzte Serienversion, P-61C, hatte zwei 2.800 PS starke R-2800-73-Motoren und erzielte eine Höchstgeschwindigkeit von 644 km/h. Nur 41 P-61C wurden vor Kriegsende fertiggestellt und Verträge für weitere 476 Flugzeuge gekündigt.

Obwohl Black Widows meist mit dem Krieg im Pazifik in Verbindung gebracht werden, waren sie bei der USAAF auch in Europa im Einsatz. Als erste Einheit erhielt die 422nd Night Fighter Squadron in Scorton (England) ihre P-61A-Jäger im Mai 1944. Schon beim

TECHNISCHE DATEN (P-61B)

Typ	Nachtjäger
Abmessungen	Länge 15,11 m Spannweite 20,12 m Höhe 4,46 m
Startgewicht max.	13.472 kg
Antrieb	2 x 2.000 PS Pratt & Whitney R-2800-65 Doppelsternmotor
Höchstgeschwindigkeit	589 km/h
Reichweite	4.506 km
Dienstgipfelhöhe	10.090 m (33.100 ft)
Besatzung	3
Bewaffnung	vier 20-mm-Kanonen, plus vier 12,7-mm-Maschinengewehre in späteren Modellen, sowie vier 726-kg-(1.600-Pfund)-Bomben

Zwei Ansichten der P-61B mit der Seriennummer 42-39403 und Rückenturm. Weitere Merkmale des B-Modells waren eine längere Nase, Curtiss-Electric-Propeller und vier externe Bombenträger.

allerersten Kampfeinsatz gelang es den Piloten, vier deutsche Bomber abzuschießen. Zu den Black Widows der 422nd Night Fighter Squadron gesellten sich später in England P-61 der 425th NFS. Beide Einheiten sollten im Vorfeld des D-Day als Nachtschutz für US-Stützpunkte dienen.

Ein anderer, wenn auch nur begrenzt erfolgreicher Einsatz galt dem Abfangen von V1-Raketen. Später wurden die Black Widows im Zuge der Invasion in der Normandie zu Stützpunkten auf dem Kontinent verlegt, von denen aus sie in den letzten Monaten des Zweiten Weltkriegs die Überreste der Luftwaffe bekämpften.

Die F-15A Reporter war eine zweisitzige Aufklärungsversion der P-61E. Ursprünglich als Langstrecken-Eskortjäger zum Begleitschutz von B-29 über Japan gedacht, ging sie nicht mehr in den Einsatz. 36 Serien-F-15A wurden unter Verwendung von teilweise fertiggestellten P-61C-Flugzeugzellen für den Nachkriegsdienst gebaut. Die Reporter besaß im Gegensatz zur Black Widow schlankere Triebwerksgondeln und eine tropfenförmige Cockpithaube.

P-61-BEWAFFNUNG

Diese frühe P-61A zeigt den General-Electric-Rückenturm. Er wurde später entfernt, da er Vibrationen erzeugte. Es war ein Geschütz wie in der B-29, mit vier 12,7-mm-Maschinengewehren und je 800 Schuss Munition. Für mehr Feuerkraft und zur vollen Ausnutzung der Drei-Mann-Besatzung flogen einige Einheiten im Pazifik weiter mit starr nach vorn gerichtetem Rückenturm. Hinzu kamen vier versetzt angebrachte 20-mm-Hispano-Kanonen unter dem Rumpf. Vorne und hinten gab es Behälter für 200 Schuss pro Waffe.

Boeing B-29 Superfortress (1944)

Schon vor den Atombomben-Einsätzen über Japan im August 1945 hatte sich der modernste schwere US-Bomber durch verheerende Angriffe auf das japanische Festland einen Namen gemacht.

Nach dem Kriegsausbruch in Europa forderte das U.S. Army Air Corps 1939 die Beschaffung eines schweren strategischen Bombers, der 20.000 Pfund (9.072 kg) Waffen über eine Entfernung von 5.333 Meilen (8.582 km) mit einer Geschwindigkeit von 400 Meilen (644 km) pro Stunde ans Ziel bringen konnte. Mit dem japanischen Angriff auf Pearl Harbor bekam das Projekt oberste Priorität. Inzwischen hatte man den „Very Heavy Bomber" wegen der riesigen Entfernungen auf dem pazifischen Kriegsschauplatz in „Very Long Range Project" (Projekt mit sehr hoher Reichweite) umbenannt.

Das Projekt wurde nach der Genehmigung durch USAAC-Chef Henry H.

WAFFEN
Der druckbelüftete Rumpf erforderte ferngesteuerte Geschütze. Die B-29 besaß vier Doppelkanonentürme über und unter dem Rumpf sowie einen im Heck.

Bis zur Indienststellung zahlreicher Avro Lincolns übernahm die Royal Air Force zwischen 1950 und 1955 leihweise 88 ehemalige B-29 der USAF unter der Bezeichnung „Washington B.Mk 1". Dieses Flugzeug ging an die No. 90 Squadron in RAF Marham, eine von acht mit Washingtons ausgerüsteten Staffeln.

BESATZUNG
Die „Washington" besaß die übliche, bis zu zehnköpfige Besatzung: Kommandant, Copilot, Flugingenieur, Bombenschütze, Navigator, Funker, zwei seitliche Schützen, oberer Schütze und Heckschütze. Der hintere Turm war normalerweise unbemannt.

RADAR
Das Zielradar AN/APQ-13 befand sich zwischen den beiden Bombenschächten. Sein Radom beherbergte eine rotierende Parabolantenne mit einem Durchmesser von 0,76 Metern.

„Hap" Arnold Anfang 1940 in Angriff genommen. Im Januar desselben Jahres gingen Ausschreibungen an fünf Hersteller. Boeing und Consolidated erhielten Aufträge für den Bau von zwei (später drei) Prototypen. Als erste flog die Consolidated XB-32, doch Entwicklungsprobleme zögerten die Indienststellung hinaus.

1940 war Boeings Entwurf schon viel weiter fortgeschritten als der des Konkurrenten Consolidated. Boeing konnte das USAAC davon überzeugen, dass das Flugzeug innerhalb von zwei bis drei Jahren einsatzklar sein würde. Der neue viermotorige Bomber wurde daraufhin bald in beträchtlicher Anzahl bestellt. Ein großer Einzelauftrag über 1.500 Exemplare ging noch vor dem Erstflug des XB-29-Prototyps im September 1942 ein. Zu den besonderen Merkmalen der B-29 gehörten das elektrisch einziehbare Dreiradfahrwerk, Druckbelüftung und Geschütztürme zur Selbstverteidigung, die von benachbarten Fensterwölbungen aus überwacht werden konnten. Den Antrieb versahen vier Doppelstern-Motoren Wright R-3350 Cyclone mit zweistufigem Turbolader.

Im Mai 1943 wurden Pläne ausgearbeitet, nach denen die Superfortress ausschließlich im Kampf gegen Japan einzusetzen war. B-29-Bomber der 20th Air Force sollten demnach von Stützpunkten in China und Indien aus operieren. Zu Beginn kam eine Charge von 14 YB-29-Testflugzeugen, von denen das erste im Juni 1943 den Erstflug machte. Einen Monat darauf gingen die Flugzeuge an die 58th Very Heavy Bombardment Wing.

PLEXIGLASFENSTER
Kanonenschützen an den gewölbten Plexiglasfenstern beider Rumpfseiten überwachten auch die Motoren, die Landeklappen und das Fahrwerk.

HINTERER RUMPF
Zwischen der Rückseite des Bombenschachts und dem Beginn der Rückenflosse befand sich ein druckbelüfteter Raum mit den Stationen der Schützen und Ruhekojen für die Besatzung.

Diese Aufnahme einer in Renton gebauten B-29A-5-BN mit der Seriennummer 42-93869 entstand kurz nach der Fertigstellung. Wright-Duplex-Cyclone-Motoren treiben gewaltige Vierblatt-Propeller mit 5,05 Metern Durchmesser an.

Die ersten Serienbomber waren B-29-BW-Flugzeuge von Boeing aus Wichita und einem neuen Werk in Renton sowie von Bell aus Marietta und Martin aus Omaha. Zusätzlich zu diesen Endmontagewerken begann die Superfortress-Produktion in über 60 neuen Fabriken, aus denen alle wichtigen Komponenten über eine komplexe Lieferkette geliefert wurden.

Die ersten B-29 gingen Anfang 1944 nach Indien, von wo die Superfortress im Juni 1944 einen ersten Angriff auf Bangkok flog. Im gleichen Monat startete von einer hastig vorbereiteten Basis in Chengdu (China) ein Angriff auf das japanische Festland. Im Oktober 1944 begannen von Stützpunkten auf Tinian, Saipan und Guam – frisch eroberten Inseln in der Marianenkette – weitere Einsätze gegen Japan.

In den ersten neun Monaten ihrer Einsatzzeit flog die B-29 überwiegend Tagesangriffe aus großen Höhen. Die Taktik wurde im März 1945 zugunsten von Tiefflug-Nachtangriffen aus Marianen-Stützpunkten geändert. Gemessen an der Zahl der Opfer waren dies die verheerendsten Angriffe des Krieges. Der erste nächtliche Brandbomben-Angriff auf Tokio forderte allein rund 80.000 Menschenleben.

Die Gesamtproduktion der B-29 belief sich auf 3.970 Flugzeuge. Während des Krieges ragten zwei Haupt-Untervarianten heraus: die in Renton gebaute B-29A-BN mit einem vorderen oberen Turm mit vier Kanonen, neuem Kraftstoffsystem und mehr Spannweite und die in Marietta gebaute B-29-BA mit höherer Bombenlast und reduzierter Kanonenbewaffnung zur Einhaltung der Abflugmasse. Zwei in Omaha gebaute B-29-45-MO namens „Enola Gay“

TECHNISCHE DATEN

Typ	Schwerer strategischer Bomber
Abmessungen	Länge 30,18 m Spannweite 43,36 m Höhe 9,01 m
Startgewicht max.	64.003 kg
Antrieb	4 x 2.200 PS Wright R-3350-57 Doppelsternmotor
Höchstgeschwindigkeit	576 km/h
Reichweite	6.598 km
Dienstgipfelhöhe	9.695 m (31.800 ft)
Besatzung	10-11
Bewaffnung	zwölf 12,7-mm-Maschinengewehre in ferngesteuerten Türmen, eine 20-mm-Kanone und zwei 12,7-mm-Maschinengewehre im Heck, plus Bombenladung bis maximal 9.072 kg

und „Bock's Car" der 393rd Bombardment Squadron führten mit „Little Boy" und „Fat Man"-Bomben am 6. und 9. August 1945 die Atomangriffe auf Hiroshima und Nagasaki durch.

118 B-29 wurden als F-13- und F-Varianten mit Kameras für die Aufklärung ausgestattet. Sie flogen ab Dezember 1944 Einsätze gegen Japan. Viele B-29 wurden nach dem Krieg für Luftbetankung, Wetteraufklärung und Rettungsdienste umgerüstet. Zwischen 1950 und 1953 war die Superfortress in Korea wieder im Kriegseinsatz. Das letzte Exemplar wurde im September 1960 außer Dienst gestellt.

Die Draufsicht dieser Washington B.Mk 1 zeigt die schlanken, für hohe Flächenbelastung und gute Reiseleistung optimierten Flügel. Fowler-Klappen erhöhten den Auftrieb bei niedrigen Fluggeschwindigkeiten.

NACH DEM KRIEG

Nach der japanischen Kapitulation („VJ-Day") stehen überschüssige B-29 auf dem Kingman Army Air Field in Arizona. Viele der noch vor Kriegsende fertiggestellten B-29 wurden direkt nach Verlassen der Produktionslinie verschrottet, andere leisteten auch nach 1945 weiter gute Dienste. Fünf B-29 Bomb Groups nahmen am Koreakrieg teil, wo die Superfortress im Juni 1950 erste Kampfeinsätze gegen nordkoreanische Streitkräfte flog. 16 B-29 gingen über Korea verloren, B-29-Geschützbesatzungen schossen 33 feindliche Jäger ab. Neben ihrer Hauptaufgabe als strategischer Bomber wurden 92 Flugzeuge zu KB-29M-Tankern umgerüstet, mit Schlauch und Rolle im hinteren Rumpf. Die nachfolgende, 116 Mal durch Umrüstung entstandene KB-29P verwendete bereits die moderne „Flying Boom"-Methode, bei der ein Besatzungsmitglied die Auslegerdüse in einen Behälter des empfangenden Flugzeugs führte.

Lockheed F-80 Shooting Star (1944)

Die P-80 (spätere Bezeichnung F-80) war das erste US-Düsenflugzeug im Kampfeinsatz. Auch wenn ihre Leistungen bald von Jägern mit Pfeilflügeln übertroffen wurden, bewährte sie sich vor allem als Jagdbomber im Koreakrieg. Aus der P-80 entstand später der erfolgreiche T-33-Trainer.

TIPP TANKS

Die meisten F-80 trugen Zusatztanks an den Flügeln. Sie fassten je 625 Liter (165 US-Gallonen) in der Standardversion oder 1.003 Liter (265 US-Gallonen) als späterer Fletcher-Typ.

BOMBEN

In Korea wurden die Unterflügelstationen normalerweise mit 1.000-Pfund-Bomben (454 kg), alternativ Napalm oder bis zu zehn ungelenkten 5-Zoll-Raketen (127 mm) bestückt.

Die Shooting Star war nicht der erste US-Militärjet. Diese Ehre kam der Bell P-59 Airacomet zu. Sie wurde aber als erste in nennenswerten Stückzahlen gebaut und operativ eingesetzt. Die Eigenschaften des Flugzeugs beruhen auf einer militärischen Forderung aus dem Juni 1943. Danach gingen Entwicklung und Herstellung des Prototyps XP-80 so rasant voran, dass er bereits im Januar 1944 seinen Jungfernflug machte. Auf das erste Flugzeug mit dem 13,34 kN leistenden britischen Halford-H-1B-Triebwerk folgte die verbesserte XP-80A. Von ihr gab es zwei Prototypen mit dem leistungsstärkeren General Electric I-40 (29,25 kN Schub). Dieses Triebwerk bekam auch das Vorserienflugzeug YP-80A.

Im April 1944 ging der Lockheed-Jäger in Produktion. Zwar gab es zu Kriegsende Stornierungen, doch die Auslieferung der P-80A hatte bereits begonnen. Das erste Serienmodell ver-

Eine späte F-80C der 36th Fighter-Bomber Squadron, 8th Fighter Bomber Wing in Itazuke (Japan), Juni 1950. Die 36th FBS rüstete später wieder auf die kolbengetriebene F-51 Mustang um, da diese für Einsätze in Korea als geeigneter angesehen wurde. Die Staffel beendete den Krieg mit F-86 Sabres.

RATO-ANTRIEB
Für bessere Startleistung bei großer Abflugmasse konnte die F-80 ein raketenunterstütztes Startgerät (RATO) mit einem Einzelbehälter an der Unterseite des hinteren Rumpfes verwenden.

TRIEBWERK
Späte F-80C hatten ein Allison-J33-A-35-Triebwerk mit einem Schub von 24,01 kN und Wasser-Alkohol-Einspritzung.

Lockheed F-80 Shooting Star (1944)

Im Juli 1950 zerstörte Francis B. Clark vom 35. Jagdbombergeschwader eine nordkoreanische Yak-9 und beschädigte eine weitere mit seiner auf diesen Seiten abgebildeten F-80C „Salty Dog“.

fügte über ein J33-GE-11-Triebwerk von General Electric mit 17,12 kN Schub und eine Bewaffnung von sechs 12,7-mm-Maschinengewehren in der Nase.

16 Shooting Stars waren bereits vor Kriegsende in den USA und in Europa im Einsatz, letztere zur operativen Erprobung. Auch wenn Pläne für bis zu 5.000 Shooting Stars aufgegeben werden mussten, wählte die USAAF (die spätere USAF) den Jäger zum Einsatz bei seinen Fighter Groups aus, darunter Einheiten bei der Far East Air Force in Südostasien. Im Juni 1947 stellte eine speziell dafür vorbereitete XP-80R mit dem Piloten Albert Boyd einen neuen Geschwindigkeitsweltrekord über 991,0 km/h auf. Das Flugzeug mit dem Allison-Triebwerk hatte Modifikationen wie bündige Lufteinlässe und eine flache Haube. 16 F-80 der 56th Fighter Group überquerten als erste Jets der Welt im Juli 1948 den Nordatlantik in West-Ost-Richtung (die bisherige Bezeichnung P-80 war 1947 durch F-80 ersetzt worden). Shooting Stars flogen auch im ersten Jet-Airshow-Team der USAF, den 1948 gegründeten Acrojets.

Die nächste in größerer Zahl in Dienst gestellte Version war die F-80B. Sie besaß zahlreiche Verbesserungen wie dünnere Flügel mit stärkerer Beplankung, mehr Leistung, einen Schleudersitz für den Piloten und Vorkehrungen für raketenunterstützte Startausrüstung (RATO).

Nach dem Bau von insgesamt 240 F-80B wurde die Produktion auf das endgültige F-80C-Modell umgestellt, das sich durch noch mehr Leistung und eine verbesserte Bewaffnung auszeichnete. So kamen Aufhängungspunkte für ungelenkte Raketen unter den Flügeln hinzu. Bis Ende 1950 entstanden insgesamt 670 Exemplare. Das erste Triebwerk für das C-Modell, das Allison J33-A-35, leistete 24,01 kN Schub.

Bei Ausbruch des Koreakrieges war die F-80C das modernste Jagdflugzeug der Far East Air Force. Nach US-Angaben schoss im November 1950 eine von Russell J. Brown geflogene F-80C der 51st Fighter Interceptor Wing beim ersten Luftkampf zweier Düsenjäger eine nordkoreanische MiG-15 ab. Sowjetische Berichte behaupten allerdings, die MiG habe die Begegnung mit Browns F-80C überstanden. Trotz solcher Anfangserfolge war die Shooting Star gegnerischen Pfeilflügeln wie der MiG-15 unterlegen und wurde bald zum Jagdbomber degradiert.

TECHNISCHE DATEN (F-80C)

Typ	Jagdbomber
Abmessungen	Länge 10,52 m Spannweite 12,15 m Höhe 3,45 m
Startgewicht max.	7.646 kg
Antrieb	1 x 24.01 kN Allison J33-A-35 Turbojet
Höchstgeschwindigkeit	956 km/h
Reichweite	1.706 km
Dienstgipfelhöhe	13.030 m (42.750 ft)
Besatzung	1
Bewaffnung	sechs 12,7-mm-Maschinengewehre sowie max. 907 kg Unterflügel-Last od. zehn 5-Zoll-Raketen

Der vordere Rumpf der F-80C enthielt die geballte Feuerkraft von sechs Colt-Browning-M2/M3-12,7-mm-Maschinengewehren mit je 300 Schuss Munition.

Die Gesamtproduktion der F-80 belief sich auf 1.732 Flugzeuge, darunter 38 Maschinen, die als P-80As begannen und später zu RF-80A-Aufklärungsjets umgebaut wurden, sowie 114 neu gebaute RF-80As. Etwa 70 weitere Exemplare bekamen den RF-80C-Standard mit einer „Kampfflugzeugnase". Diese Maschinen trugen bis zu drei Kameras in der Nase und leisteten über Korea gute Dienste. Sie machten im Juni 1950 den ersten Fotoaufklärungseinsatz des Krieges und unternahmen im Juli 1951 mit Unterstützung eines KB-29M-Tankflugzeugs den ersten Kampfeinsatz mit Luftbetankung.

Aus der F-80 entstanden zwei weitere erfolgreiche Konstruktionen: der weltweit am meisten verbreitete zweisitzige Jet-Trainer T-33 („T-Bird") und der Allwetter-Abfangjäger F-94 Starfire. Die T-33 lieferte ihrerseits den Rumpf für die F-94 mit Bugradar und ungelenkten Raketen. Dieser Einsatztyp des Air Defense Command war der erste mit Raketen ausgestattete Abfangjäger der Welt ohne Bordkanone.

DROHNEN

Die Arbeiten an einer unbemannten P-80-Version begannen bereits 1945. Ein Jahr darauf rüstete Bell zwei P-80A entsprechend um. Die Jets wurden bei Experimenten von einem „Mutterschiff" (einem anderen Flugzeug) aus ferngesteuert. Im Rahmen des „Bad Boy"-Projekts baute Sperry 1951 weitere acht F-80 zu QF-80-Drohnen als Luftziele um. Eine zweite Charge von Sperry-modifizierten Flugzeugen bekamen Tiptank-Behälter mit Kameras zur Aufzeichnung der Schießübungen. Sperry erhielt 1954 einen weiteren Auftrag zur Umrüstung von 55 Flugzeugen zu QF-80-Drohnen und zehn zu DT-33-Kontrollflugzeugen. Eine interessante Zweitrolle der Drohnen war das Sammeln radioaktiver Partikel in der Atmosphäre nach Atomtests.

KALTER KRIEG UND NEUZEIT

Der Zweite Weltkrieg brachte Strahlflugzeuge und die Atombombe hervor. Kampfflugzeuge bestimmten auch nach 1945 die technologische Entwicklung der Luftfahrt. Das Wettrüsten der Supermächte im Kalten Krieg trieb die Wissenschaft weiter voran. Flugzeughersteller wetteiferten darum, als erste „die" ultimative Kombination aus Leistung, Agilität, Waffenwirkung und Sensoren zu bieten. Zum Ende des Kalten Krieges kam Stealth (Tarnkappenfähigkeit) als weiteres Kriterium hinzu. Im 21. Jahrhundert stehen die netzwerkbasierte Kriegführung und präzisionsgelenkte Munition im Vordergrund.

Links: Eine B-52H Stratofortress der 5th Bomb Wing auf Minot AFB (North Dakota) bereitet sich im Jahre 2002 auf ihre Betankung über dem Westen der Vereinigten Staaten vor. Der ehrwürdige Veteran des Kalten Krieges wurde 1955 in Dienst gestellt und ist auch im zweiten Jahrzehnt des einundzwanzigsten Jahrhunderts ein unverzichtbares Waffensystem.

North American F-86 Sabre (1949)

Der vielleicht beste Düsenjäger seiner Generation verdiente sich seine Sporen über Korea. Die F-86 flog bei Dutzenden von Luftstreitkräften auf der ganzen Welt und in zahlreichen Einsatzrollen, hatte beispiellose Erfolge und blieb knapp 50 Jahre im Dienst. Mit fast 10.000 Exemplaren ist sie bis heute der meistgebaute westliche Kampfjet aller Zeiten.

Die F-86 wurde allem durch ihre MiG-Abschüsse über Korea bekannt. Ihr Prototyp machte 1947 seinen Erstflug, das Jagdflugzeug war zuletzt in Bolivien bis 1994 im Einsatz. Sein Weg begann ursprünglich als Tagjäger-Entwurf für die USAAF, mit Einsatzoption als Geleitflugzeug oder Sturzkampfbomber. Daraus entwickelte sich schließ-

COCKPIT
Die Sabre hatte ein druckbelüftetes, klimatisiertes Cockpit mit nach hinten verschiebbarem Kabinendach. Der Pilot saß auf einem Schleudersitz von North American. Vor ihm, in der Mitte des Instrumentenbretts, befand sich die Feuerleitanzeige.

LUFTEINLASS
Das neue Radar im D-Modell erforderte eine Umgestaltung der gesamten Nase. Sie bekam einen Lufteinlass in Kinnposition, der die Luft nach unten zum Triebwerk leitete.

RAKETEN
24 Mighty-Mouse-Raketen mit 3,4 Kilo schwerem Sprengkopf und ausklappbaren Stabilisatoren waren die einzige Bewaffnung der F-86D und konnten für Angriffe von Bomberformationen verwendet werden.

lich das Konzept der North American NA-140.

Die Sabre der USAF basierte auf der FJ-1 Fury, einem von North American für die U.S. Navy gebauten Jäger mit ungepfeilten Flächen. Pfeilflügel machten die F-86 später zu einem der besten Kurvenkämpfer seiner Zeit, dessen Flugleistungen die aller früheren Jets bei weitem übertraf. Ende 1944 hatte North American einen Auftrag über zwei XP-86-Prototypen mit geraden Flügeln erhalten. Die nach Kriegsende ausgewerteten deutschen Entwicklungen führten zu einem grundlegenden Umdenken, und die XP-86 wurde mit gepfeilten Trag- und Leitwerksflächen ganz neu entworfen. Durch die einjährige Verzögerung des Programms erfolgte der Erstflug im Oktober 1947. Die XP-86 besaß in ihrer ersten Version ein TG-180-Turbojet-Triebwerk von General Electric mit 16,68 kN Schub. Ihre Nachfolgerin YP-86A bekam im April 1948 ein General Electric J47 und überschritt im flachen Sinkflug die Schallgeschwindigkeit.

Die erste P-86A wurde von einem J47-GE-1 mit 21,57 kN Schub angetrieben und machte im Mai 1948 den Erstflug. Sie erhielt im Juni 1948 die neue Bezeichnung F-86A. Im Februar 1949 gingen die ersten Flugzeuge an die 94th Fighter Squadron der 1st Fighter Group in March Field (Kalifornien). Bald darauf folgten Lieferungen an die 4th und

Diese F-86D flog 1955 bei den „Geiger Tigers“, der 520th Fighter Interceptor Squadron des Air Defense Command am Geiger Field (Washington). Die drei Streifen auf dem Rumpf weisen darauf hin, dass es sich um das Flugzeug des Kommandanten handelt.

ANTRIEB
Das Triebwerk der F-86D war ein J47-GE-17B-Turbojet mit einfachem Nachbrenner oder die deutlich schubstärkere Version J47-GE-33.

ZUSATZTANKS
Zusatztanks mit 120 US-Gallonen (454 Liter) Volumen erhöhten die Reichweite. Der feste Kraftstoffvorrat des Flugzeugs befand sich in den Tanks der inneren Flügelsektionen und in Rumpftanks unter dem Lufteinlass und dem vorderen Triebwerksabschnitt.

North American F-86 Sabre (1949)

Eine F-86E der 25th Fighter Interceptor Squadron, 51th Fighter Interceptor Wing, während des Koreakrieges. Pilot der Elenore „E" war William Whisner, ein Fliegerass mit 5,5 MiG-Abschüssen.

81st Fighter Group. Das A-Modell ging auch als erstes in den Kampfeinsatz, als die 4th Fighter Group Ende 1950 zur Teilnahme am Koreakrieg nach Japan verlegte. 554 F-86A wurden hergestellt, die meisten mit 23,13 kN starken J47-GE-3-, -7-, -9- oder -13-Turbojets.

Auch die weiterentwickelte F-86E und die letzte Version des F-86F-Tagjägers gingen zu Einsätzen über Korea. Bis auf einen flogen alle 41 amerikanischen Piloten, die während des Koreakrieges den „Ace"-Status erreichten, F-86. Sabres zerstörten nach Militärberichten fast 800 MiG-15 bei nur 80 eigenen Verlusten. Nach neueren Untersuchungen lag das Verhältnis allerdings eher bei 2:1 statt 10:1. Die F-86E bekam eine voll bewegliche Höhenflosse, und Modifikationen am Flügel der 1.539 Mal gebauten F-86F verbesserten deren Handhabung weiter.

Das letzte Jagdflugzeug von North American war der Jagdbomber F-86H. Er hatte einen stark überarbeiteten Rumpf, ein stärkeres J73-Triebwerk, größere Tanks und konnte Atomwaffen tragen. 477 Exemplare dieser Version wurden gebaut.

Tagjäger sind zwar die bekannteste Sabre-Variante, doch die meistgebaute war der für das Air Defense Command bestimmte Allwetterjäger F-86D. Er trug wegen beträchtlicher Änderungen anfangs die Bezeichnung F-96 und besaß ein Abfangradar mit Feuerleitsystem. Die Bewaffnung von 27 70-mm-Mighty-Mouse-Raketen war in einem einziehbaren Bauchbehälter untergebracht. Die andere neue Version war die 120 Mal gebaute F-86K „Sabre Dog". Sie entstand aus dem für NATO-Verbündete modifizierte D-Modell und machte etwa ein Viertel (2.504 von 9.860) der F-86-Gesamtproduktion aus. 827 Sabre Dogs wurden später zu F-86L mit mehr Spannweite und aktualisierter Avionik umgebaut.

Lizenzprodukte in Australien (112 Flugzeuge der Commonwealth Aircraft Corporation) und Kanada (1.815 Flugzeuge von Canadair) erweiterten den weltweiten Sabre-Bestand. Die australische CAC Sabre unterschied sich von der US-Version vor allem durch ihr Rolls-Royce-Avon-26-Triebwerk mit 33,35 kN Schub und eine Bewaffnung von zwei

TECHNISCHE DATEN (F-86H)

Typ	Jagdbomber
Abmessungen	Länge 11,84 m Spannweite 11,93 m Höhe 4,57 m
Startgewicht max.	9.912 kg
Antrieb	1 x 39,7 kN (8.920 lb) General Electric J33-GE-3D Turbojet
Höchstgeschwindigkeit	1.114 km/h
Reichweite	835 km
Dienstgipfelhöhe	15.485 m (50.800 ft)
Besatzung	1
Bewaffnung	vier 20-mm-Kanonen, plus zwei 450-, 750- oder 1.000-Pfund-Bomben, bzw. 16 5-Zoll-Raketen

Das Bugrad der Sabre fuhr nach hinten in den vorderen Rumpf ein, die Räder des Hauptfahrwerks fuhren nach innen ein.

30-mm -Kanonen. Canadair produzierte F-86Es für die USAF sowie 290 vergleichbare Sabre Mk 2 für Kanada und andere NATO-Verbündete. Die 438 bei Canadair gebauten Sabre Mk 4 mit General-Electric-Triebwerken gingen nach Großbritannien. Die 370 Sabre Mk 5 Orenda hatten 28,26 kN starke Orenda-10-Turbojets.

Vom letzten kanadischen Produktionsmodell Sabre Mk 6 wurden 655 Flugzeuge mit dem 32,35 kN leistenden Orenda 14 produziert. Fiat in Italien montierte 221 Exemplare der F-86K aus Bausätzen von North American Aviation, Mitsubishi in Japan weitere 300 Sabres.

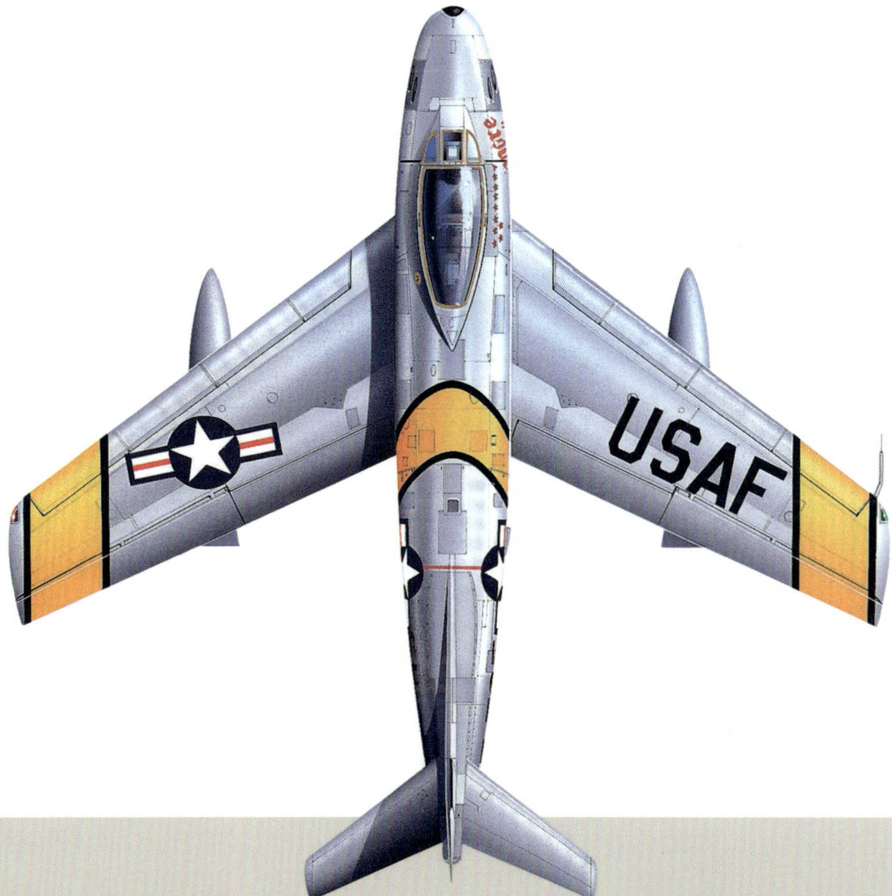

FURY: SABRE ÜBER SEE

Die FJ-1 Fury von North American, ein Marine-Kampfjet der ersten Generation, diente als Blaupause für die landgestützte F-86 Sabre. Diese lieferte ihrerseits wertvolle Erkenntnisse zur Entwicklung von Fury-Pfeilflügel-Derivaten für die U.S. Navy und das Marine Corps. So war die Experimentalversion XFJ-2 im Wesentlichen eine Marineversion der F-86E mit Fanghaken, ausfahrbarem Bugfahrwerk und Katapultkupplungen. Ihr folgten 200 FJ-2-Serienmodelle mit Klappflügeln. Die Weiterentwicklung FJ-3 (538 Flugzeuge) hatte einen längeren Rumpf mit einem stärkeren, 35,76 kN Schub leistenden Wright J65-W-2 oder dem 34,02 kN starken J65-W-4 Turbojet. Die 152 gebauten FJ-4 waren spezielle Angriffsvarianten mit einem 34,25 kN Schub leistenden Wright J65, gefolgt von 222 Exemplaren der FJ-4B mit völlig neuer Zelle.

Mikojan-Gurewitsch MiG-17 (1950)

Die MiG-17, eine stark verbesserte Weiterentwicklung der MiG-15 aus der Zeit des Koreakrieges, war der Schrecken der US-Luftstreitkräfte über Vietnam. Der wendige Jäger und Jagdbomber leistete bis in die 1970er-Jahre gute Dienste, zuletzt bei mehreren Einsätzen arabischer Luftstreitkräfte gegen Israel.

Mit ihrer einfachen Bewaffnung und Avionik war die veraltete MiG-17 eigentlich kein ernstzunehmender Gegner für die hochentwickelten amerikanischen Kampfflugzeuge am Himmel über Vietnam, allen voran der hervorragenden F-4 Phantom II. Doch die nordvietnamesische Volksluftwaffe nutzte die hohe Wendigkeit, geringe Größe und wirksame Kanone der „Fresco“, wie sie im Westen hieß, voll aus. Drei nordvietnamesische Piloten wurden zu

TRIEBWERKSEINLASS
Der markante Lufteinlass teilte die Strömung, bevor sie unter dem Cockpit etwa in Höhe der Flügelhinterkanten zum Motor geleitet wurde.

Diese MiG-17 ohne Nachbrenner flog Lt. Bomba von der mosambikanischen Luftwaffe. Er lief 1980 nach Südafrika über. Dort wurde der Jäger getestet und anschließend nach Mosambik zurückgebracht.

BUGRAD
Das Bugrad wurde nach vorne in den Rumpf eingefahren. Das robuste Fahrwerk war für den Betrieb auf unbefestigten Pisten entwickelt worden.

ZUSATZTANKS
400-Liter-Tanks unter den Flügeln erhöhten die Reichweite. Als letzte Variante kamen dafür vier Halterungen unter die Tragflächen, allerdings konnten nur die inneren für Tanks genutzt werden.

„Assen“, angeführt von Nguyen Van Bay mit sieben Abschüssen.

Mikojan-Gurewitsch begann mit den Arbeiten an der MiG-17 bereits, als die MiG-15 gerade in die Serienproduktion ging. Diese bewährte sich zwar im Koreakrieg, zeigte jedoch bei hohen Geschwindigkeiten eine gewisse Instabilität. Der neue Jäger sah ähnlich aus, hatte aber wichtige aerodynamische Verbesserungen, vor allem stärker gepfeilte Tragflächen mit einem günstigeren Verhältnis von Profildicke zu Profiltiefe. Wegen der 45-Grad-Pfeilung hieß das neue Flugzeug anfangs MiG-15bis-45. Es zeigte im transsonischen Bereich deutlich bessere Leistungen als sein Vorgänger. Die Bewaffnung blieb gegenüber der MiG-15 unverändert: eine 37-mm-Kanone und zwei 23-mm-Kanonen in der Nase. Anfangs blieb auch das Klimow-VK-1-Triebwerk. Die Entwicklung war im Frühjahr 1949 abgeschlossen, und im Januar 1950 machte der Prototyp SI-2 seinen Erstflug. Er zeigte beachtliche Flugleistungen und erreichte im Horizontalflug eine Höchstgeschwindigkeit von 1.114 km/h.

Der Absturz des ersten Prototyps bei einem Testflug verzögerte das Programm um ein Jahr. Nach Abschluss der staatlichen Erprobung mit zwei neuen Prototypen im Juni 1951 ging das neue Jagdflugzeug als MiG-17 im September in die Serienproduktion. Da die MiG-15 jedoch bereits in großen Stückzahlen

HECKFLOSSE
Die breite Flosse war stark nach hinten geschwungen und hatte ein zweiteiliges Ruder mit einer Trimmklappe im unteren Bereich. In der Flosse waren Radarwarnempfänger und Kreiselkompass untergebracht.

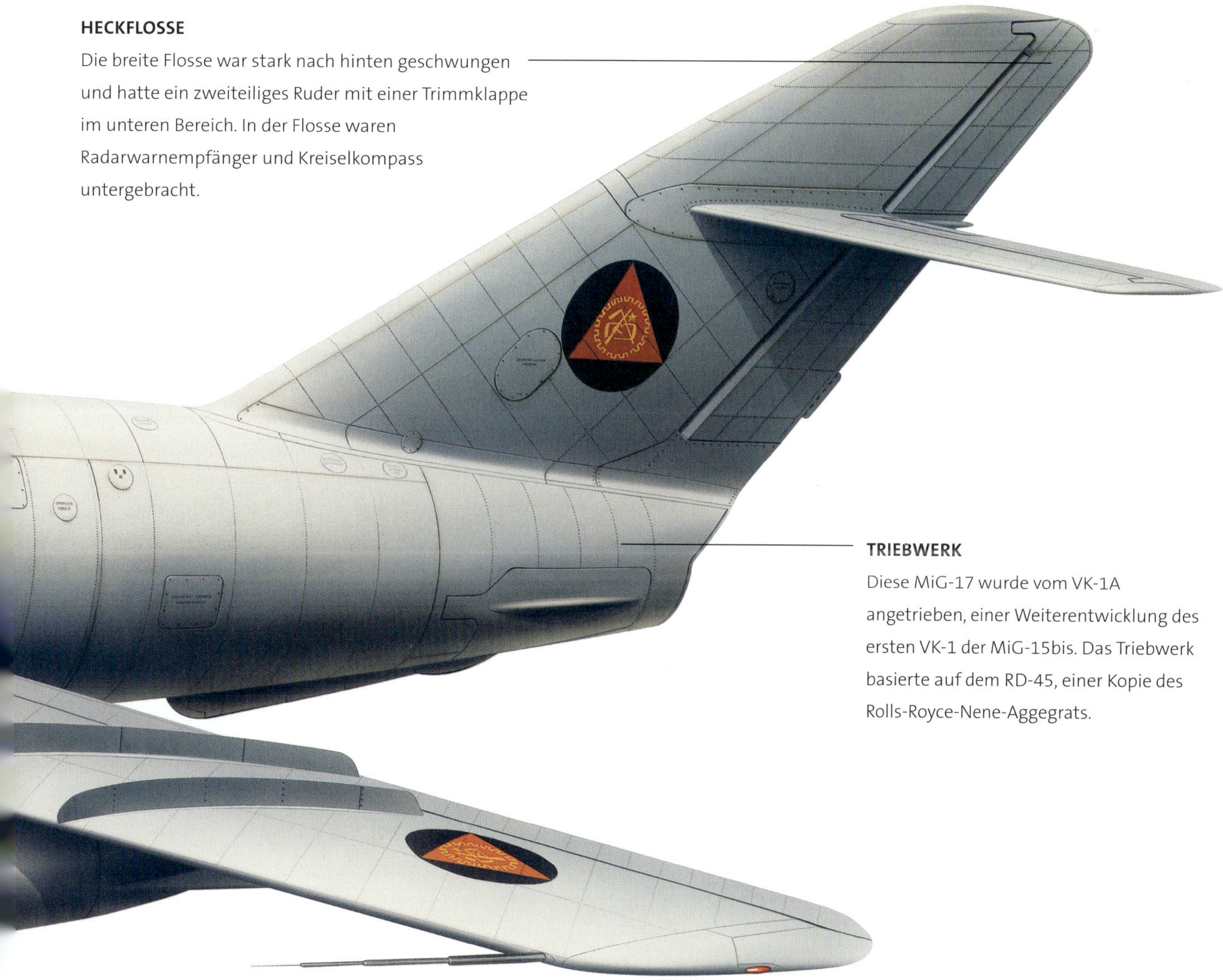

TRIEBWERK
Diese MiG-17 wurde vom VK-1A angetrieben, einer Weiterentwicklung des ersten VK-1 der MiG-15bis. Das Triebwerk basierte auf dem RD-45, einer Kopie des Rolls-Royce-Nene-Aggegrats.

Mikojan-Gurewitsch MiG-17 (1950)

Diese MiG-17F trägt die farbenfrohe Lackierung eines Kunstflugteams der 11. Staffel der indonesischen Luftwaffe, bei der der Typ in den frühen 1960er Jahren eingesetzt wurde.

gebaut wurde, übernahm die sowjetische Luftwaffe den neuen Typ erst Ende 1953. Die MiG-17 zeigte bessere Steigleistungen und eine größere Höchstgeschwindigkeit und Wendigkeit als die MiG-15. Als Piloten der US-Luftwaffe 1965 über Vietnam erstmals auf MiG-17 trafen, waren sie sehr überrascht. Robin Olds, Kommandeur der 8th Tactical Fighter Wing, beschrieb den sowjetischen Jäger als „ein sehr gefährliches kleines Tier. Seine Wendigkeit ist phänomenal!"

Mit dem Hochfahren der MiG-17-Produktion wich die VK-1 der verbesserten VK-1A. Sie besaß bei gleicher Schubkraft mehr Ausdauer und trug vier zusätzliche Stationen für Luft-Boden-Munition und Zusatztanks unter den Flügeln. Über 40 Luftwaffen der Welt beschafften die MiG-17. Sie wurde auch in der Tschechoslowakei, in Polen und in China gebaut, wo eine Reihe von Varianten als Shenyang-J-5-Serie entstanden. Fünf Werke in der UdSSR bauten knapp 8.000 MiG-17. Rechnet man die im Ausland gebauten Exemplare hinzu, übersteigt die Gesamtzahl 10.000 Flugzeuge.

Erste große Änderungen an der MiG-17 führten zur MiG-17F mit dem Nachbrenner-Triebwerk VK-1F. Der Einbau des Nachbrenners erforderte eine anders zugeschnittene hintere Zelle, einen „Kiel" unter dem Rumpf und besondere Luftbremsen. Das neue Flugzeug machte im September 1951 den Erstflug und ging im November 1952 als Ersatz der Vorgängerin in der Produktion. Es sollte die wichtigste Serienvariante werden.

Die erste Abfangjägerversion mit Radar, MiG-17P, ging im Sommer 1951 in die Erprobung und kam im Winter 1953/1954 in geringer Zahl zum Einsatz. Das Suchradar befand sich in einem Radom über dem Lufteinlass, das Verfolgungsradar unter einer Verkleidung in der Mitte des Einlasses. Die endgültige Variante mit Radar war die MiG-17PF mit Bugradar und dem Nachbrenner-Triebwerk VK-1F. Dieser Motor soll-

TECHNISCHE DATEN

Typ	Jagdbomber
Abmessungen	Länge 11,26 m Spannweite 9,63 m Höhe 3,80 m
Startgewicht max.	5.350 kg
Antrieb	1 x 22,5 kN (5.046 lb) Klimov VK-1F Turbojet mit Nachbrenner
Höchstgeschwindigkeit	1.145 km/h
Reichweite	2.060 km mit Abwurftanks
Dienstgipfelhöhe	16.600 m (54.450 ft)
Besatzung	1
Bewaffnung	eine 37-mm-Kanone plus zwei 23-mm-Kanonen, sowie bis zu 500 kg Außenlast unter den Flügeln

Als Tagjäger hatte es die MiG-17 in sich, mit einer 37-mm-N-37D-Steuerbordkanone als Bugbewaffnung und einer einzelnen 23-mm-NS-23-Kanone an Backbord.

te die Leistungseinbußen durch die Radar-Einbauten wettmachen. Die MiG-17PF ersetzte Ende 1953 die MiG-17P in der Produktion und erhielt ein RP-5-Izumrud-Radar mit zwölf Kilometern Reichweite gegen Ziele in Bombergröße. Mit einer auf das RP-1U-Radar abgestimmten Raketenbewaffnung entstand die Variante MiG-17PFU, die 1955 in kleiner Zahl gebaut wurde. Sie konnte vier leitstrahlgelenkte RS-2U.S.-(AA-1, Alkali)-Luft-Luft-Raketen tragen und war damit der erste mit Raketen bewaffnete Abfangjäger aus europäischer Produktion.

MIG-17 WARBIRDS

Ihre guten Flugleistungen im Unterschallbereich, die robuste Konstruktion und die hohe Verfügbarkeit kompletter Flugzeuge und Ersatzteile machen die MiG-17 zu einem beliebten Muster der Warbird-Szene. Allein in den USA gibt es etwa 27 MiG-17 in Privatbesitz. Viele stammen aus polnischer Produktion, wo dort gebaute „Fresco"-Varianten bis Anfang der 1990er Jahre im Einsatz waren. Dieses besondere Exemplar der polnischen Luftwaffe mit Unterflügel-Raucherzeugern für Flugshows flog der inzwischen verstorbene Bill Reesman, ein Veteran der U.S. Air Force und Air Guard mit 320 F-100-Super-Sabre-Kampfeinsätzen über Vietnam. Seine MiG-17 betreibt jetzt Red Bull.

Boeing B-52 Stratofortress (1952)

Die mächtige B-52 ist auch nach 60 Jahren als Symbol US-amerikanischer Militärgeltung an vorderster Front im Einsatz. In ihrer langen Laufbahn diente sie der nuklearen Abschreckung und war von Einsätzen über Vietnam bis zum globalen Kampf gegen den Terror weltweit gefragt. B-52-Bomber erhalten kontinuierliche Kampfwertsteigerungen und sollen bis mindestens 2040 im Dienst bleiben.

Die B-52 ist der dienstälteste Bomber der US-Militärgeschichte. Im Jahre 1948 als Turboprop-Ersatz für die Boeing B-50 entworfen, nahm ihre Entwicklung mit der Verfügbarkeit des J57-Turbostrahltriebwerks von Pratt & Whitney eine andere Richtung. Dieses 33,36 kN Schub leistende Triebwerk war seinerzeit allen anderen überlegen. Boeing und die USAF vereinbarten, einen strahlgetriebenen strategischen Bomber zu entwickeln. Convair hatte als preiswerte Alternative einen Jet auf Basis der kolbengetriebenen B-36 Peacemaker in der Entwicklung, die YB-60. Der Boeing-Entwurf versprach jedoch bessere Flugleistungen als sein Rivale und gewann die Ausschreibung.

Diese B-52G diente im Jahre 1972 bei der 72nd Strategic Wing (Provisional) auf der Andersen AFB (Guam). 1965 fanden die ersten Einsätze über Vietnam statt. Bei heftigen Angriffen auf Nordvietnam gingen 15 B-52 durch Boden-Luft-Raketen verloren. Flugzeuge wie dieses flogen bei der Operation „Arc Light“ bis 1973 gemeinsame Bombenangriffe mit B-52D.

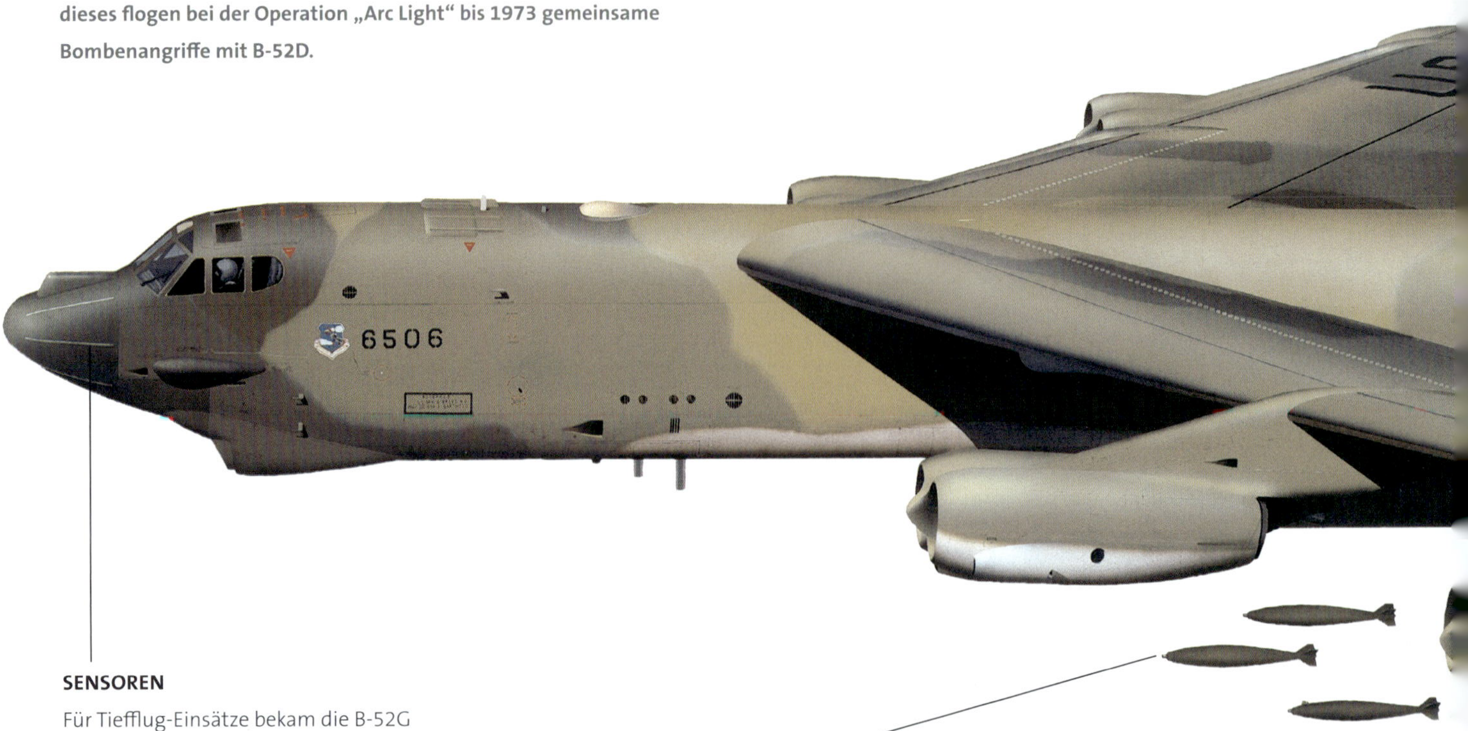

SENSOREN
Für Tiefflug-Einsätze bekam die B-52G gewölbte Plexiglas-Fenster zur Aufnahme von Restlichtkameras und modernen Infrarotsensoren.

BOMBEN
Modifizierte B-52D hatten die Fähigkeit zum Abwurf konventioneller Munition und konnten maximal 105 bis zu 340 kg schwere Bomben tragen. Die Höchstlast der unmodifizierten B-52G betrug 27 Bomben.

Im April 1952 machte der Prototyp XB-52 seinen Erstflug. Mit dem von Boeings mittlerem Bomber B-47 Stratojet inspirierten Äußeren verfügte das neue Flugzeug über einen schlanken, hoch sitzenden Flügel mit acht Triebwerken, die in Paaren vor und unter den Flügelvorderkanten saßen. Das „Fahrrad"-Fahrwerk kam vom Stratojet. Die Piloten des Prototyps saßen auf Tandemsitzen. Der zweite Prototyp YB-52 glich bis auf kleine Details dem ersten.

Die erste Serienmaschine B-52A flog 1954. Drei Exemplare entstanden für Test- und Entwicklungsarbeiten des Herstellers. 1955 wurde die erste B-52B der USAF in Dienst gestellt. Sie war weitgehend baugleich mit der B-52A und besaß ein Navigations- und Bombensystem. Von den 50 gebauten Flugzeugen wurden später 27 zum Aufklärer RB-52B umgerüstet.

Die B-52C besaß stärkere Triebwerke und eine neue Ausrüstung. 35 „C"-Modelle wurden gebaut. Ihnen folgte die 170 Mal hergestellte B-52D. Diese Variante bekam ein verbessertes Feuerleitsystem für die vier dem Selbstschutz dienenden 12,7-mm-Maschinengewehre im Heck. Die B-52E (100 Exemplare) hatte ein neues Navigations- und Waffeneinsatzsystem. Die 89 gebauten B-52F besaßen leistungsstärkere J57 mit Wassereinspritzung, da die umfangreiche Ausrüstung die Bomber deutlich schwerer machte.

Die B-52G wies als letzte Serienversion noch einmal wichtige Verbesserungen auf. Sie besaß eine überarbeitete, robustere und dabei leichtere Zelle. Integrierte Flügeltanks erhöhten die Reichweite. Der Heckschützen-Platz wurde in die Hauptkabine verlegt, die Heckflosse oben verkürzt. Die B-52G konnte nun Radar-Täuschkörper und

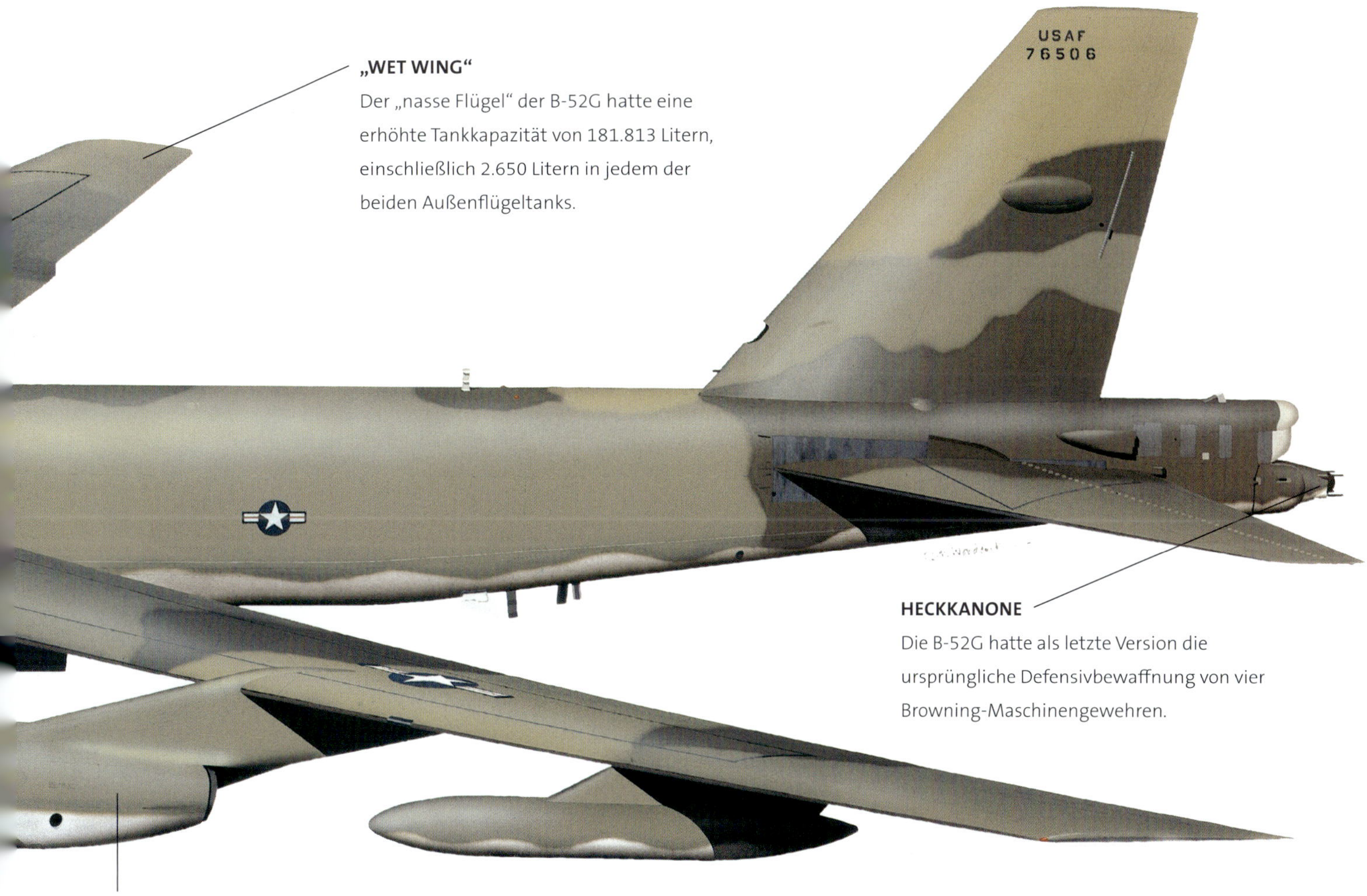

„WET WING"

Der „nasse Flügel" der B-52G hatte eine erhöhte Tankkapazität von 181.813 Litern, einschließlich 2.650 Litern in jedem der beiden Außenflügeltanks.

HECKKANONE

Die B-52G hatte als letzte Version die ursprüngliche Defensivbewaffnung von vier Browning-Maschinengewehren.

ANTRIEB

Vier Paare von Pratt & Whitney J57-P-43WB-Turbojets saßen in Zweierblöcken unter den Flügeln. Wassereinspritzung erhöhte die Startleistung.

Die letzte Version der B-52H, hier im Dienst der 23rd Bomb Squadron, einer Einheit der 5th Bomb Wing auf Minot AFB (North Dakota). Die B-52 flog dort erstmals im Februar 1959.

Mittelstrecken-Marschflugkörper einsetzen. Das letzte von 193 „G“-Flugzeugen wurde 1960 mit AGM-28-Hound-Luft-Boden-Lenkflugkörpern ausgeliefert.

744 B-52 wurden insgesamt gebaut. Die Lieferung der letzten Reihe B-52H (102 Exemplare) ging ab Mai 1961 an das Strategic Air Command. Die letzte „H“ wurde im Oktober 1962 fertiggestellt. Die H-Baureihe hatte das leistungsfähige und sparsame TF33-Turbofantriebwerk von Pratt & Whitney und entstand nach Streichung des geplanten Nachfolgers North American B-70 Valkyrie. Sie verfügte über eine verstärkte Struktur für den Tiefflug zur Bekämpfung feindlicher Boden-Luft-Raketenstellungen. Auch die Heckgeschützbewaffnung wurde überarbeitet. Eine 20-mm-Gatling-Kanone ersetzte die Maschinengewehre. Heute haben die verbliebenen B-52H keine Heckkanone mehr und können bis zu 20 AGM-86 Air Launched Cruise-Missiles (ALCM) tragen.

Die ALCM-Flugkörper besaßen ursprünglich Nuklearsprengköpfe und wurden später zu konventionellen Marschflugkörpern umgerüstet. Sie waren bereits mehrmals im Einsatz, zuerst bei der Operation „Desert Storm“ über dem Irak im Jahr 1991. Zu den Zielen zählten größere Truppenkonzentrationen, feste Anlagen und Bunker. Im September 1996 begannen zwei B-52H den weitesten Kampfeinsatz der Geschichte: Sie absolvierten im Rahmen der Operation „Desert Strike“ in 34 Stunden einen 16.000-Meilen-Flug von der Air Force Base Barksdale (Louisiana) und zurück, mit Angriffen auf irakische Kraftwerke und Kommunikationseinrichtungen. Während der Operation „Iraqi Freedom“ war die B-52 abermals über dem Irak im Einsatz, als im März 2003 B-52H rund 100 konventionelle ALCM während einer einzigen Nachtmission abfeuerten.

Seit 2014 ist die B-52H das einzige verbliebene Modell bei der USAF und steht bei der 5th Bomb Wing des Air Force Global Strike Command bei Minot AFB (North Dakota), der 2nd Bomb Wing (Barksdale AFB) und der 307th Bomb Wing des Air Force Reserve Command in Barksdale im Einsatz.

Stetige Modernisierung hält die B-52 auf dem neuesten Stand. Sie verfügt über aktuelle Avionik und Datalink, Mittel zur elektronischen Kampfführung sowie leistungsstarke, kraftstoffsparende Turbofan-Triebwerke. Kein anderes US-Militärflugzeug kann derzeit eine so breite Palette von Waffen einsetzen.

TECHNISCHE DATEN (B-52H)

Typ	Schwerer Langstreckenbomber
Abmessungen	Länge 49,05 m Spannweite 56,39 m Höhe 12,40 m
Startgewicht max.	229.068 kg
Antrieb	8 x 75,62 kN (17.000 lb) Pratt & Whitney TF33-P-3/103 Turbofan-Triebwerk
Höchstgeschwindigkeit	1.011 km/h
Reichweite	14.080 km ohne Nachtanken
Dienstgipfelhöhe	15.151 m (50.000 ft)
Besatzung	5
Bewaffnung	ca. 31.500 kg Ladekapazität inklusive Bomben, Minen und Marschflugkörpern

Der riesige Flügel der B-52 besteht aus fünf Abschnitten und nutzt den gesamten Raum zwischen den Holmen für den Treibstofftransport. Die Tragflächen sind hochflexibel, um je nach Beladung und Flugphase unterschiedliche Belastungen aufnehmen zu können.

AFGHANISTAN

Unten abgebildet ist eine B-52H vor der Luftbetankung bei einer Luftnahunterstützungsmission über Afghanistan. Einsätze der B-52 bei der Operation „Enduring Freedom" begannen im Jahr 2001. Weil sie sehr lange über dem Schauplatz bleiben und präzisionsgelenkte Munition zur Unterstützung der unten kämpfenden Truppen einsetzen konnte, flog sie vor allem Luftnahunterstützung. Normalerweise befanden sich etwa zehn B-52 im Einsatzgebiet, wo sie mit B-1B Lancer bewaffnete Dauerpräsenz zeigten und 12- bis 15-Stunden-Einsätze flogen. Die B-52 trug je nach Einsatzprofil eine gemischte Beladung von zwölf satellitengesteuerten Joint Direct Attack Munitions (JDAM) und 27 Mk-82-Allzweckbomben oder 16 CBU-103/CBU-87 Wind-Corrected Munitions Dispensers (WCMD) und 27 Mk 82s.

Avro Vulcan (1952)

Der erfolgreichste der drei britischen V-Bomber hatte eine beeindruckende und lange Karriere. Er begann als strategischer Höhen-Atombomber und ging während des Falklandkrieges als konventioneller Bomber in den Einsatz.

Die Vulcan entstand aufgrund der britischen Spezifikation B.14/46. Sie sah den Bau eines Bombers vor, der Ziele aus einer Entfernung von 1.700 Meilen (2.735 km) treffen und eine 10.000 Pfund (4.536 kg) schwere Atombombe tragen konnte. Seine Reichweite sollte 4.000 Meilen (6.437 km) mit maximaler Abflugmasse in einer Reiseflughöhe von 40.000 ft (12.190 m) betragen.

Die Folgespezifikation B.35/46 führte zur Entwicklung der drei V-Bomber Avro Vulcan, Handley Page Victor und Vickers Valiant. Die Tragflächen des ersten Vulcan-Prototyps bildeten ein

UMBAUTEN

Fünf Flugzeuge wurden für Bombenangriffe im Rahmen der Operation „Black Buck" modifiziert. Sie erhielten zusätzliche ECM-Ausrüstung und Vorkehrungen für Shrike-Raketen. Für die Langstrecken über Wasser bekamen die Vulcans das Trägheitsnavigationssystem Carousel.

BETANKUNGSSONDE

Während einer Betankung beim Unternehmen „Black Buck 6" wurde die Sonde eines Victor-Tankers beschädigt. Da es nicht genügend Treibstoff für die Rückkehr nach Wideawake hatte, musste das Flugzeug nach Rio de Janeiro ausweichen.

nahezu perfektes Dreieck. In dieser unverwechselbaren Form machte das Flugzeug im August 1952 seinen Jungfernflug. Als erste Triebwerke dienten Rolls-Royce Avon, Armstrong Siddeley Sapphire und Rolls-Royce Conway. Da der Delta-Flügel eine Neuheit war, hatte man zur Erprobung eine Reihe von Forschungsflugzeugen des Typs 707 im Maßstab 1:3 gebaut.

30 Jahre nach seinem Erstflug überquerte der Bomber zum ersten Mal den Südatlantik. Es waren die damals längsten Bombereinsätze aller Zeiten. Nach der Fertigstellung von zwei Prototypen wurde die Vulcan BM 1 im Februar 1957 bei der Royal Air Force in Dienst gestellt. Die Version hatte einen modifizierten Flügel mit 330 Quadratmetern Fläche. Den Antrieb versahen vier Bristol-Olympus-101-Triebwerke mit je 48,93 kN Schub. Die Serienexemplare erhielten eine geknickte Flügelvorderkante, bedingt durch eine geringere Pfeilung zwischen Flügelwurzel und -Mitte. Im Verlauf der Produktion wurden leistungsstärkere Olympus Mk 102 oder Mk 104 installiert. Ab 1961 verfügten die Flugzeuge über ECM-Ausrüstung (Electronic Counter Measures, elektronische Gegenmaßnahmen) im umgebauten Heck und trugen die Bezeichnung B.Mk 1A.

Die Produktion wurde nach 45 ausgelieferten B.Mk 1 auf die stark verbesserte B.Mk 2 (89 Exemplare) umgestellt. Ihr auffälligstes Merkmal war ein deutlich größerer, schlankerer Flügel mit gekröpfter und gewölbter Vorderkante,

Vulcan B.Mk 2 XM597, stationiert auf dem Wideawake Airfield (Ascension) während des Falklandkrieges von 1982. Dieses Flugzeug kam bei beiden „Black-Buck"-Angriffen auf Radarstationen zum Einsatz und musste nach einem Einsatz in der Nacht vom 2. zum 3. Juni eine Notlandung in Brasilien machen.

STÄRKERE TRIEBWERKE

Für „Black Buck" wurden die Olympus-301-Motoren auf den vollen verfügbaren Schub von 103 Prozent gesetzt, nachdem sie zur Lebensdauer-Verlängerung auf 98 Prozent gedrosselt worden waren.

SHRIKE

Während der Operation „Black Buck 6" feuerte XM597 zwei AGM-45-Shrike-Raketen ab. Sie zerstörten ein argentinisches Skyguard-Flak-Radar auf den Falklandinseln.

Bodenpersonal bereitet eine Vulcan B.Mk 2 des Royal Air Force Vulcan Display Teams für einen Schauflug auf der Air Fete vor. Im Jahre 2014 war die Vulcan XH588 als letzte flugfähig. Derzeit ist kein Exemplar lufttüchtig, aber drei (XH558, XL426 und XM655) können aus eigener Kraft rollen.

in dem noch leistungsstärkere Olympus-Motoren arbeiteten. Weitere Änderungen waren Elevons als Ersatz für die Querruder und Höhenruder der B.Mk 1 und eine Luftbetankungssonde. Die Vulcan B.Mk 2 wurde im Juli 1960 in Dienst gestellt und zunächst in großen Höhen eingesetzt. Ihre Weiterentwicklung Vulcan B.Mk 2A konnte eine Blue-Steel-Abstandsrakete tragen. Bei Auslieferung der letzten B.Mk 2 waren bereits fast alle verbliebenen B.Mk 1 ausgemustert worden.

1966 wurde auch die Blue-Steel-Rakete ausgemustert. Neue Boden-Luft-Raketen hatten zur Umstellung auf den Tiefflug geführt, für den die Vulcan ein Geländefolgeradar im Bug bekam. Gleichzeitig wurde die ECM-Ausrüstung aufgewertet. 1962 erhielt die B.Mk 2 neue, 88,96 kN starke Olympus-301-Triebwerke. Die Produktion dieser Version belief sich auf 89 Exemplare, die beider Versionen auf 134.

In den frühen 1980er Jahren zeigte sich, dass der andauernde Tiefflug die

TECHNISCHE DATEN (B.MK 2)

Typ	Schwerer Bomber
Abmessungen	Länge 32,16 m Spannweite 33,83 m Höhe 8,28 m
Startgewicht max.	113.400 kg
Antrieb	4 x 89 kN (20.000 lb) Bristol Siddeley Olympus 301 Turbojet
Höchstgeschwindigkeit	1.043 km/h
Reichweite	7.400 km mit Bombenladung
Dienstgipfelhöhe	18.290 m (60.000 ft)
Besatzung	5
Bewaffnung	bis zu 9.526 kg Ladekapazität intern

Vulcan B.Mk 2 XM607 nahm am 1. Mai 1982 an den ersten „Black Buck"-Angriffen auf den Flugplatz Port Stanley teil. Sie trug 21 1.000-Pfund-Bomben.

Lebensdauer der Zelle stark reduzierte. Angesichts der hohen zu erwartenden Kosten entschloss sich die Royal Air Force, ihre Vulcan-Streitmacht zwischen Juni 1981 und Juni 1982 aus dem Verkehr zu ziehen.

Die Vulcan-Einheiten standen bereits vor der Auflösung, als im April 1982 argentinische Streitkräfte auf den Falklandinseln einmarschierten. Die verbliebenen Bomber-Veteranen besaßen keine Luftbetankungs-Vorrichtungen mehr. Um die Falklandinseln von Ascension aus zu erreichen, begann die Suche nach Tanksonden. Sechs Flugzeuge wurden zu Vulcan-K.Mk-2-Tankern umgebaut. Sie erhielten eine Schlauch- und Betankungskorb-Einheit in der hinteren ECM-Bucht sowie Zusatztreibstoff im Bombenschacht. Die übrigen erhielten Vorrichtungen für konventionelle Bomben, neue Navigationssysteme, Betankungssonden und Unterflügelstationen für die AN/ALQ-101-ECM-Pods und die Anti-Radar-Rakete AGM 45 Shrike.

Auf dem 12.870 Kilometer langen Hin- und Rückweg des Unternehmens mit dem Codenamen „Black Buck" bombardierten Vulcans den besetzten Flugplatz Port Stanley auf den Falklandinseln und setzten die Landebahn außer Betrieb. Die letzten aktiven Vulcans, Tanker vom Typ K.Mk 2, wurden im März 1984 ausgemustert.

EINSÄTZE ÜBER SEE

Gegen Ende der Vulcan-Einsatzzeit wurden neun Flugzeuge für die Strategic Maritime Radar Reconnaissance (MRR-Rolle) zu Vulcan B.Mk 2MRR umgebaut. Sie erhielten 1973 geheime elektronische, optische und andere Sensoren sowie Zusatztanks im Bombenschacht. Die Flugzeuge flogen von November 1973 bis Mai 1982 bei der in Scampton ansässigen No. 27 Squadron und übernahmen die Rolle von Victor B.Mk 2 (SR)-Bombern der No. 543 Squadron, die ihrerseits zu Tankflugzeugen umgebaut wurden. Die B.Mk 2MRR erhielt zusätzlich zur Standardausrüstung eine LORAN-C-Navigationsanlage. Das Geländefolgeradar unter der Nase wurde entfernt. Mit optionalen Luftprobenkapseln unter den Flügeln konnten Untersuchungen der Atmosphäre angestellt werden, beispielsweise auf radioaktive Partikel von Atomtests.

Lockheed C-130 Herkules (1954) 

Der erfolgreichste westliche Militärtransporter der Nachkriegszeit hat eine beispiellose Produktionsgeschichte: Er wurde in über 70 Varianten mehr als 2.400 Mal gebaut. Die Hercules ist das Rückgrat der taktischen US-Lufttransportflotte und fliegt in über 60 Nationen der Welt.

Die USAF begann 1951 mit den Planungen für ein neues Transportflugzeug, gestützt auf Erfahrungen aus dem Koreakrieg. Das neue Muster sollte große, sperrige Ausrüstung, Artilleriegeschütze und Panzer über weite Entfernungen transportieren können. Es musste in der Lage sein, auf engstem Raum zu operieren, Fallschirmjäger abzusetzen und im Notfall mit einem Motor zu fliegen. So entstand eine der wichtigsten Nachkriegskonstruktionen, ein wahres Arbeitstier, das allen in Bereichen des US-Militärs in zahlreichen Rollen dienen sollte. Die Hercules war in allen

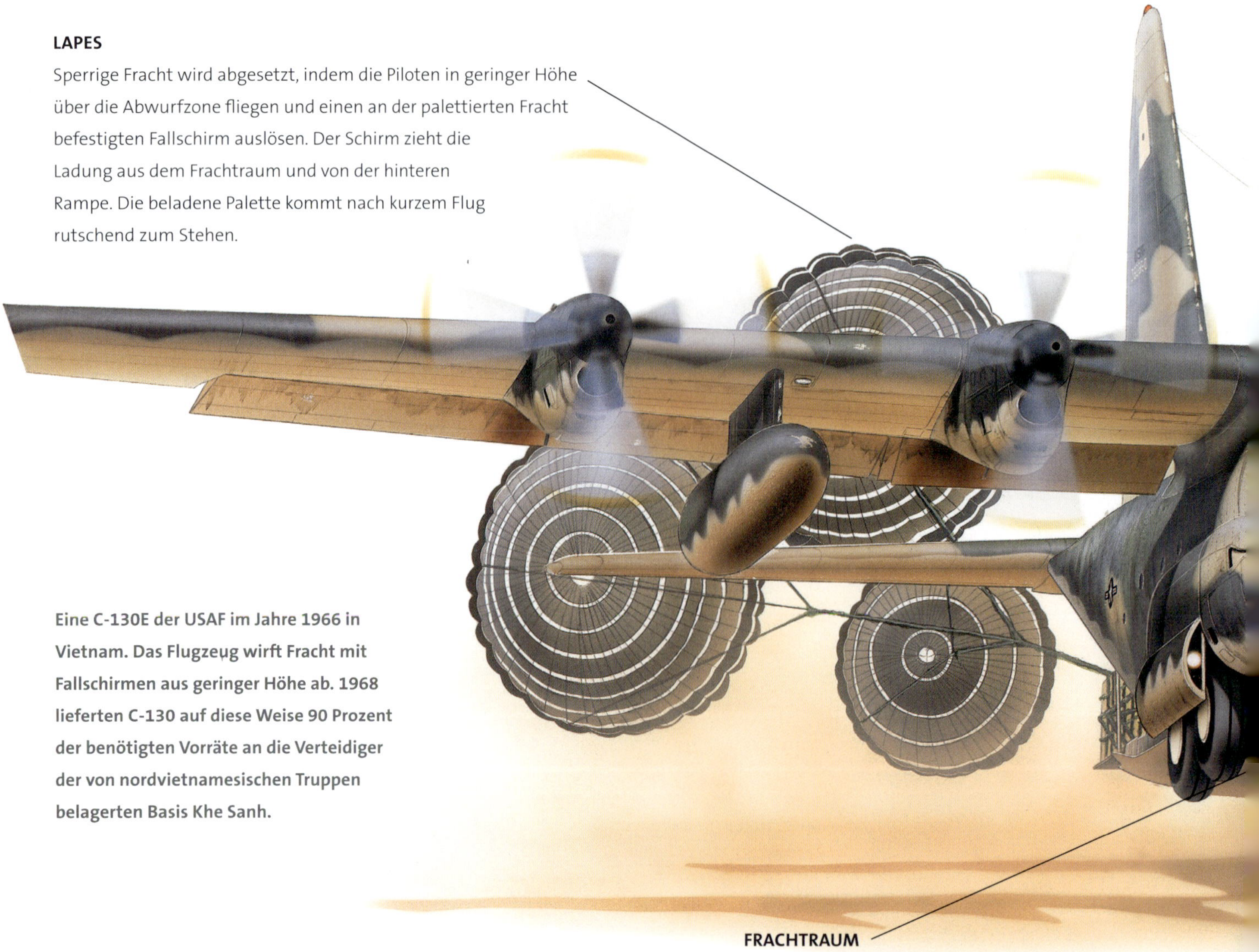

LAPES

Sperrige Fracht wird abgesetzt, indem die Piloten in geringer Höhe über die Abwurfzone fliegen und einen an der palettierten Fracht befestigten Fallschirm auslösen. Der Schirm zieht die Ladung aus dem Frachtraum und von der hinteren Rampe. Die beladene Palette kommt nach kurzem Flug rutschend zum Stehen.

Eine C-130E der USAF im Jahre 1966 in Vietnam. Das Flugzeug wirft Fracht mit Fallschirmen aus geringer Höhe ab. 1968 lieferten C-130 auf diese Weise 90 Prozent der benötigten Vorräte an die Verteidiger der von nordvietnamesischen Truppen belagerten Basis Khe Sanh.

FRACHTRAUM

Der Frachtraum fasst Truppen in unterschiedlicher Zahl und sperrige Frachtstücke wie 155-mm-Haubitzen, Kleinlastwagen oder Hubschrauber.

militärischen Konflikten und größeren humanitären Einsätzen im Einsatz, an denen US-Streitkräfte beteiligt waren. Sie wird länger als alle anderen Flugzeugtypen der Welt gebaut. Die aktuellen C-130J-Varianten und ihre Derivate rollen derzeit bei Lockheed Martin vom Band.

Das Flugzeug wurde von Lockheeds Chefingenieur Hall Hibbard entworfen. Im August 1954 absolvierte der erste Prototyp YC-130 seinen Jungfernflug. Er besaß vier 3.300 PS starke Allison-YT56A-1-Turboprop-Triebwerke mit Dreiblatt-Propellern und Druckbelüftung für den Rumpf inklusive des Laderaums. Hohe Tragflächen und eine „Roll-on/Roll-off"-Heckladerampe waren die typischen Kennzeichen eines taktischen Transporters, ebenso wie die Absetzvorrichtungen für Fallschirmjäger oder Fracht. Große Frachtstücke konnten mit dem Tiefflug-Fallschirmauslösesystem LAPES (Low-Altitude Parachute Extraction System) abgeworfen werden.

Die erste Hercules C-130A für die USAF absolvierte im April 1955 ihren Erstflug. 231 Flugzeuge dieses Typs wurden in Marietta (Georgia) gebaut. Dies war der Auftakt für 2.156 Exemplare der ersten Hercules-Generation. Die Lieferungen an die USAF begannen im Dezember 1955. Die C-130 erhielt später Hamilton-Standard-Vierblattpropeller und Bugradar. Mit diesen Umrüstungen entstanden 230 C-130B, hinzu kamen Verbesserungen an den T56A-1-Triebwerken und eine erhöhte Treib-

COCKPIT
In Vietnam wurde die „Herc" normalerweise von einer vierköpfigen Cockpit-Crew geflogen, bestehend aus Pilot, Co-Pilot, Navigator und Systemmanager. Auch ein Lademeister war an Bord.

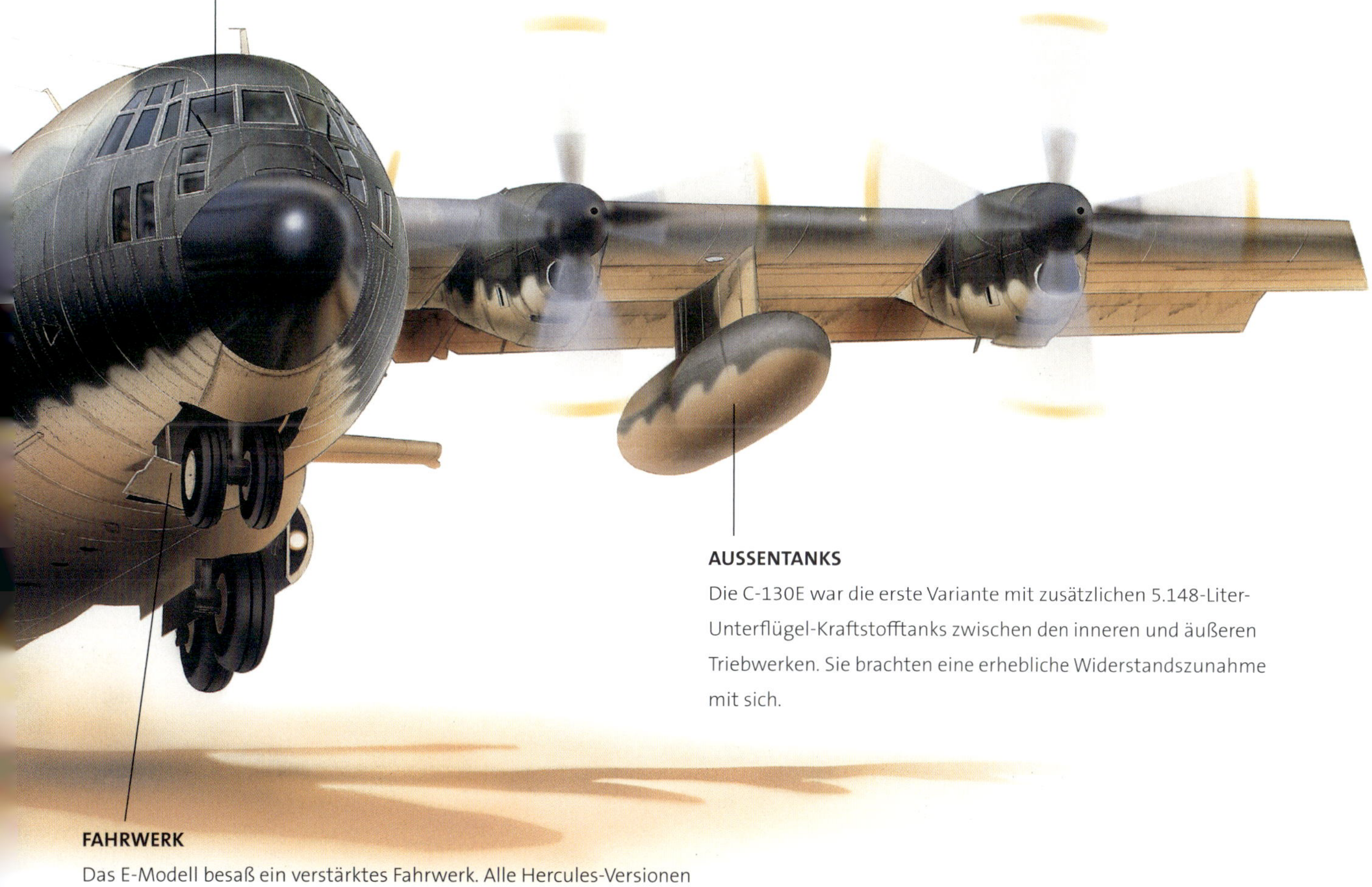

AUSSENTANKS
Die C-130E war die erste Variante mit zusätzlichen 5.148-Liter-Unterflügel-Kraftstofftanks zwischen den inneren und äußeren Triebwerken. Sie brachten eine erhebliche Widerstandszunahme mit sich.

FAHRWERK
Das E-Modell besaß ein verstärktes Fahrwerk. Alle Hercules-Versionen haben ein für unbefestigte Pisten geeignetes Einziehfahrwerk und steuerbare Bugräder.

stoffkapazität. 1961 stellte Lockheed die Produktion auf die verbesserte C-130 E um, von der 491 gebaut wurden. Sie hatte nun T56A-7-Triebwerke mit 4.050 PS, verstärkte Flügel und Fahrwerke und eine höhere maximale Startmasse.

Auf die „Echo" folgte die endgültige, 1.809 Mal gebaute Version der ersten Generation, C-130H. Sie wurde in erster Linie für den Export entwickelt, machte im November 1964 den Erstflug und kam erst im November 1975 zur USAF. Das H-Modell erhielt später neu gestaltete, verstärkte Tragflächen, moderne Avionik und 4.508 PS starke T56A-15-Motoren. Eine gestreckte Version der C-130H erschien als C-130H-30 mit einer Truppenkapazität von 128 statt 92 Soldaten. Die neueste Ausführung C-130J besitzt AE2100-Turboprops und Dowty-Sechsblattpropeller, ein doppeltes Glascockpit und digitale Avionik. Die Version C-130J-30 behielt die gleichen Rumpfmaße wie die C-130H-30 der vorherigen Generation.

Die C-130 bewährte sich schon in Vietnam, wo sie Truppen an den abgelegensten Orten absetzte. Sie kann in der Basisversion 78 oder 92 Soldaten, 64 Fallschirmjäger oder 74 Patienten transportieren. MC-130 Combat Talons wurden in Südostasien zum Transport von Spezialeinheiten und zur Luftbetankung eingesetzt. Bodenzielradar, 20-mm-Gatling-Kanonen, 40-mm-Bofors-Kanonen und eine später nachgerüstete, seitlich abfeuernde 105-mm-Haubitze machten die Hercules zum waffenstarrenden AC-130-Gunship, auf dessen Konto die Zerstörung von etwa 10.000 feindlichen Lastwagen geht. Einige Luftnahunterstützungs-Varianten wurden seither gebaut, darunter in jüngerer Zeit der mit Raketen für den Einsatz in Afghanistan bestückte Tanker KC-130J des U.S. Marine Corps.

Im Vietnamkrieg gingen HC-130- erstmals in den Such- und Rettungseinsatz, eine andere HC-130-Version dient der US-Küstenwache bei Seenotrettungseinsätzen mit großer Reichweite. Zu den Spezialeinsätzen militärischer C-130 gehören Flüge in die Antarktis und nach Grönland mit Skiern (Hercules LC-130H), die Brandbekämpfung mit Roll-on/Roll-off-Feuerschutzsystem und die Hurrikanjagd mit der WC-130J „Weatherbird". Sonderausführungen für die elektronische Kriegsführung tragen die Sammelbezeichnung EC-130. Dazu zählen derzeit das elektronische Angriffsflugzeug EC-130H Compass Call und die EC-130J Commando Solo, eine für psychologische Kampfführung modifizierte C-130J.

TECHNISCHE DATEN (C-130H)

Typ	Taktisches Transportflugzeug
Abmessungen	Länge 29,79 m Spannweite 40,41 m Höhe 11,66 m
Startgewicht max.	79.380 kg
Antrieb	4 x 4.508 PS Allison T56A-15 Turboprop
Höchstgeschwindigkeit	556 km/h
Reichweite	4.002 km mit Maximalbeladung von 19.686 kg
Dienstgipfelhöhe	10.060 m (43.400 ft)
Besatzung	5
Bewaffnung	keine

Lockheed C-130 Herkules (1954)

Die C-130K wurde auf der Basis der C-130H speziell für den britischen Einsatz gebaut. Sie trat als Hercules C.Mk 1 in den Dienst der Royal Air Force, hier mit der Hercules Wing der RAF Lyneham im Jahre 1990. Es handelt sich um eine C .Mk 1P-Variante mit Tanksonde über dem Cockpit.

EINSÄTZE IN JÜNGERER ZEIT

Eine Hercules der USAF 320th Air Expeditionary Wing hebt während der Operation „Enduring Freedom“ im Oktober 2002 von einem Landeplatz in Afghanistan ab. Parallel zu ihren weltweiten Unterstützungsaufgaben für die US-Streitkräfte kamen C-130 der USAF in jüngerer Zeit bei humanitären Krisen im Kongo, in Somalia, Bosnien, Ruanda, Kosovo, Japan und – nach dem Hurrikan Katrina – in New Orleans zum Einsatz. Die C-130 kann zum fliegenden Krankenhaus umgerüstet werden. Im Januar 2010 flogen C-130 mehr als 13.600 Tonnen Fracht, über 25.800 Passagiere und 280 Patienten aus Haiti in Sicherheit, nachdem das karibische Land von einem verheerenden Erdbeben heimgesucht worden war.

Mikojan-Gurewitsch MiG-21 (1955)

Die MiG-21 diente in mehr Kriegen als alle anderen Nachkriegs-Kampfjets. Sie war bei rund 60 Nationen im Einsatz und ist noch heute sehr zahlreich vertreten. Das Flugzeug erlebte eine Unzahl von Modifikationen und wurde in vielen Varianten über 11.000 Mal produziert, was die MiG-21 zum meistgebauten Überschalljäger aller Zeiten macht.

COCKPITDACH
Aufgrund der schlechten Sicht nach hinten ist ein Rückspiegel an der Kabinenhaube befestigt. Die Haube der MiG-21M lässt sich seitlich öffnen.

HECKFLOSSE
An der Spitze der Heckflosse sitzt eine stromlinienförmige Verkleidung für den Radarwarnempfänger. Darunter befindet sich das hydraulisch angetriebene Ruder. Ganz unten an der Flosse sitzt der Bremsfallschirmbehälter.

UNTERFLÜGELSTATIONEN
Dieses Flugzeug trägt eine typische Unterflügelbeladung von UB-16-57-Werfern für 57-mm-Raketen, mit französischen Matra-R.550-Magic-Raketen an den Außenstationen.

TANKTRÄGER IN RUMPFMITTE
Dieser Träger dient dem Transport eines stromlinienförmigen „Überschall"-Außentanks mit 490 Litern Zusatztreibstoff.

Klein, schnell und wendig, war die MiG-21 (NATO-Codename: „Fishbed“) das Gegenstück zu den immer schwereren und leistungsfähigeren westlichen Jägern der frühen 1960er Jahre. Sie war ursprünglich als Mach-2-fähiger Abfangjäger konzipiert worden und sollte billig genug für Massenproduktion und -Einsatz sein, zum Ausgleich für einen gewissen Mangel an Raffinesse und Reichweite. Die MiG-21 kämpfte in vielen Kriegsgebieten vom Nahen Osten bis nach Vietnam und Afrika, häufig gegen Flugzeuge aus westlicher Produktion.

Der erste Ye-2-Prototyp war ein leichter, einfacher Tagjäger und machte im Februar 1955 seinen Erstflug. Die Ye-2 besaß im Gegensatz zu den späteren Serienflugzeugen gepfeilte Flächen und keinen Deltaflügel. Die ersten Serienmaschinen mit der Bezeichnung MiG-21F trugen zwei Kanonen. Die bald bereits in nennenswerten Stückzahlen gebaute MiG-21F-13 mit der schmalen Heckflosse hatte nur noch eine 30-mm-Kanone. Ihre Hauptbewaffnung

Eine MiG-21M der No. 7 Squadron „Battle Axes“ der indischen Luftwaffe, die in den 1980er Jahren in Gwalior stationiert war. In Indien wurden zwischen 1973 und 1981 insgesamt 158 Exemplare der lokalen Variante MiG-21M (Typ 88) in Lizenz gebaut. Die No. 7 Squadron wurde später auf die Mirage 2000 umgerüstet.

LUFTDATEN

Ein langer Ausleger an der Nase trägt Pitot-Statikrohre zur Geschwindigkeitsmessung und Sensoren für Anstell- und Gierwinkel.

Eine auf den Lancer-A-Standard umgerüstete MiG-21M der rumänischen Luftwaffe. Nach Ausmusterung der Lancer A dienten die Lancer-B/C-Varianten bis in die jüngste Zeit weiterhin bei zwei Staffeln an zwei verschiedenen Stützpunkten.

bestand aus zwei wärmesuchenden R-3S (AA-2 „Atoll") Luft-Luft-Raketen.

Die MiG-21PF besaß dank ihres RP-21-Sapfir-21-Radars bereits Allwetter-Abfangfähigkeit. Sie unterschied sich von ihren Vorgängerinnen auch durch den Wegfall der Kanonenbewaffnung und einen Rumpf mit längerer Nase und größerem Lufteinlass. Auch das Kabinendach und der Rücken wurden verändert. Eine markante Ausbuchtung hinter dem Cockpit schuf Platz für mehr Kraftstoff. Als Antrieb diente nun ein Tumansky R-11F2S-300-Turbojet mit einem Schub von 60,58 kN. Die Anflugeigenschaften der MiG-21PF wurden mit (von Triebwerks-Zapfluft) „angeblasenen" Landeklappen verbessert. Diese Technik führte zur MiG-21PFS-Version. Ihre Nachfolgerin MiG-21PFM erhielt einen neuen Schleudersitz unter einem zweiteiligen, seitlich befestigten Cockpitdach. Eine Exportversion der MiG-21PF-Serie kam unter der Bezeichnung MiG-21FL heraus. Zu den abgespeckten Systemen zahlte das Radar.

Die MiG-21R war ein MiG-21PFM-Derivat mit Aufklärungsausrüstung in einer Kapsel unter dem Rumpf. Zur Erhöhung ihrer Reichweite bekam sie einen größeren Rückentank und Vorrichtungen für vier Zusatztanks unter den Flügeln.

Die MiG-21 wurde mit Einführung zweier verbesserter „Atoll"-Luft-Luft-Raketenversionen, der wärmesuchenden R-13M und der radargelenkten R-3R, entsprechend umgerüstet und kam 1963

TECHNISCHE DATEN (MIG-21BIS)

Typ	Jagdbomber
Abmessungen	Länge 15,0 m inkl. Pitot Spannweite 7,15 m Höhe 4,13 m
Startgewicht max.	8.725 kg
Antrieb	1 x 69,62 N (15.650 lb) Tumansky R25-300 Turbojet mit Nachbrenner
Höchstgeschwindigkeit	2.237 km/h
Reichweite	1.210 km
Dienstgipfelhöhe	17.800 m (58.400 ft)
Besatzung	1
Bewaffnung	eine 23-mm-Kanone sowie vier Luft-Luft-Raketen oder zwei 500-kg-Bomben

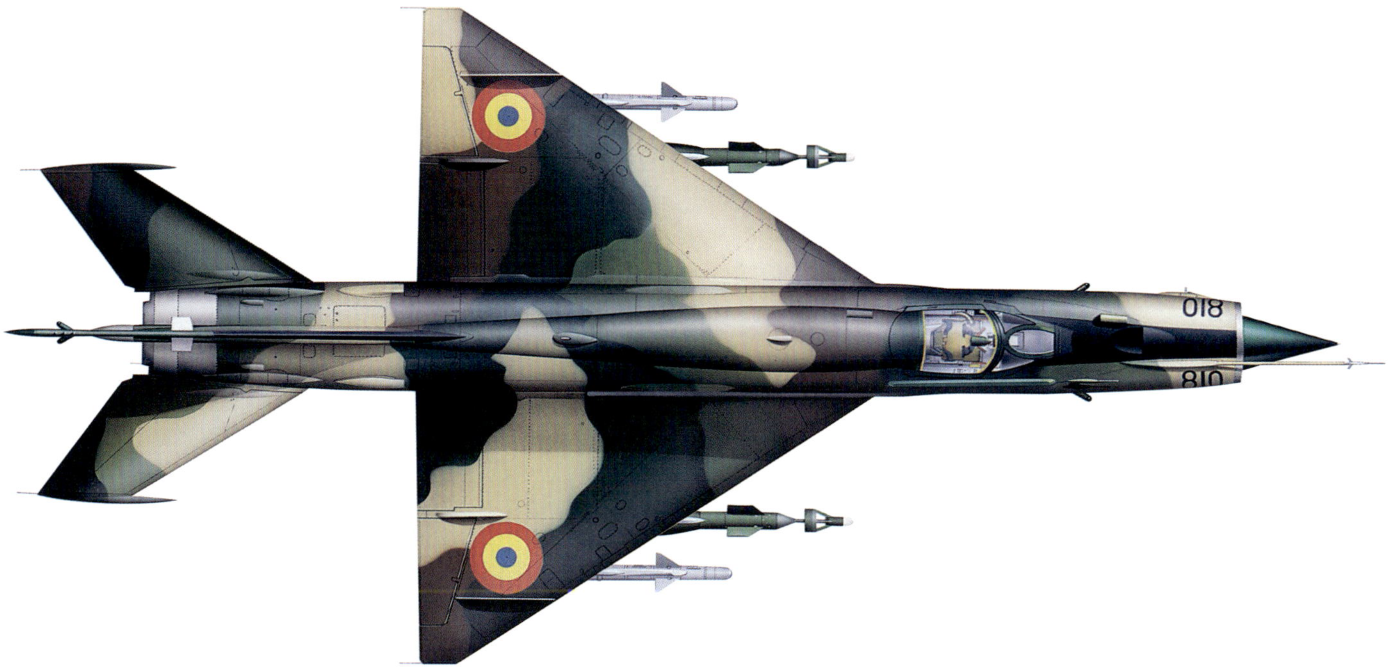

als neue Variante MiG-21S heraus. Die neuen Raketen waren nun mit dem deutlich verbesserten RP-22S-Sapfir-21-Radar gekoppelt. Eine 23-mm-Kanone wurde in einer Rumpfgondel installiert. Die Exportversion MiG-21M bekam als erste eine intern eingebaute 23-mm-Kanone. Sie wurde in Lizenz in Indien hergestellt.

Die MiG-21SM und ihre Exportversion MiG-21MF basierten auf der MiG-21S-Flugzeugzelle und bekamen das neue R-13-300-Triebwerk mit einem (Nachbrenner-)Schub von 65,33 kN. Beide Modelle behielten die eingebaute 23-mm-Kanone. Das MiG-21SMT-Modell und sein seltenes MiG-21MT-Exportderivat verfügten über deutlich mehr Kraftstoff im stark vergrößerten Rumpfrücken. Ihr R-13F-300-Triebwerk lieferte mehr Schub. Die MiG-21SMT („langer Rücken") war auch als nuklear bewaffneter Jagdbomber einsetzbar.

Die letzte „Fishbed"-Version MiG-21bis zielte auf bessere Flugleistungen beim Luftkampf in niedrigen und mittleren Höhen. Ihre wichtigste Neuerung war das aus dem R-13F-300 entwickelte, deutlich stärkere R-25-300-Triebwerk. Die Bewaffnung umfasste die 23-mm-Kanone und wärmesuchende R-60 (AA-8 „Aphid") Luft-Luft-Raketen, von denen bis zu vier Stück zusammen mit einem Paar R-3R oder R-13M getragen werden konnten. Die MiG-21bis bekam ein modifiziertes RP-22S-Sapfir-21-Radar für bessere Look-Down-Fähigkeit. Sie wurde 1972 bei den sowjetischen Streitkräften eingeführt und auch in Indien lange produziert.

ZWEISITZIGE „FISHBEDS"

Bereits 1959 begannen die Arbeiten an einer zweisitzigen Trainerversion der MiG-21, da man es für notwendig hielt, junge Piloten mit dem ersten Mach-2-Jäger der sowjetischen Luftwaffe gründlich vertraut zu machen. Der Ye-6U-Prototyp führte zum Bau der ersten, auf dem MiG-21F-13-Tagjäger basierenden MiG-21U. Im umgestalteten Rumpf befand sich ein zweites Cockpit. Das Kraftstoffsystem musste entsprechend angepasst werden. Zum Luftkampftraining konnte die MiG-21U zwei R-3S Luft-Luft-Raketen und einen Pod mit 12,7-mm-Maschinengewehr tragen. Der überarbeitete Zweisitzer MiG-21U.S. hatte einige Merkmale des Allwetterjägers MiG-21PFM, darunter das stärkere R-11F2S-300-Triebwerk und Flügel mit angeblasenen Klappen. Der letzte „Fishbed"-Trainer war die MiG-21UM auf Basis der MiG-21U.S. mit einem leistungsstärkeren R-13-300-Triebwerk.

McDonnell Douglas F-4 Phantom II (1958)

„Das“ westliche Jagdflugzeug des Kalten Krieges hatte alles: beste Flugleistungen, fortschrittliche Avionik und die Fähigkeit, zahlreiche hochentwickelte Waffen zu tragen. Ursprünglich als Trägerflugzeug für die US-Marine konzipiert, ist die mächtige Phantom bei einigen Luftwaffen noch heute als Jagdbomber und Abfangjäger im Einsatz.

COCKPIT

Der „Backseater“-Arbeitsplatz verfügte über drei Hauptbildschirme, auf denen Informationen vom AN/APR-38 und dem Bedrohungs-Priorisierungssystem angezeigt wurden.

MISSION-SYSTEM

Das Radarwarnsystem AN/APR-38 der F-4G konnte Feuerleitradarsysteme erkennen, identifizieren und nach programmierten Prioritäten sortieren.

BELADUNGSOPTIONEN

Zusätzlich zu den drei verschiedenen Anti-Radar-Raketen konnte die F-4G eine breite Palette von Luft-Boden- und Luft-Luft-Waffen tragen, darunter AGM-65-Maverick-Raketen, Lenkbomben und Streuwaffen.

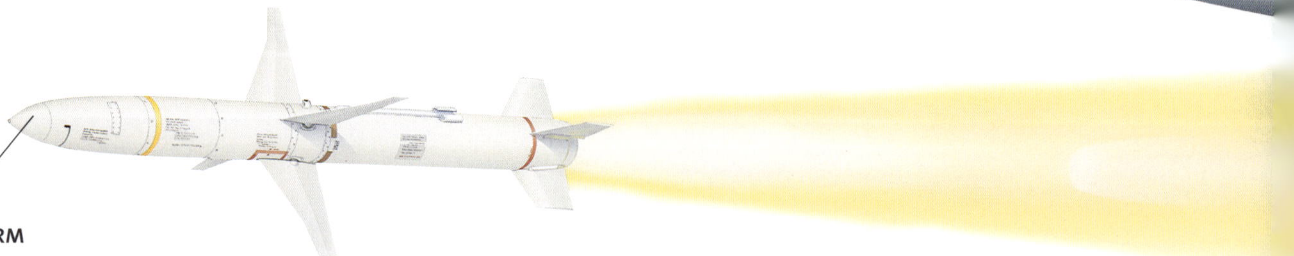

AGM-88 HARM

Die Luft-Boden-Rakete HARM richtet sich automatisch auf feindliche Radargeräte aus, sobald seine Empfänger auf die richtige Wellenlänge abgestimmt sind. HARM soll das gegnerische Radar mit hoher Geschwindigkeit anfliegen und zerstören, bevor es abgeschaltet werden kann.

Das F-4-Projekt begann Mitte der 1950er Jahre als Eigeninitiative der damaligen Firma McDonnell. Sie war von der U.S. Navy als einsitziges Angriffsflugzeug AH-2 vorgesehen, da die F8U Crusader nicht allwettertauglich war. Nach Überarbeitung der Pläne entschied sich die Marine für den F4H-Abfangjäger mit einer reinen Raketenbewaffnung von vier halb im Rumpf eingelassenen Sparrow-III-Luft-Luft-Raketen. Diese sollten vom Waffensystemoffizier auf dem hinteren Sitz mit Hilfe des leistungsstarken Westinghouse-AN/APQ-50-Bugradars ins Ziel geführt werden. Das erste von 23 Erprobungsflugzeugen, eine YF4H-1, machte im Mai 1958 seinen Erstflug.

Die hervorragenden Flugleistungen der Phantom waren den leistungsstarken Twin-Turbojets mit ihren variablen Lufteinlässen und den Schubdüsen mit sorgfältig geregeltem Sekundärstrom zu verdanken. Das erste Serienmodell für die US-Marine, die F4H-1F (im September 1962 umbenannt in F-4A) stellte mehrere Geschwindigkeits- und

Diese F-4G Wild Weasel der 35th Tactical Fighter Wing der USAF (Provisional) war auf der Sheikh Isa Air Base in Bahrain stationiert und nahm 1991 an Operation „Desert Storm" teil. Das Flugzeug gehörte zur 52nd TFW in Deutschland.

„FIN CAP"
Ein Unterscheidungsmerkmal der F-4G war der „Fin Cap"-Behälter auf der Seitenflosse, ein Pod für Empfänger des AN/APR-38-Systems. 52 separate Empfänger waren über die Flugzeugzelle verteilt, einige davon zusammen im großen Kinn-Pod der Phantom.

Drei Ansichten einer überarbeiteten F-4EJ Kai der 8 Hikotai der Japan Air Self-Defense Force in Misawa. Zu den Einsatzrollen dieser Einheit zählten Bodenangriffe und die Bekämpfung gegnerischer Schiffe.

Steigzeit-Weltrekorde auf. Als nächstes kam die F-4B, von der 649 Exemplare gebaut wurden. Das B-Modell hatte eine gewölbte Nase mit einem AN/APQ-72-Radar und einen erhöhten Rücksitz. Die F-4B kam erstmals im August 1962 auf Flugzeugträgern zum Einsatz und wurde bald zum Standard-Allwetterjäger der U.S. Navy und des Marine Corps. Zu ihren Varianten zählten die F-4G mit unterschiedlicher Funkausrüstung und 46 unbewaffnete RF-4B-Aufklärungsflugzeuge für die Marines. 1965 erschien die überarbeitete F-4J für die U.S. Navy. Sie hatte das Feuerleitsystem AN/AWG-10, stärkere Triebwerke, einen zusätzlichen Treibstofftank, ein geschlitztes Höhenleitwerk, symmetrische Querruder-Auslenkung nach unten, größere Räder und Bremsen und – etwas später – an der Spitze der Heckflosse einen Behälter für elektronische Gegenmaßnahmen. 552 F-4J wurden für die Navy und das USMC gebaut und später mit Vorflügeln und verbesserter Avionik zu F-4S aufgerüstet. Ein ähnliches Upgrade der F-4B brachte die F-4N-Variante hervor.

TECHNISCHE DATEN (F-4B)

Typ	Trägergestütztes Allwetter-Jagdflugzeug
Abmessungen	Länge 17,75 m Spannweite 11,71 m Höhe 4,95 m
Startgewicht max.	24.766 kg
Antrieb	2 x 75,4 kN (17,000 lb) General Electric J79-GE-8B Turbojet
Höchstgeschwindigkeit	2.390 km/h
Reichweite	3.701 km
Dienstgipfelhöhe	18.900 m (62.000 ft)
Besatzung	2
Bewaffnung	vier AIM-7-Sparrow-Luft-Luft-Raketen und bis zu vier AIM-9B/D-Sidewinder-Luft-Luft-Lenkwaffen, sowie bis zu 7.257 kg weitere Ladekapazität

Die USAF stellte die Phantom zuerst als F-4B in Dienst, eine minimal geänderte Version der F-4B mit AN/APG-72-Radar. Es folgten die für Landeinsätze modifizierte F-4D mit dem AN/APG-109A-Radar, das für Bodenangriffe optimiert war.

Durch Erfahrungen aus dem Vietnamkrieg setzte die USAF die F-4E ein, die ein modernes AN/APG-120-Radar, mehr Leistung, zusätzlichen Treibstoff, eine eingebaute 20-mm-Gatling-Kanone und Vorflügel für verbesserte Manövrierfähigkeit in großen Höhen besaß. Insgesamt wurden 1397 F-4E gebaut, was dieses Modell zur meistproduzierten Phantom-Variante macht.

Aufklärungsversionen waren die RF-4C (für die USAF), die bereits erwähnten RF-4B (für die Marines) und die Exportversion RF-4E. Die erste RF-4C flog im August 1963, gefolgt von der Produktion von über 500 Flugzeugen, von denen das letzte 1974 an die USAF übergeben wurde. Die RF-4C trug den größten Teil ihrer Spezialausrüstung von Kameras und weiteren Sensoren in einer umgebauten Bugsektion. Auf diese Version folgte verwirrenderweise die RF-4B. 46 Exemplare der RF-4C wurden an die Marines geliefert. Die RF-4E ging zunächst nach Westdeutschland, später in einer sehr erfolgreichen Exportserie

Die F-4EJ Kai kann mit der ASM-2-Rakete gegen Schiffe ausgerüstet werden, die hier unter der Tragfläche zu sehen ist. Es handelt sich um eine turbostrahlbetriebene Waffe mit Infrarotführung.

von über 160 Flugzeugen auch nach Griechenland, in den Iran, nach Israel, Japan und in die Türkei.

Die Phantom trat als Marineversion F-4K für den Fleet Air Arm der Royal Navy in britische Dienste. Das Flugzeug mit der britischen Bezeichnung Phantom FG.Mk 1 bekam Rolls-Royce-Spey-Triebwerke, ein AWG-11-Radar unter einem Scharnierbug und ein längeres Bugrad-Fahrwerk. Insgesamt 24 Phantoms dienten beim Fleet Air Arm. Die Royal Air Force erwarb weitere Phantom FGR.Mk 2 mit der ursprünglichen Bezeichnung F-4M.

Eine wichtige Exportversion für Deutschland war die F-4F. Sie erhielt im Rahmen des Improved Combat Efficiency (ICE)-Programms AIM-120-AMRAAM-Raketen und das moderne AN/APG-65-Radar. In Japan baute Mitsubishi die Version F-4EJ, von der einige Exemplare später als F-4EJ Kai mit AN/APG-66J-Radar und modernisierter Avionik aufgerüstet wurden. Israel, einer der aktivsten Phantom-Betreiber, entwickelte seine Flotte zur Kurnass-2000-Variante weiter. Sie erhielt noch bessere Bodenangriffsfähigkeiten, ein neues Cockpit und aktuelle Avionik.

Die Phantom zeichnete sich bei US-Kampfeinsätzen in Südostasien, israelischen Kriegshandlungen im Nahen Osten und während des Iran-Irak-Krieges als zuverlässiges Kampfflugzeug aus. Nach dem Bau von insgesamt 5.057 Phantoms ist dieses Muster noch in Griechenland, im Iran, in Japan, Südkorea und der Türkei im Einsatz.

WILD WEASEL

Der letzte zweckgebundene Untertyp der Phantom II in US-Diensten war die F-4G der Air Force. Sie wurde für die „Wild Weasel"-Rolle zur Ausschaltung bodengestützter Flugabwehr entwickelt, bei der sie feindliche Radargeräte erkannte, klassifizierte und zerstörte. Diese gefährliche und anspruchsvolle Mission stammte aus dem Vietnamkrieg und wurde anfangs von speziell ausgerüsteten F-100 Super Sabre und F-105 Thunderchief wahrgenommen. In den Jahren 1968-69 wurden 35 F-4C-Phantom für diese Rolle umgebaut. Die Anforderungen an die „Advanced Wild Weasel" (später: F-4G) wurden 1975 definiert. Sie entstand aus umgerüsteten F-4E und verfügte über ein AN/APR-38-Radar-Zielsuch- und Warnsystem, Analysator, Störsender und Anti-Radar-Waffen wie AGM-45 Shrike, AGM-78 Standard und die AGM-88 HARM. Nach den erforderlichen 116 Umbauten kam die F-4G 1978 in den Einsatz, darunter auch in Westdeutschland.

Lockheed SR-71 „Blackbird“ (1962) 

Das im Volksmund „Blackbird“ (Amsel) genannte Flugzeug geriet 1964 erstmals ins Licht der Öffentlichkeit. Es war das schnellste je gebaute bemannte Fortbewegungsmittel mit luftatmenden Antrieben. Die Mach3+-fähige SR-71 diente der USAF während des Kalten Krieges als strategische Aufklärungsplattform und war immun gegen Abfangversuche.

Die Existenz der beeindruckenden SR-71 wurde erstmals im Februar 1964 öffentlich zugegeben. US-Präsident Lyndon B. Johnson räumte ein, dass die USAF ein neues Hochgeschwindigkeits-Aufklärungsflugzeug mit der Bezeichnung A-11 betrieb. Er gab bekannt, dass das Flugzeug Geschwindigkeiten von über 2.000 Meilen pro Stunde (3.219 km/h) erreichen und in Höhen von über 70.000 ft (21.335 m) fliegen konnte. Die unglaubliche Geschwindigkeit und Leistung des Flugzeugs sorgten dafür, dass es praktisch außerhalb der Reichweite bemannter Abfangjäger und der immer leistungsfähigeren Boden-Luft-Raketen blieb. Immerhin war Gary Powers' Spionageflugzeug Lockheed U-2 im Mai 1960 über der Sowjetunion abgeschossen worden.

Das einsitzige Aufklärungsflugzeug machte im April 1962 seinen Erstflug. Die der Öffentlichkeit präsentierte „A-11“-Bezeichnung war irreführend, denn das später „Blackbird“ getaufte Flugzeug ging als A12 in den Dienst. Insgesamt 15 Exemplare wurden fertiggestellt. Ihre Piloten gehörten der USAF und der Central Intelligence Agency (CIA) an. Zwei A-12 wurden auf den M-21-Drohnenträgerstandard umgerüstet, eine weitere erhielt für Trainingszwecke ein zweites Cockpit. Die A-12 diente auch als Basis für den Hochgeschwindigkeits-Abfangjäger YF-12A. Drei Prototypen wurden von der USAF erprobt, bevor das Programm eingestellt wurde.

Der Entwurf des CIA-Spezialflugzeugs A12 stammte vom berühmten Konstrukteur Clarence „Kelly“ Johnson. Ursprünglich sollte es unter der Bezeichnung RS-12 als zweisitziges Angriffs/Aufklärungsflugzeug für die USAF fliegen. Von der RS-12 und dem Einzelrollenaufklärer R-12 entstanden Demonstrationsmodelle. Die USAF wählte die R-12 für die weitere Entwicklung

FRONTSCHEIBE

Einer der heißesten Teile der Flugzeugzelle, die „Messerkanten“-Windschutzscheibe, bestand aus speziellen, hochtemperaturbeständigen Glas- und Kunststofflaminaten.

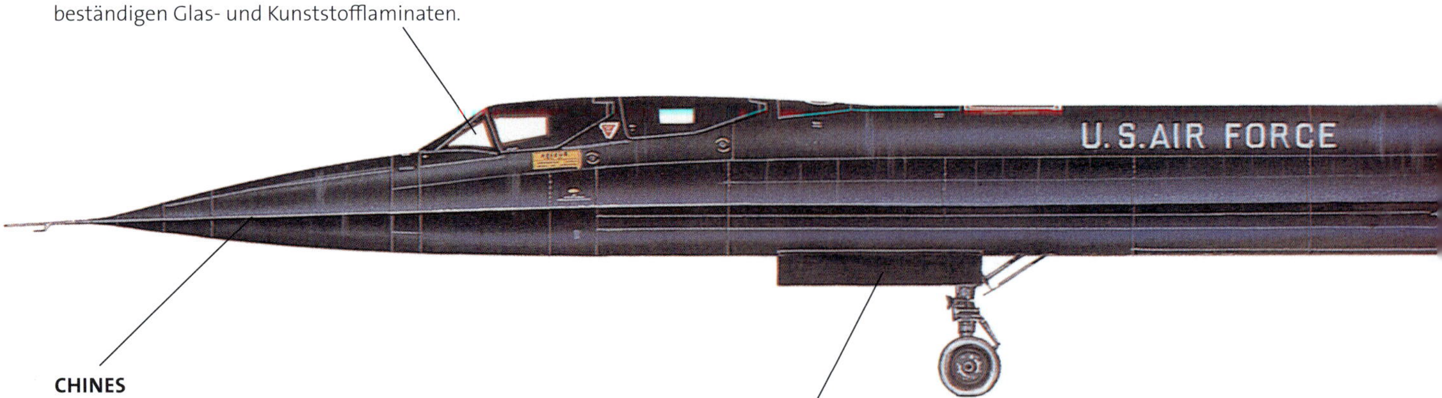

CHINES

Scharfe aerodynamisch geformte Kanten (Chines), die von beiden Seiten der Nase entlang des Rumpfes nach hinten führen, sorgten für zusätzlichen Auftrieb. Sie verringerten den Luftwiderstand und verbesserten die Richtungsstabilität.

SENSORBUCHTEN

In vier Fächern war je eine austauschbare Palette mit Sensoren untergebracht, darunter Kameras, Seitensichtradar, Infrarot-Zellenkamera und Empfänger für elektronische Aufklärung.

Die 64-17978 war eine SR-71A der 9th Strategic Reconnaissance Wing und die erste von drei „Blackbirds“. Sie ging während der ersten Einsatzphase in den Fernen Osten und flog im März 1968 von der Beale AFB nach Okinawa.

TRIEBWERKE

Der Pratt & Whitney J58-Motor war eine verkleinerte Version des für den XB-70-Bomber entwickelten JT9. Seine Besonderheit war der Dauerbetrieb bei Mach 3.

FAHRWERK

Der SR-71 verwendete ein Bugradfahrwerk mit drei Rädern an jeder Hauptradstrebe. Die Reifen waren mit Aluminium beschichtet, um die Wärme beim Einfahren zu reflektieren.

Lockheed SR-71 „Blackbird“ (1962)

Die Frontansicht des SR-71A zeigt die riesigen, in die Flügelvorderkanten übergehenden Triebwerksgondeln und die breiten Chines, die den Rumpf in die Vorderkanten führten.

aus. Eine Angriffsversion wurde schließlich aufgegeben, da die USAF bereits die North American XB-70 und den F-111-Bomber von General Dynamics erhalten sollte.

Aus der R-12 wurde die SR-71A, und mit dieser Bezeichnung trat das Flugzeug in den USAF-Dienst ein. 29 Exemplare und zwei SR-71B-Crew-Trainer mit Doppelsteuerung wurden fertiggestellt. Einer davon ging bei einem Unfall verloren und wurde durch einen SR-71C-Crew-Trainer ersetzt, der unter Verwendung des hinteren Rumpfteils einer YF-12A entstand.

Das Geheimnis der beeindruckenden Leistung des SR-71 lag in ihren innovativen Designmerkmalen. Die weitgehend aus Titan bestehende Konstruktion hielt der Reibungswärme stand und schützte die Struktur auch bei Geschwindigkeiten über Mach 3. Bei solchen Flügen wurden Teile der Flugzeugzelle auf Temperaturen von 3.000 Grad Celsius erhitzt. Zur Verringerung des Luftwiderstands hatte Johnsons Entwurf einen schlanken Rumpf und sehr dünne Deltaflügel. Integrierte Auftriebsflächen im vorderen Rumpf, sogenannte Chines, sollten verhindern, dass sich die Flugzeugnase bei hoher Geschwindigkeit nach unten neigte. Die SR-71 wurde von zwei Pratt & Whitney J58-Turbojets mit kontinuierlicher Triebwerk-Zapfluft am Nachbrenner auf Mach 3 beschleunigt. Sobald das Flugzeug diese Geschwindigkeit erreichte, lieferten die Triebwerke nur 18 Prozent des erforderlichen Gesamtschubs. Der Rest stammte aus der Saugwirkung in den Triebwerkseinlässen und aus speziellen Schubdüsen hinter den achtrohrigen Brennkammern.

Für den Piloten schien die „Blackbird“ keine Gnade zu kennen, denn sie verlangte absolute Konzentration. Ein ehemaliges Besatzungsmitglied der SR-71A erinnert sich: „Bei 85.000 Fuß (25.908 m) und Mach 3 war es fast eine religiöse Erfahrung. Nichts hatte mich darauf vorbereitet, so schnell zu fliegen... Mein Gott, ich bekomme immer noch Gänsehaut, wenn ich mich daran erinnere.“ Bei Auffassung einer Gegner-Rakete leuchtete ein Warnlicht auf dem Bedienfeld auf. Die SR-71A musste einfach nur beschleunigen, aus der Gefahrenzone verschwinden und die Rakete in der Ferne explodieren lassen. Nur ein einziges Mal wurde eine SR-71A durch eine feindliche Rakete leicht beschädigt.

TECHNISCHE DATEN (SR-71A)

Typ	Strategisches Aufklärungsflugzeug
Abmessungen	Länge 32,74 m Spannweite 16,94 m Höhe 5,64 m
Startgewicht max.	78.017 kg
Antrieb	2 x 144,57 kN (32,500 lb) Pratt & Whitney J58 Turbojet mit Nachbrenner
Höchstgeschwindigkeit	Mach 3,35 bei 24.385 m (80.000 ft)
Reichweite	5.230 km bei Mach 3
Dienstgipfelhöhe	24.385 m (80.000 ft)
Besatzung	2
Bewaffnung	keine

Als 1997 die Spannungen wegen des nordkoreanischen Kernwaffenprogramms zunahmen, wurden zwei SR-71As kurzzeitig reaktiviert. Ein Jahr später stellte man das Programm wieder ein.

1966 kam die SR-71A zur U.S. Air Force. Im Juni 1968 wurden die letzten A-12 ausgemustert. Die Blackbird-Flotte operierte von der Beale Air Force Base (Kalifornien) und den Übersee-Einsatzorten in Kadena (Okinawa, Japan) und RAF Mildenhall (Großbritannien) aus. Sie war während des Kalten Krieges über verschiedenen Kriegsschauplätzen, Krisenherden und anderen Gebieten aktiv. Im Oktober 1989 wurde die SR-71A-Flotte stillgelegt. Nach dem Golfkrieg von 1991 wurden zwei Exemplare reaktiviert. Im Jahre 1998 musterte die USAF ihre Blackbird aber endgültig aus.

DROHNENTRÄGER

Zwei A-12-Aufklärungsflugzeuge der ersten Charge wurden zu M-21-Drohnenträgern umgebaut. Sie dienten als Mutterschiffe für die D-21-Drohne. Sie war ein streng geheimes Mittel zur Informationsgewinnung und wurde vom Heck der M-21 aus gestartet. Die aus Titan gebaute D-21 erreichte mit einem Staustrahltriebwerk Mach 3,3 und eine Höhe von 90.000 ft (27.432 m). Ein Spezialist im hinteren Cockpit der A-12 steuerte die Drohne. 30 Exemplare der D-21 wurden im Rahmen des Tagboard-Programms fertiggestellt. Der erste Start erfolgte im Juli 1966. Beim vierten Start trennte sich die Drohne bei einer Geschwindigkeit von Mach 3,2 nicht von der A-12 und schlug nach unten auf den Startmast. Das Flugzeug ging sofort in einen unkontrollierbaren Steigflug und stürzte ab. Beide Besatzungsmitglieder kamen ums Leben. Nach diesem Unfall wurde das M-21/D-21-Programm abgebrochen.

General Dynamics F-111 (1964) 

Dieses umstrittene Flugzeug durchlief eine schwierige Entwicklung. Bei Kampfeinsätzen gab es anfangs hohe Verluste. Gründlich überarbeitet, mauserte es sich zum wohl leistungsstärksten Präzisionsangreifer seiner Zeit. Die F-111 war unter anderem in Vietnam, Libyen und im Irak im Einsatz.

Im Jahre 1960 gab die USAF Spezifikationen ihres Tactical Fighter Experimental (TFX) -Programms für ein Flugzeug mit beträchtlicher Reichweite bekannt. Es hatte zur Folge, dass die spätere F-111 alles andere als ein Jäger wurde. Das Modell von General Dynamics war der weltweit erste Überschall-Jagdbomber mit einer ausgeklügelten Avionik und Waffen, die Ziele bei einem einzigen Angriff unter allen Wetterbedingungen präzise bekämpfen konnten. Dank großzügiger Treibstoffkapazität hatte die F-111 eine größere Reichweite als jedes andere Flugzeug im Tactical Air Command.

Nachdem sich die F-111 gegen einen konkurrierenden TFX-Entwurf von

LUFTBETANKUNG
Über dem Rumpf befand sich der Anschluss für einen „Flying Boom" zur Luftbetankung. Eine Sonde-und-Fangtrichter-Betankung war nicht vorgesehen.

LANDEKLAPPEN
Die gesamte Hinterkante des Schwenkflügels war mit einer kräftigen, doppelt geschlitzten Landeklappe versehen. Sie diente zur Erhöhung des Auftriebs und (bei hohen Anstellwinkeln) des Luftwiderstands.

SCHUBDÜSEN
Die voll verstellbaren Schubdüsen besaßen einen ungewöhnlichen „Schwanzfeder"-Ring, der beim Start – wie hier zu sehen – zur Widerstandsverringerung nach hinten fuhr.

FAHRWERK
Das robuste Hauptfahrwerk hatte große Niederdruckreifen. Die Kombination mit Langhub-Federbeinen ermöglichten Landungen mit hoher Masse, ohne wie üblich auszuschweben.

Boeing durchgesetzt hatte, machte sie im Dezember 1964 den Erstflug. Sie war das erste Serienflugzeug mit variabler Geometrie („Schwenkflügeln"). Diese Konfiguration ermöglichte eine hohe Überschallgeschwindigkeit und wirtschaftlichen Reiseflug, eine große Reichweite und relativ kurze Start- und Landefahrten bei hoher Abflugmasse. Die F-111 besaß Turbofan-Triebwerke mit Nachbrenner und ein Geländeverfolgungsradar. Besonders ungewöhnlich war, dass die beiden Besatzungsmitglieder Seite an Seite in einer abwerfbaren

Zwei Ansichten der F-111F des Kommandanten der 48th Tactical Fighter Wing. Dieses Flugzeug war in RAF Lakenheath (England) stationiert. Etwa 67 F-111F der Einheit wurden 1991 auf die Taif Air Base in Saudi-Arabien verlegt, wo sie im Rahmen der Operation „Desert Storm" rund 2.500 Einsätze flogen.

RADOM

Das Radargehäuse beherbergte das Multimode-Radar General Electric AN/APQ-114 sowie das Terrain-Following-Radar vom Typ Texas Instruments AN/APQ-146.

INNERE WAFFENBUCHT

Die innere Waffenbucht wurde hauptsächlich für den Transport von zusätzlichem Treibstoff oder für Zusatzausrüstung wie die elektrooptische Zielkapsel Pave Tack (F-111F) genutzt.

F-111F der 48. TFW wurden fast ausschließlich zum Abwerfen lasergelenkter Bomben während der Operation „Desert Storm" eingesetzt, in diesem Fall 2.000-Pfund-GBU-24 Paveway III mit Penetrator-Sprengköpfen.

Cockpitkapsel saßen, die auch als Rettungsinsel und Notunterkunft dienen konnte. Das Fahrwerk besaß große Räder und war robust genug für begrenzte Operationen von unvorbereiteten Startbahnen. Eine kleine Waffenbucht im unteren Rumpf diente in der Praxis meist zum Transport von Treibstoff. Waffen wurden an Trägern unter den Tragflächen geladen.

Da die U.S. Navy nach einem Jagdflugzeug-Nachfolger für die F-4 Phantom II suchte, entschied sich das US-Verteidigungsministerium für eine gemeinsame TFX-Programmplanung der Navy und Air Force. Obwohl die konkurrierenden Teilstreitkräfte von der Idee nicht begeistert waren, wurde sie durchgesetzt, was zur Marine-Version F-111B führte. Laut einem Vertrag vom November 1962 sollte General Dynamics 23 Flugzeuge produzieren, darunter 18 F-111A für TAC. Fünf F-111B sollten hauptsächlich von Grumman für die Marine entwickelt werden. Die F-111B erwies sich als schwergewichtig und leistungsschwach. Da keine Aussicht auf Verbesserung bestand, wurde die Entwicklung der Marineversion des TFX im Juli 1968 eingestellt. Die Navy hatte 231 Serienexemplare eingeplant, doch nur sieben F-111B einschließlich der fünf Entwicklungsflugzeuge wurden fertiggestellt.

Frühe Erfahrungen mit der 141 Mal gebauten Erstserie F-111A offenbarten Probleme mit der Avionik, den Triebwerken und Lufteinlässen, die durch Modifikationen behoben werden konnten. Die F-111A machte im Dezember 1964 den Erstflug und wurde im Oktober 1967 bei der 474. Tactical Fighter Wing in Dienst gestellt. Beim ersten Vietnam-Einsatz im März 1968 gingen innerhalb weniger Wochen drei von sechs Flugzeugen verloren. Die zweite Produktionsversion F-111E (94 Flugzeuge) bekam Modifikationen an Lufteinlässen und Avionik. Es folgten 96 Jets der F-111D-Version mit modernisierter Avionik und zwei 87,19 kN leistenden TF30-P-9-Triebwerken, als Ersatz für die TF30-P-3 (82,29 kN) der Vorgängermodelle.

Die endgültige Version für das Tactical Air Command war die F-111F. 106 Flugzeuge mit stärkeren Triebwerken einem weiteren Avionik-Update wurden davon gebaut. Die Avionikausrüstung der F-111F war schlichter als die der F-111D, dafür einfacher zu warten. Diese Version enthielt zur Verbesserung

TECHNISCHE DATEN (F-111F)

Typ	Allwetter-Kampfflugzeug zur Gefechtsfeldabriegelung
Abmessungen	Länge 22,40 m Spannweite 19,20 m Höhe 5,22 m
Startgewicht max.	45.359 kg
Antrieb	2 x 111,65 kN (25,100 lb) Pratt & Whitney TF30-100 Turbofan mit Nachbrenner
Höchstgeschwindigkeit	2.655 km/h bei 12.190 m
Reichweite	4.707 km
Dienstgipfelhöhe	18.290 m (60.000 ft)
Besatzung	2
Bewaffnung	insgesamt bis zu 14.228 kg Ladekapazität im unteren Rumpf sowie in sechs Unterflügel-Pylonen

des Schub-Gewichtsverhältnisses deutlich stärkere TF30-P-100-Triebwerke.

Die FB-111A war ein strategischer Bomber für den Strategic Air Command (SAC). Er besaß Tragflächen mit größerer Spannweite und ein verstärktes Fahrwerk für höhere Nutzlast. Der SAC erhielt 76 FB-111A, ausreichend für zwei Bombergeschwader. Die Flugzeuge konnten in der nuklearen Angriffsrolle zwei interne B43-Freifall-Atombomben mit wählbarer Sprengkraft oder AGM-69-Kurzstreckenangriffsraketen (SRAMs) sowie weitere vier SRAMs unter den Flügeln tragen.

Der FB-111-Flügel mit größerer Spannweite wurde auch bei der F-111C-Variante für die Royal Australian Air Force (RAAF) eingerüstet. Die F-111 der RAAF, zu denen auch RF-111C-Aufklärer und F-111G (überarbeitete ehemalige SAC FB-111A) zählten, wurden als weltweit letzte fliegende F-111-Exemplare im Dezember 2010 außer Dienst gestellt.

Die jüngsten Mitglieder der USAF-F-111-Familie waren EF-111A Raven. Diese Spezialflugzeuge für elektronische Kriegsführung entstanden bei Northrop Grumman durch den Umbau von 42 Exemplaren der F-111A.

F-111 IN ENGLAND

Eine F-111 der 20th Tactical Fighter Wing wirft im Foto unten ungelenkte Bomben über einem Schießgebiet in Großbritannien ab. Diese Einheit auf RAF Upper Heyford war das erste von zwei USAF F-111-Geschwadern im Vereinigten Königreich und bekam ihre ersten F-111E im September 1970. Sechs Jahre später stieg die Zahl der „Erdferkel" in Großbritannien erheblich an, als die 48th Tactical Fighter Wing das neueste F-111F-Modell auf RAF Lakenheath einführte. Die F-111-Flotte dieser Einheit in Großbritannien machte im April 1986 mit Angriffen auf Libyen im Rahmen der Operation „El Dorado Canyon" Schlagzeilen. 18 F-111F starteten von Lakenheath, unterstützt durch fünf EF-111As von Upper Heyford, die für elektronische Kampfführung zuständig waren. Mit Unterstützung von 28 Tankflugzeugen führten die mit 2000-Pfund-LGB-Bomben und „dummen" 500-Pfund-Bomben beladenen Flugzeuge ihren Auftrag aus. Sie zerstörten fünf libysche Il-76-Transporter, vier MiG-23-Jäger und zwei Mi-8 Hubschrauber. Ein Flugzeug der 48th TFW ging beim Verlassen des Kampfgebiets verloren. Nach Abschluss der Operation „Desert Storm" wurden die F-111 zurück in die USA verlegt. Die letzten F-111E verließen Upper Heyford 1993.

Lockheed C-5 Galaxy (1968)

Bis zur Indienststellung der Antonow An-124 war die C-5 Galaxy das größte Flugzeug der Welt. Sie ist noch immer der größte und einzige strategische Lufttransporter der U.S. Air Force. Die aktuelle Variante C-5M Super Galaxy soll über 2040 hinaus im Einsatz bleiben.

Seit Inbetriebnahme der C-5 im Jahre 1970 hat der Transporter an allen größeren US-Militäroperationen einschließlich Vietnam, Operation „Desert Storm“ und Operation „Enduring Freedom“ maßgeblich mitgewirkt und bei Naturkatastrophen auf der ganzen Welt humanitäre Hilfe geleistet. Sie kann 36 Standardpaletten und 81 Soldaten gleichzeitig transportieren und selbst so sperrige Gegenstände wie eine 74 Tonnen schwere mobile Scherenbrücke von A nach B befördern. Die Galaxy schleppt übergroße und überschwere Fracht über interkontinentale Strecken und startet oder landet auf relativ kurzen Bahnen. Dank ihrer vorderen und hinteren Frachttüren kann sie gleichzeitig be- und entladen werden, was die Bodenzeiten entscheidend verkürzt.

Die Entwicklung der C-5 Galaxy begann 1963, als der damalige Military Air Transport Service (MATS) nach Optionen für ein sehr großes strategisches Frachtflugzeug suchte. Das neue Flugzeug mit der Projektbezeichnung CX-4 sollte zunächst eine maximale Startmasse von 600.000 Pfund (272.160 kg) haben. Die Pläne wurden überarbeitet, um die CX-HLS-Spezifikation mit einer Nutzlast von 56.700 kg (125.000 lb) über eine Entfernung von 12.875 km (8.000 Meilen) zu erfüllen. Unter den 1964 vor-

Eine C-5B Galaxy der 436th Military Airlift Wing der USAF im Tarnschema European One „Lizard“ (Eidechse), wie es in den 1980er Jahren getragen wurde. Das B-Modell ähnelte im wesentlichen der C-5A mit einigen Modifikationen.

TRIEBWERK
Die vier General Electric TF39-GE-1C sind Zweiwellen-High-Bypass-Turbofan-Triebwerke mit einem zweistufigen Fan und einem 16-stufigen Axialkompressor. Der hintere Teil der Verkleidung dient als Schubumkehrer.

FAHRWERK
Das Gewicht ist auf fünf Fahrwerkssätze mit insgesamt 28 Rädern verteilt. Ein „Einknick“-System ermöglicht das Absenken des geparkten Flugzeugs zum Be- und Entladen von Fahrzeugen und passt den Ladeboden an die Standardhöhe der LKW-Ladefläche an.

gelegten Entwürfen von Boeing, Douglas und Lockheed wählte die Air Force nach eingehender Untersuchung ein Jahr darauf den Lockheed-Plan zur Entwicklung aus.

Lockheed begann 1966 mit dem Bau eines Prototyps, der im Juni 1968 seinen Erstflug absolvierte. Die ersten Lieferungen an das Military Airlift Command (MAC) begannen im Juni 1970. Der erste Betreiber war die 437th Airlift Wing auf der Charleston Air Force Base in South Carolina. Ursprünglich waren 115 C-5A zur Erstproduktion geplant, aber das Programm lag bereits weit über dem Budget. So wurde beschlossen, die Produktion auf nur 81 Flugzeuge zu beschränken. Das letzte Exemplar wurde im Mai 1973 ausgeliefert.

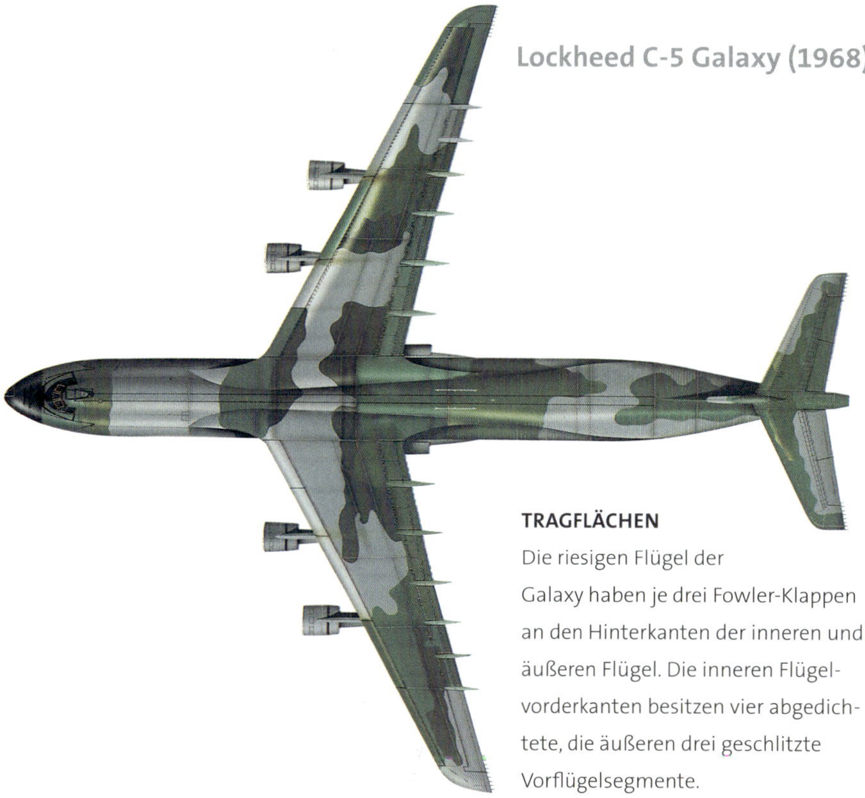

TRAGFLÄCHEN

Die riesigen Flügel der Galaxy haben je drei Fowler-Klappen an den Hinterkanten der inneren und äußeren Flügel. Die inneren Flügelvorderkanten besitzen vier abgedichtete, die äußeren drei geschlitzte Vorflügelsegmente.

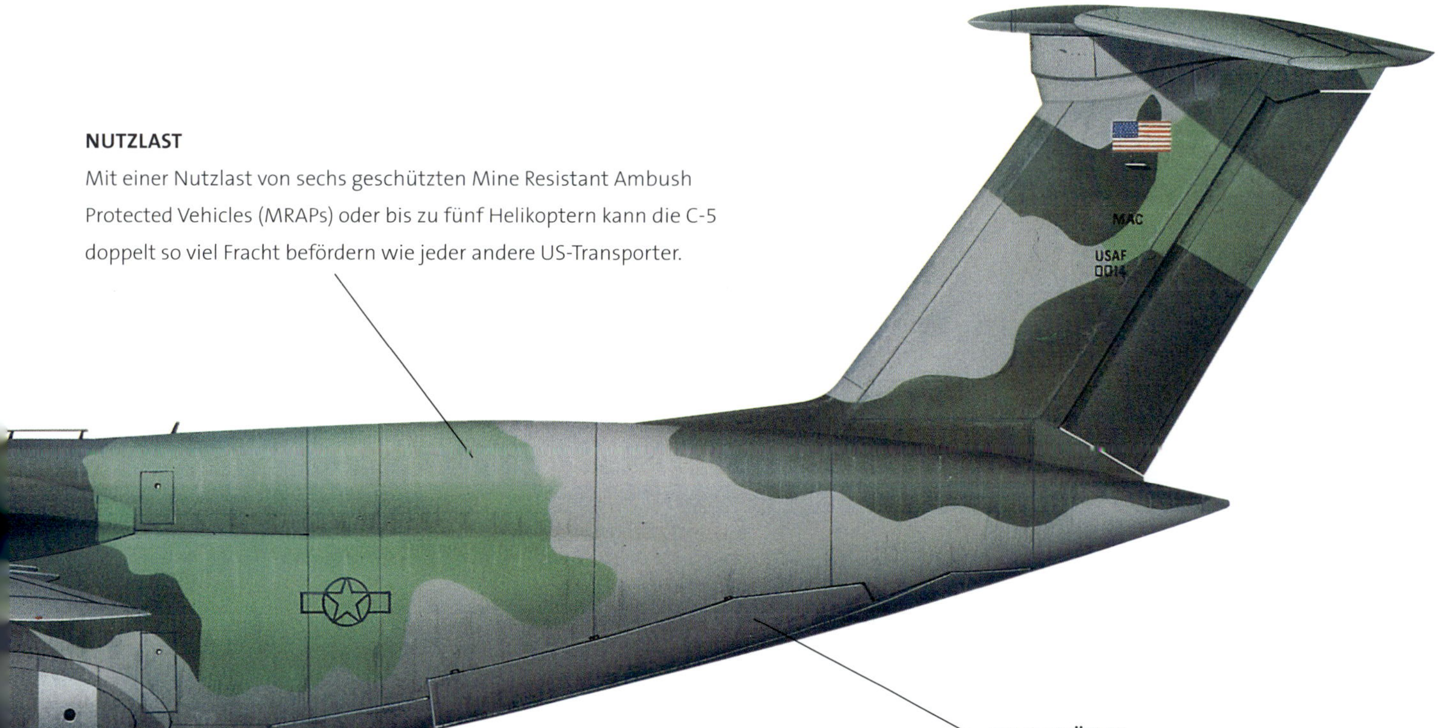

NUTZLAST

Mit einer Nutzlast von sechs geschützten Mine Resistant Ambush Protected Vehicles (MRAPs) oder bis zu fünf Helikoptern kann die C-5 doppelt so viel Fracht befördern wie jeder andere US-Transporter.

FRACHTTÜREN

Die Bug- und Hecktüren öffnen sich für schnelle und einfache Beladung über die volle Breite und Höhe des Laderaums.

TRUPPENTRANSPORTER

Alternativ zur typischen Zuladung von bis zu 100.228 kg kann die C-5 auch bis zu 350 voll ausgerüstete Soldaten befördern.

Eine Galaxy lässt das Personal der 445th Airlift Wing der USAF bei der Indienststellung der ersten von elf C-5 im Oktober 2005 winzig erscheinen. Die Einheit gehört als Command Wing zur Air Force Reserve und betrieb zuvor die Lockheed C-141 Star Lifter.

TECHNISCHE DATEN (C-5A)

Typ	Strategisches Transportflugzeug
Abmessungen	Länge 75,54 m Spannweite 67,88 m Höhe 19,85 m
Startgewicht max.	348.810 kg
Antrieb	4 x 191,27 kN (43,000 lb) General Electric TF39-GE-1C Turbofan
Höchstgeschwindigkeit	890 km/h bei 7.620 m
Reichweite	6.035 km mit max. Nutzlast von 100.228 kg
Dienstgipfelhöhe	10.360 m (34.000 ft)
Besatzung	5
Bewaffnung	keine

Die Galaxy kam in den letzten drei Jahren des Vietnamkriegs stark zum Einsatz und beteiligte sich während des Nahost-Krieges im Oktober 1973 an der Versorgung Israels. Anfangs zeigten sich vielfältige technische Probleme. Besonders besorgniserregend waren Anzeichen von Materialermüdung im Bereich der Flügel-Mittelstruktur.

Zur Abhilfe des Mangels erhielt Lockheed 1978 einen Auftrag über die Konstruktion neuer Tragflächen. Nach erfolgreichen Tests an zwei Flugzeugen gingen die verbleibenden 77 C-5A nach und nach zur Umrüstung nach Marietta, um die ursprünglich geplante

Lebensdauer von 20.000 Stunden zu gewährleisten.

Um der steigenden Lufttransport-Nachfrage der USAF gerecht zu werden, wurde die Produktion der Galaxy mit der C-5B wieder aufgenommen. Im März 1989 kam das letzte von 50 B-Modellen zu den noch im Dienst verbliebenen 76 C-5A. Die aktuelle Variante besaß neben dem neuen Flügel über 100 Systemmodifikationen zur Erhöhung der Zuverlässigkeit und Vereinfachung der Wartung.

Im Jahre 1998 war die restliche Lebensdauer der C-5-Flugzeugzellen einer Untersuchung zufolge auf 80 Prozent gesunken, und AMC startete ein Modernisierungsprogramm. Es brachte ein Update der Sicherheits-, Kommunikations-, Navigations- und Sekundärradar-Ausrüstung und einen neuen Autopiloten.

Zur laufenden C-5-Modernisierung gehört das Reliability Enhancement and Re-Engineering Program (RERP). In dessen Rahmen erhielten 52 C-5 (darunter eine C-5A, zwei C-5C und vier C-5B) bis 2017 CF6-80C2-Triebwerke von General Electric. Sie boten eine 22-prozentige Schubsteigerung, etwa 30 Prozent weniger Startstrecke und eine um 58 Prozent erhöhte Steigrate. Neue Triebwerke und weitere System-Upgrades machten die RERP-modifizierten C-5 des derzeitigen Herstellers Lockheed Martin zur C-5M Super Galaxy.

In den Jahren 2004 und 2011 beschloss der Kongress die Ausmusterung von 46 C-5A, gefolgt von weiteren 27 Flugzeugen im Jahre 2013. Aktuell fliegen noch 52 C-5M von den Stützpunkten Dover Air Force Base (Delaware), Kelly Field Annex (Texas), Robins AFB (Georgia), Travis Air Force Base (Kalifornien) und Westover Air Reserve Base (Massachusetts).

AIR MOBILITY COMMAND

Ein Hubschrauber-Trainingssimulator der U.S. Army gelangt hier über eine speziell gebaute Rampe auf eine C-5 der Dover AFB. Die C-5 ist das größte und leistungsfähigste Flugzeug des Air Mobility Command (AMC). Das von einem General geführte Kommando ist die USAF-Komponente des U.S. Transportation Command (TRANSCOM) und verantwortlich für eine einzelne „Numbered Air Force", die 18th Air Force/Air Forces Transportation mit Sitz in Scott AFB (Illinois). Diese umfasst elf Airlift-, Air-Mobility- und Tanker-Wings, zwei Airlift-Groups und das 618th Air and Space Operations Center oder Tanker Airlift Control Center (TACC), von dem aus alle Tanker- und Transporteinsätze weltweit dirigiert werden.
Das AMC stellt Lufttransportkapazität für alle Bereiche des US-Militärs zwischen und innerhalb der Kriegsschauplätze bereit, flugmedizinische Evakuierung und Tankerunterstützung. Nahezu 133.700 aktive Mitarbeiter der Air National Guard und des Air Force Reserve Command (AFRC) unterstehen diesem Kommando. Es bietet den US-Streitkräften schnelle, globale Mobilität und Unterstützung und leistet darüber hinaus humanitäre Hilfe im In- und Ausland.

Tupolew Tu-22M (1969)

Der Tu-22M-Bomber war ein Schock für die NATO. Gerade die westlichen Seestreitkräfte mussten schnell Konzepte gegen dieses mächtige Kampfflugzeug finden, das bei einem Konflikt in Europa für Einsätze gegen Flugzeugträger und Konvois vorgesehen war.

Die Tu-22M ist als großer Überschallbomber mit kontinentaler Reichweite eine Klasse für sich. Das Flugzeug mit dem Codenamen „Backfire“ ging 1969 in Produktion und wurde im Westen zunächst fälschlich als Tu-26 bezeichnet. Bis zum Ende der Produktion im Jahr 1993 entstanden über 500 Tu-22M aller Versionen. Das Muster ist bei der russischen Luftwaffe weiterhin im Einsatz. Unter der Leitung von Andrei N. Tupolew begann im November 1967 die

Eine Tu-22M3 des 924. Marine-Raketenträgerregiments, einem Teil der russischen Nordflotte mit Sitz in Olenja, im Jahr 1998. Flugzeuge dieser Einheit wurden später vom 840. Schweren Bomberfliegerregiment der Luftwaffe mit Sitz in Solzy übernommen.

KRAFTSTOFF
Der interne Kraftstoffvorrat zur Versorgung der beiden Kusnetsow-NK-25-Nachbrenner-Turbofans umfasst 67.700 Liter, entsprechend 53.550 kg.

COCKPIT
Die beiden Piloten sitzen nebeneinander, der Navigator und der Waffensystembediener hinter ihnen. Alle Besatzungsmitglieder verfügen über KT-1M-Schleudersitze mit Schlauchbooten.

KH-22
Nach dem Start aus großer Höhe und mit Überschallgeschwindigkeit beschleunigt die Rakete auf Mach 3 und steigt auf 22 bis 23 Kilometer. Bei Annäherung an das Ziel taucht die Rakete in einem Winkel von etwa 30 Grad ab und beschleunigt auf eine Endgeschwindigkeit von Mach 4,15.

Entwicklung der späteren Tu-22M. Die Spezifikationen für den neuen Bomber sahen eine Höchstgeschwindigkeit von bis zu 2.500 km/h und eine Reichweite von 7.000 km im Unterschallflug vor, bewaffnet mit einer Kh-22-Rakete.

Es gab keinen richtigen „Backfire"-Prototypen. Stattdessen wurde eine Vorseriencharge von acht Tu-22M0-Flugzeugen fertiggestellt, von denen das erste im August 1969 seinen Jungfernflug machte. Der Bomber flog jedoch viel langsamer als erwartet, und auch die Reichweite ließ zu wünschen übrig. Im Juli 1971 kam die überarbeitete Tu-22M1 mit Schwenkflügeln und leicht verbesserten Flugleistungen heraus. Kleine Stückzahlen dieser Variante entstanden zur Erprobung und für Trainingszwecke.

Das erste Serienmodell mit verbesserten Einsatzsystemen, die Tu-22M2 (NATO-Codename: „Backfire-B") von 1973 erreichte eine Höchstgeschwindigkeit von 1.700 km/h und eine Reichweite von 5.100 Kilometern. Bis zum Ende der Produktion im Jahr 1983 wurden 211 Exemplare dieser Version fertiggestellt.

Die Umrüstung auf NK-25-Triebwerke mit einem Schub von 245 kN mit Nachverbrennung bedeutete eine Leistungssteigerung von über 25 Prozent, erforderte aber die Neugestaltung des Rumpfes einschließlich neuer keilförmiger Lufteinlässe. Das Resultat, die Tu-22M3 „Backfire-C", konnte schnell

SELBSTVERTEIDIGUNG
Den Eigenschutz der Tu-22M versieht das Ural-System, mit Infrarot-Raketenstart- und Annäherungssensor, Radarwarnempfänger, elektronischem Störsender, Düppelwerfer und IR-Täuschkörpern.

HECKGESCHÜTZ
Eine zweiläufige, über Radar und TV-Kameras ferngesteuerte 23-mm-GSh-23M-Kanone mit 750 Schuss befindet sich in einem Heckturm.

TRAGFLÄCHEN
Die Schwenkflügel verfügen über große feste Innensektionen und hydraulisch angetriebene Außenflügel. Landeklappen befinden sich an beiden Abschnitten.

Eine Tu-22M-3 mit einer Kh-22-Rakete unter dem Flügel. Diese Deltaflügel-Rakete ist aus geschweißten Titan- und Stahllegierungen gefertigt und wird von einem Zweikammer-Flüssigbrennstoff-Raketenaggregat angetrieben.

auf 2.300 km/h beschleunigen und hatte mehr Reichweite. Bei Flugprofilen mit größeren Höhen und teilweiser Verwendung des Nachbrenners verfügte das Flugzeug über einen Einsatzradius von 2.200 Kilometern.

Die Tu-22M3 ging nach dem Erstflug im Juni 1977 in Produktion. Sie wurde bis 1993 insgesamt 268 Mal gebaut. Von der letzten Serienversion, dem Aufklärer Tu-22MR, entstand zwischen 1989 und 1993 etwa ein Dutzend Exemplare. Sie verfügten über Seitensichtradar, ein elektronisches Überwachungssystem, Infrarotscanner und Kameras.

Als potenzielle Angriffsziele der Tu-22M im Kalten Krieg waren vorrangig NATO-Flugzeugträger und Marschflugkörper-Kriegsschiffe im Mittelmeer und im Atlantik vorgesehen. Angriffe auf Schiffskonvois, Häfen und Flugplätze sollten Europa von der Unterstützung amerikanischer Streitkräfte abschneiden.

Die Tu-22M kam allerdings erst während des sowjetischen Feldzugs in Afghanistan zum Einsatz, wo sie ab 1984 Freifallbomben abwarf. In der postsowjetischen Ära führten Tu-22M3 zwischen 1994 und 1996 Bombenangriffe über Tschetschenien durch. Im August 2008 nahmen die Flugzeuge am Kaukasuskrieg teil. Dort kam es zum ersten Verlust dieses Typs, als ein Bomber von einer georgischen Flugabwehrrakete abgeschossen wurde. Drei Besatzungsmitglieder kamen ums Leben.

Früher war die Tu-22M-Flotte unter den Langstreckenfliegerkräften der Luftwaffe und der Marineflieger aufgeteilt. Jetzt gehören alle Flugzeuge zur Luftwaffe, auch wenn sie weiterhin im maritimen Einsatz sind.

In Anbetracht der weiterhin großen Bedeutung der Tu-22M3 für die russischen Luftwaffen-Bomberkräfte entschied sich das Verteidigungsministerium für Lebensdauer-Verlängerungsmaßnahmen, bis ein völlig neuer Ersatz im Rahmen des PAK DA-Programms von Tupolew verfügbar ist.

Die Aufrüstung der Tu-22M3M geht nur langsam voran. Die Flugzeuge erhalten Kh-32-Marschflugkörper als Er-

TECHNISCHE DATEN

Typ	Mittelstreckenbomber und Marinekampfflugzeug
Abmessungen	Länge 42,46 m Spannweite maximal 34,28 m Höhe 11,05 m
Startgewicht max.	124.000 kg
Antrieb	2 x 245,18 kN (51.115 lb) Kuznetsov NK-25 Turbofan mit Nachbrenner
Höchstgeschwindigkeit	2.000 km/h
Reichweite	2.200 km mit einer Kh-22-Rakete und partiellem Überschallflug
Dienstgipfelhöhe	14.000 m (45.930 ft)
Besatzung	4
Bewaffnung	eine zweiläufige 23-mm-Kanone im Heck sowie maximal 24.000 kg Ladekapazität inklusive drei Kh-22-Raketen

satz für die Kh-22-Rakete (AS-4 „Kitchen“) aus der Zeit des Kalten Krieges. Die aktuelle Waffe hat eine erheblich größere Reichweite. Die umgerüsteten „Backfires“ sollen auch ein neues Novella-45-Radar erhalten.

Durch Verzögerungen bei der vollständigen Umrüstung ging die russische Luftwaffe zu einem Notprogramm über, bei dem nach und nach neue Ausrüstung im Rahmen von Routine-Überholungen eingebaut wurden. Solche Upgrades umfassten eine modifizierte Avionik mit neuen Computern, Navigationssystemen und Cockpit-Displays. Die erste vollständig auf den neuen Standard umgerüstete Tu-22M3 wurde 2009 wieder in Dienst gestellt.

Die Tu-22M besitzt keine Querruder. Die Steuerung erfolgt über drei Abschnitte von Spoilern auf den äußeren Flächen und durch eine unterschiedliche Auslenkung der Höhenruder.

WAFFENOPTIONEN

Die Hauptwaffe der Tu-22M ist die Kh-22 (AS-4 „Kitchen“) -Rakete, von der bis zu drei unter dem Rumpf versenkt unter dem starren Teil der Tragfläche getragen werden können. Kh-22 werden in Versionen für große oder geringe Flughöhen, nukleare oder konventionelle Sprengköpfe, mit einem aktiven Radarsucher für die Schiffsbekämpfung oder autonome Führung gegen feste Ziele gebaut. Freifallbomben können an Trägern im Bombenschacht und an vier externen Mehrfachträgern transportiert werden (zwei, wie hier zu sehen, unter den Lufteinlässen des Triebwerks und zwei unter den Flügeln). Die Tu-22M kann Freifallbomben und Minen tragen. In der Praxis ist die maximale Waffenlast auf 12.000 kg beschränkt, da höhere Lasten den verfügbaren Treibstoff einschränken würden. 1989 erhielt die Tu-22M3 die Kurzstrecken-Angriffsrakete Kh-15 (AS-16 „Kickback“), die jedoch wieder abgeschafft wurde.

Grumman F-14 Tomcat (1970) 

Die F-14 wurde als Abfangjäger für den Trägereinsatz geplant und um ein leistungsstarkes Feuerleitsystem mit Langstreckenraketen konstruiert. Nach dem Ende des Kalten Krieges entstand die Tomcat als Mehrzweck-Jagdbomber neu und beendete in dieser Rolle ihre Karriere im Kampfeinsatz über Afghanistan und dem Irak.

Eine F-14A der Fighter Squadron (VF) 111 „Sundowners" des Flugzeugträgers USS Carl Vinson (CVN 70) der U.S. Navy Pacific Fleet, Mitte der 1980er Jahre. Sie trägt das „Haifischmaul"-Motiv der Einheit auf der Nase und den Außentanks, wenn auch in abgeschwächter Form.

AIM-9 SIDEWINDER
Die Nahkampf-Luft-Luft-Rakete AIM-9 besitzt Infrarotführung und gehört zu den „Fire and Forget"-Waffen.

VULCAN-KANONE
Die General Electric M61A1 Vulcan-Kanone in der Nase verfügt über bis zu 675 Schuss Munition und kann mit einer Kadenz von wahlweise 4.000 oder 6.000 Schuss pro Minute feuern.

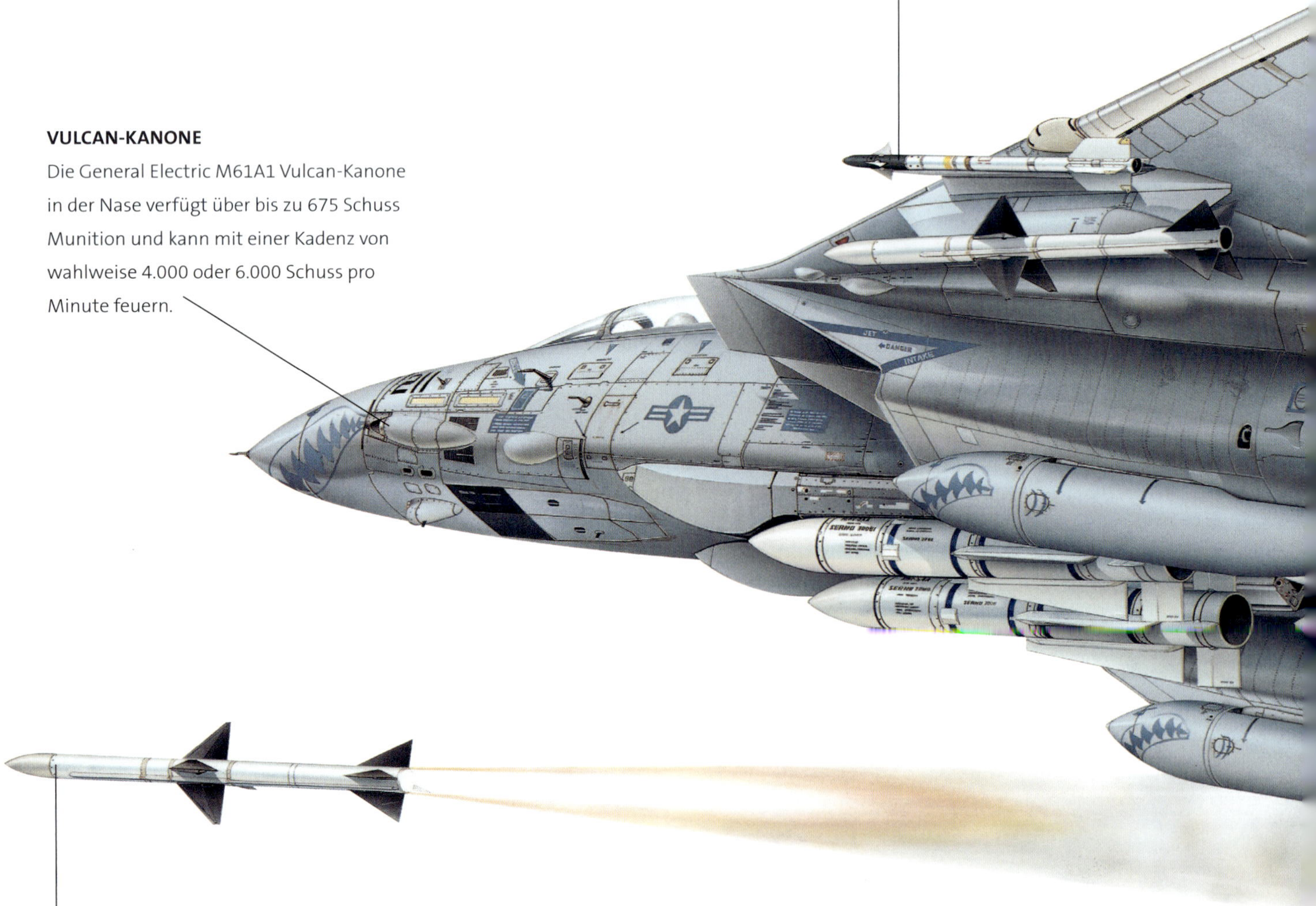

AIM-7 SPARROW
Die AIM-7 war die primäre Luft-Luft-Mittelstreckenwaffe für die F-14 der U.S. Navy. Die Waffe verwendet eine halbaktive Radar-Homing-Zielführung und verfolgt die eigenen Radarsignale des Jägers, die vom Ziel reflektiert werden.

Die F-14 entstand nach den gleichen Spezifikationen wie die erfolglosen F-111B-Marineflugzeuge und besaß ebenso Schwenkflügel, die gleichen Triebwerke und Waffensysteme. Allerdings erhielt die F-14 einige Zusatzausrüstung für den maritimen Einsatz, zum Beispiel einziehbare Vorflügel im starren Abschnitt der Flügelvorderkanten. Sie verhinderten eine abrupte Lageänderung um die Querachse, sobald die Flügel nach hinten gefahren wurden.

Das Herzstück der F-14 war das Hughes-AWG-9-Radar- und Feuerleitsystem, in Verbindung mit AIM-54-Phoenix-Luft-Luft-Raketen (AAMs) mit einer Reichweite von 200 Kilometern. Die Tomcat konnte zusätzlich zur

HINTERER RUMPF

Die F-14 besitzt obere und untere Luftbremsen im verjüngten hinteren Rumpfabschnitt zwischen den Schubdüsen. Unter diesem Abschnitt befindet sich auch ein bündig verstauter Fanghaken.

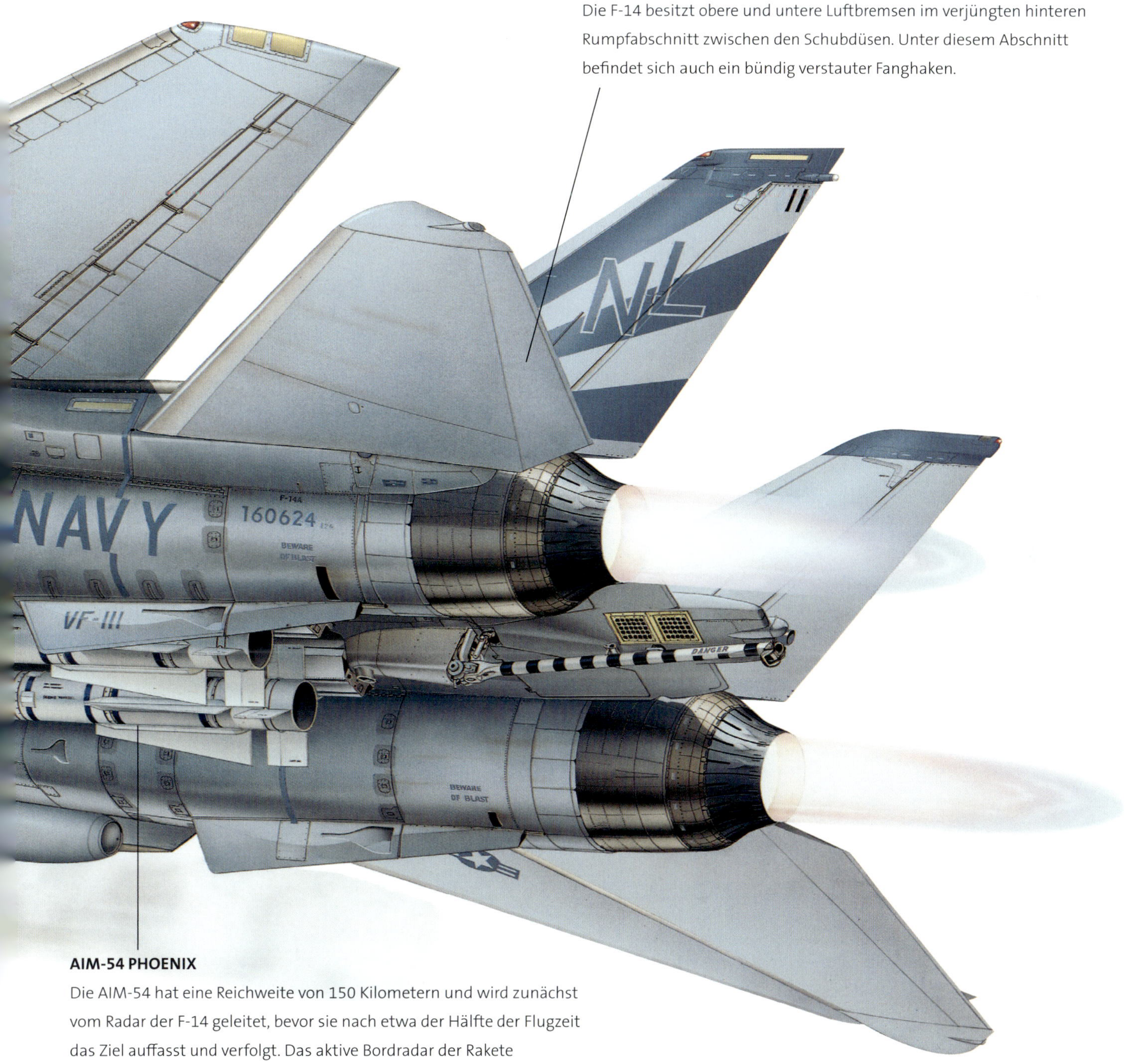

AIM-54 PHOENIX

Die AIM-54 hat eine Reichweite von 150 Kilometern und wird zunächst vom Radar der F-14 geleitet, bevor sie nach etwa der Hälfte der Flugzeit das Ziel auffasst und verfolgt. Das aktive Bordradar der Rakete übernimmt in der Endphase die Steuerung.

Grumman F-14 Tomcat (1970)

Am Anfang trugen die U.S.-Navy-Tomcat-Einheiten extravagante Markierungen. Typisch dafür war diese F-14A von VF-1 „Wolfpack“ an Bord der USS Enterprise (CVN 65) Mitte der 1970er Jahre.

20-mm-Gatling-Kanone Kurz- und Mittelstrecken-Luft-Luft-Raketen wie AIM-9 Sidewinder und AIM-7 Sparrow tragen. In der zuletzt so wichtigen „Bombcat“-Rolle brachte die F-14 bis zu 6.577 kg Kampfmittel einschließlich laser- und satellitengesteuerter Bomben ins Ziel.

Das erste von einem Dutzend YF-14A-Erprobungsflugzeugen machte im Dezember 1970 seinen Jungfernflug. Die ersten F-14A-Serienflugzeuge kamen 1972 zur Navy und hatten im August 1981 den ersten Kampfeinsatz, als US-Piloten über dem Mittelmeer zwei libysche Su-22-Jäger abschossen. Bei einem anderen Einsatz im Januar 1989 schossen Tomcats der U.S. Navy zwei libysche MiG-23 über der Großen Syrte ab. Der einzige Exportkunde, Iran, setzte seine Tomcat-Flotte während des Iran-Irak-Krieges wirkungsvoll ein und zerstörte bis zu 64 irakische Flugzeuge. Selbst heute noch ist die F-14A das wichtigste Jagdflugzeug der Islamischen Republik Iran.

Neben 80 für den Iran gebauten Flugzeugen erhielt die US-Marine 556 Tomcats. Die Pratt & Whitney TF30-Turbofans der ersten F-14A machten Probleme und wurden vom General Electric F110-GE-400 abgelöst. Die erste Tomcat-Version mit den neuen Triebwerken war die F-14A+ im Jahre 1988. Diese Bezeichnung wurde später durch F-14B ersetzt, als Sammelbegriff für 32 F-14A-Umbauten und 38 neu gebaute Flugzeuge.

Die F-14B besaß ein modernisiertes Feuerleitsystem, neue Funkgeräte, verbesserte Radarwarnempfänger (RWR) und überarbeitete Cockpits. Die deutlich modernisierte F-14D von 1990 bekam digitalisierte Radardatenverarbeitung und Cockpitanzeigen. Das erstmals 1990 eingesetzte überarbeitete AWG-9-Radar der F-14D erhielt die neue Bezeichnung AN/APG-71. Weitere wich-

TECHNISCHE DATEN (F-14A)

Typ	Flugzeugträger-gestützter Abfangjäger
Abmessungen	Länge 19,10 m Spannweite maximal 19,45 m Höhe 4,88 m
Startgewicht max.	33.724 kg
Antrieb	2 x 92,97 kN (20.900lb) Pratt & Whitney TF30-P-412 Turbofan mit Nachbrenner
Höchstgeschwindigkeit	2.485 km/h
Reichweite	1.233 km mit 6 x AIM-7s und 4 x AIM-9s
Dienstgipfelhöhe	mehr als 15.240 m (50.000 ft)
Besatzung	2
Bewaffnung	eine 20-mm-Gatling-Kanone plus max. 6.577 kg externe Einsatzmittel inklusive vier oder sechs AIM-54 oder AIM-7 sowie zwei AIM-9 Luft-Luft-Raketen

tige Änderungen umfassten den kombinierten TV-/Infrarotsensor unter der Nase, einen Sauerstofferzeuger, neue Schleudersitze und einen aktualisierten Radarwarnempfänger. Insgesamt wurden 37 neue F-14D fertiggestellt, ergänzt durch 18 F-14A-Modelle, die auf den F-14D-Standard aufgerüstet wurden.

Die Tomcat übernahm mit der Einführung des Tactical Air Reconnaissance Pod System (TARPS) erstmals auch Luftverteidigungsaufgaben. Jeder Staffel wurden üblicherweise drei derartig ausgerüstete Flugzeuge zugewiesen.

Ihre potenziell stets vorhandene Luft-Boden-Rolle nahm die F-14 erst spät wahr. Als „Bombcat" konnte sie Allzweck- und präzisionsgelenkte Bomben einsetzen und gleichzeitig Luft-Luft-Raketen abfeuern. Sie erhielt auch das LANTIRN-Zielsystem, mit dem lasergelenkte Bomben geführt und die Einsatzwirkungen beurteilt werden konnten.

Nach dem Einsatz bei der Operation „Desert Storm", bei dem eine F-14 einen irakischen Mi-8-Hubschrauber abschoss, und Luftüberwachungs-Missionen über dem Irak in den folgenden Jahren flog die Tomcat der U.S. Navy hauptsächlich in der Bodenunterstützungsrolle. Sie übernahm Angriffs-, Luftnahunterstützungs-, Aufklärungs- und Fliegerleiteinsätze. In der letzteren Rolle waren Tomcats ab 2001 in Afghanistan im Einsatz und kehrten 2003 zur Teilnahme an Operation „Iraqi Freedom" an den Golf zurück.

Mit fortschreitender Einführung der Boeing F/A-18E/F Super Hornet musterte die U.S. Navy ihre F-14 endgültig aus. Die letzten beiden F-14D-Staffeln VF-31 (Fighter Squadron) „Tomcatters" und VF-213 „Black Lions" stellten ihre Flugzeuge im September 2006 feierlich außer Dienst.

Die schwenkbaren Außenflügel der Tomcat verfügen auf voller Breite über Vorflügel und fast auf voller Breite über Landeklappen an der Hinterkante. Spoiler im vorderen Bereich ermöglichen das Rollen um die Längsachse.

IRANISCHE ÜBERLEBENDE

Die Luftwaffe der Islamischen Republik Iran (IRIAF) ist mit zwei aktiven F-14A-Staffeln der letzte Tomcat-Betreiber. Erstmals 1976 ausgeliefert, nahmen die iranischen F-14 sehr erfolgreich am Krieg mit dem Irak teil, es verblieben allerdings nur noch 34 flugfähige Exemplare. Da es Teheran nicht gelang, neue Jagdflugzeuge zu beschaffen, mussten die Tomcats weiter im Dienst gehalten werden. Dies geschah unter den schwierigen Bedingungen des US-Waffenembargos durch eigene Instandsetzung und Aufrüstung, die Herstellung von Ersatzteilen im Iran oder eine Beschaffung aus Drittländern. Versuche, die Boden-Luft-Rakete MIM-23B HAWK in die Tomcat zu integrieren und damit Luft-Boden-Fähigkeit zu erzielen, schlugen fehl. Ähnlich verliefen Anstrengungen, russische Raketen und nachgebaute AIM-54 einzurüsten. Nach aktuellen Schätzungen existieren derzeit noch knapp 20 flugfähige F-14 im Iran.

Fairchild A-10 Thunderbolt II (1972)

Die A-10, Spitzname „Warthog“ (Warzenschwein), ist ein um die einzigartige 30-mm-Kanone GAU-8/A Avenger maßgeschneidertes Nahunterstützungs- und Panzerabwehrflugzeug. Trotz einiger Widerstände im US-Militär hat die kampferprobte Thunderbolt II bislang stets überlebt und weitergekämpft.

HECK

Die A-10 soll auch mit einem halb weg geschossenen Doppelflossen-Heck weiterfliegen können. Alle Bauteile des linken und des rechten Hecks sind austauschbar.

AUSSENLASTEN

Jeder Flügel kann vier Trägerstationen aufnehmen, weitere drei unter dem Rumpf, die von der Flügelspitze an Backbord aus von 1 bis 11 nummeriert sind.

Nach Erfahrungen aus dem Vietnamkrieg erließ die USAF 1967 eine Attack Experimental (AX)-Spezifikation für ein schwer bewaffnetes neues Flugzeug zur Bekämpfung von Aufständen. Das Flugzeug sollte Nahunterstützungseinsätze mit Schwerpunkt auf der Zerstörung feindlicher Panzer und Ausrüstung durchführen. Das erste von zwei Erprobungsflugzeugen der Fairchild Republic YA-10A flog im Mai 1972 und setzte sich im Januar 1973 bei einem Vergleichsfliegen der USAF gegen die Northrop YA-9A durch. Es folgten sechs Vorserienflugzeuge. Eines wurde später als YA-10B zum Zweisitzer für Nacht- und Schlechtwettereinsätze umgebaut, der bei der USAF aber keinen Anklang fand. Sie beschaffte stattdessen insgesamt 707 Flugzeuge des A10A-Serienmodells.

Der A-10-Entwurf zielte auf Überlebensfähigkeit auf dem Schlachtfeld und Feuerkraft gegen Panzerungen. Das

Diese A-10A der 510th Fighter Squadron, 52nd Fighter Wing, war als Teil der US-Luftstreitkräfte in Europa in Spangdahlem AB in Deutschland stationiert. Zwischen 1993 und 1994 flog die 510th im Rahmen der Operation „Deny Flight" über 1.700 Kampfeinsätze von Aviano AB (Italien) über Bosnien.

MUNITION
Die Avenger-Kanone kann drei verschiedene Munitionsarten verschießen: hochexplosive Brandgeschosse, panzerbrechende Brandgeschosse und Übungsmunition.

AGM-65 MAVERICK
Die Luft-Boden-Rakete Maverick hat zwei Hauptsuchköpfe mit TV-Sichtfeldvergrößerung und Wärmebilderzeugung (Imaging Infrared, IIR).

Fairchild A-10 Thunderbolt II (1972)

Eine A-10A der 706th Tactical Fighter Squadron, 926th Tactical Fighter Group, wie sie an der Operation „Desert Storm“ teilnahm. Sie trägt das „European One“-Tarnschema der 1980er Jahre.

Flugzeug wurde um die leistungsstarke, siebenläufige 30-mm-Kanone GAU-8/A Avenger herum konstruiert, die als stärkstes fliegendes Geschütz der Welt mit 2.100 oder 4.200 Schuss pro Minute feuert. Die beiden Triebwerke waren in weit auseinander liegenden Gondeln über dem hinteren Rumpf angebracht, um die Auswirkungen von Bodenbeschuss zu minimieren. Die vertikalen Flossen und Flügel sollten Infrarotraketen von den eigenen Abgasen ablenken.

Die robuste Flugzeugzelle besitzt eine Titan-gepanzerte „Badewanne“ für den Piloten und die Munition und zahlreiche andere Mittel zur Erhöhung der Überlebensfähigkeit. Die A-10 ist gut gegen Kampfschäden gewappnet, die Systeme sind hochredundant ausgelegt. So verfügt sie über austauschbare (linke oder rechte) Landeklappen, Rumpfkomponenten, Ruder, Höhenruder und Hauptfahrwerk. Die beiden Haupt-Hydrauliksysteme haben einen manuellen Backup, und bei Bedarf lässt sich das Fahrwerk durch die Schwerkraft ausfahren. Die Konstrukteure legten großen Wert auf Wartungsfreundlichkeit.

Man ging davon aus, dass die A-10 im Krieg viele schnell aufeinander folgende Einsätze an vorderster Front fliegen würde. Sie besaß anfangs einen Pave-Penny-Lasersensor in einem Pod rechts am vorderen Rumpf. Zum Selbstschutz dienten Störsender und Düppel sowie IR-Täuschkörper. Die Bewaffnung der A-10 wird stets in einem Atemzug mit ihrer Avenger-Kanone genannt. Ihre Hauptwaffe war aber immer die TV- oder Laser-geführte AGM-65-Maverick-Luft-Boden-Rakete.

Die ersten einsatzbereiten A-10 gingen im März 1976 an die Davis-Monthan AFB in Arizona. Nach dem Ende des Kalten Krieges erwog die USAF die Ausmusterung der A-10. Eine Reihe von älteren A-10A erhielten für den Einsatz als schnelle „Forward Air Controller“ (Fliegerleitflugzeuge) die Bezeichnung OA-10A. Ihre Ausrüstung wurde auf Zielmarkierungsraketen reduziert. Mit der irakischen Invasion in Kuwait im Jahre 1990 erhielt das „Warzenschwein“ plötzlich eine neue Bedeutung. 152 OA/A-10 der 354th Tactical Fighter Wing (Provisional) nahmen von Stützpunkten in den USA und Großbritan-

TECHNISCHE DATEN

Typ	Luftnahunterstützungsflugzeug
Abmessungen	Länge 16,26 m Spannweite 17,53 m Höhe 4,47 m
Startgewicht max.	22.680 kg
Antrieb	2 x 40,32 kN (9.065 lb) General Electric TF34-GE-100 Turbofan
Höchstgeschwindigkeit	706 km/h
Reichweite	3.949 km mit Abwurftanks
Dienstgipfelhöhe	13.716 m (45.000 ft)
Besatzung	1
Bewaffnung	eine 30-mm-Gatling-Kanone sowie bis zu 258 kg externe Kampfmittel an acht Flügel- und drei Rumpf-Pylonen

Diese A-10A trägt eine typische „Desert-Storm"-Mischbewaffnung aus Mk-20-Rockeye-Streubomben, AGM-65D-Mavericks und zwei Sidewinder-Raketen, dazu das AN/ALQ-119 für elektronische Gegenmaßnahmen.

nien aus mit bemerkenswerten Erfolgen an der Operation „Desert Storm" teil. Neben zwei irakischen Hubschraubern wurden im Schnitt über 25 Panzer pro Tag vernichtet. Am Ende der Einsätze hatten A-10 fast 1.000 Panzer zerstört.

Nach Desert Storm wurden die A-10 für den extremen Tiefflug mit dem „Low-Altitude Safety and Targeting Enhancements" (LASTE)-System inklusive Bodenannäherungswarnsystem (Ground Collision Avoidance System, GCAS) ausgerüstet. Die A-10 wurde seither bei jeder größeren US-Militäraktion eingesetzt: im ehemaligen Jugoslawien, in Afghanistan ab 2001, nach der US-geführten Invasion im Irak im März 2003, in Libyen im Jahr 2011 und 2014 erneut im Irak, diesmal im Rahmen der Operation „Inherent Resolve" gegen Kämpfer des „Islamischen Staates".

Auch die „Warthog"-Flotte wurde weiter aufgerüstet. Im Jahr 2007 bekam Boeing einen Auftrag zur Erneuerung der A-10-Tragflächen. Avionik-Updates umfassten das GPS, verbesserte Line-of-Sight-Kommunikation und ein Infrarot-Raketenwarnsystem.

Der bedeutendste Schritt war die Umrüstung der A-10A zur A-10C ab 2007. Herzstück der A-10C ist das Precision-Engagement-(PE)-Paket mit multifunktionalen Farbdisplays und einen Up-Front-Controller im Cockpit.

2014 erwog das Pentagon, alle verbliebenen 386 A-10 sofort auszumustern. Das wurde jedoch vom Kongress blockiert und die Stilllegung der Thunderbolt-II-Flotte auf Eis gelegt.

EINSÄTZE IN AFGHANISTAN

Eine A-10 nach der Landung von einem Nahunterstützungseinsatz auf dem Vorfeld der Bagram Air Base (Afghanistan). A-10 starteten im März 2002 im Rahmen der Operation „Anaconda" zum ersten großen Einsatz von dieser Basis. Nur wenige Flugzeuge erwarben bei der Bekämpfung von Aufständen in Afghanistan einen so furchterregenden Ruf wie die A-10. Bodentruppen loben sie in höchsten Tönen. Die Flugzeuge können 10 bis 20 Einsätze pro Tag fliegen und einen Rund-um-die Uhr-Betrieb aufrechterhalten. „Warthogs" lauern in der Luft, warten auf einen Angriffsbefehl oder beobachten die Situation mit Litening III oder dem Sniper-Behälter. Neben ihrer Angriffsrolle dienen sie auch als bewaffnete Eskorte für Rettungshubschrauber.

Lockheed Martin F-16 Fighting Falcon (1974)

Die F-16 mauserte sich in 40 Jahren zum beliebtesten westlichen Jagdflugzeug ihrer Klasse. Heute dient sie den Streitkräften von 28 Nationen. Aktuelle Produktionsstandards und Upgrades sollen ihre Fähigkeiten bis weit in unser Jahrhundert sichern. Über 4.600 Flugzeuge wurden bislang produziert.

Die F-16 entstand im Rahmen des USAF Lightweight Fighter (LWF)-Programms. Es forderte einen kleineren und billigeren Jäger als die F-15. Der damalige Hersteller General Dynamics präsentierte im Februar 1974 den ersten YF-16-Demonstrator. Nach einem erfolgreichen Fly-Off gegen den Rivalen Northrop YF-17 wurde das Flugzeug zur größeren und leistungsfähigeren F-16A Fighting Falcon weiterentwickelt. Die USAF bestellte zunächst 650, später 1.388 Flugzeuge, bald gefolgt von den NATO-Luftstreitkräften Belgiens, Dänemarks, der Niederlande und Norwegens. So begann eine bis heute andauernde Export-Odyssee, bei der über 4.600 F-16 an 28 Nationen geliefert wurden.

Auch wenn im Laufe der Jahre immer neue Varianten mit mehr Startmasse, besserer Avionik und noch mehr Fähigkeiten herauskamen, tragen alle Fighting Falcons bis heute die Merkmale des ursprünglichen Serienmodells:

Die ersten F-16 kamen im Juli 1980 in Israel an. Es waren neu gebaute F-16A/B Block 10 Netz (Sparrowhawk) , die an die Staffel Nr. 117 „First Jet“ und die Staffel Nr. 110 „Knights of the North“ gingen. Sie beteiligten sich im Jahre 1981 am Angriff auf den Atomreaktor Osirak im Irak.

RADOM

Diese F-16A besitzt ein kohärentes Puls-Doppler-Radar AN/APG-66 von Westinghouse, das in den I/J-Bändern mit einer Antenne vom Typ Planar-Array arbeitet.

LUFTEINLASS

Ungewöhnlich für einen Hochleistungs-Kampfjet ist der einfache, unbewegliche Triebwerkseinlass. Die vorgegebene Position ist so ausgelegt, dass dem Triebwerk auch bei hohen Anstellwinkeln nicht die Luft ausgeht.

HECKFLOSSE

Die mehrholmige, mehrrippige Aluminiumflosse hat eine Graphit-Epoxid-Beschichtung und trägt ein Ruder mit Aluminiumwabenstruktur, das von einem Servo ausgelenkt wird. Auf der Flossenoberseite befinden sich eine UKW-Antenne, die Antikollisionsleuchte und Richtantennen.

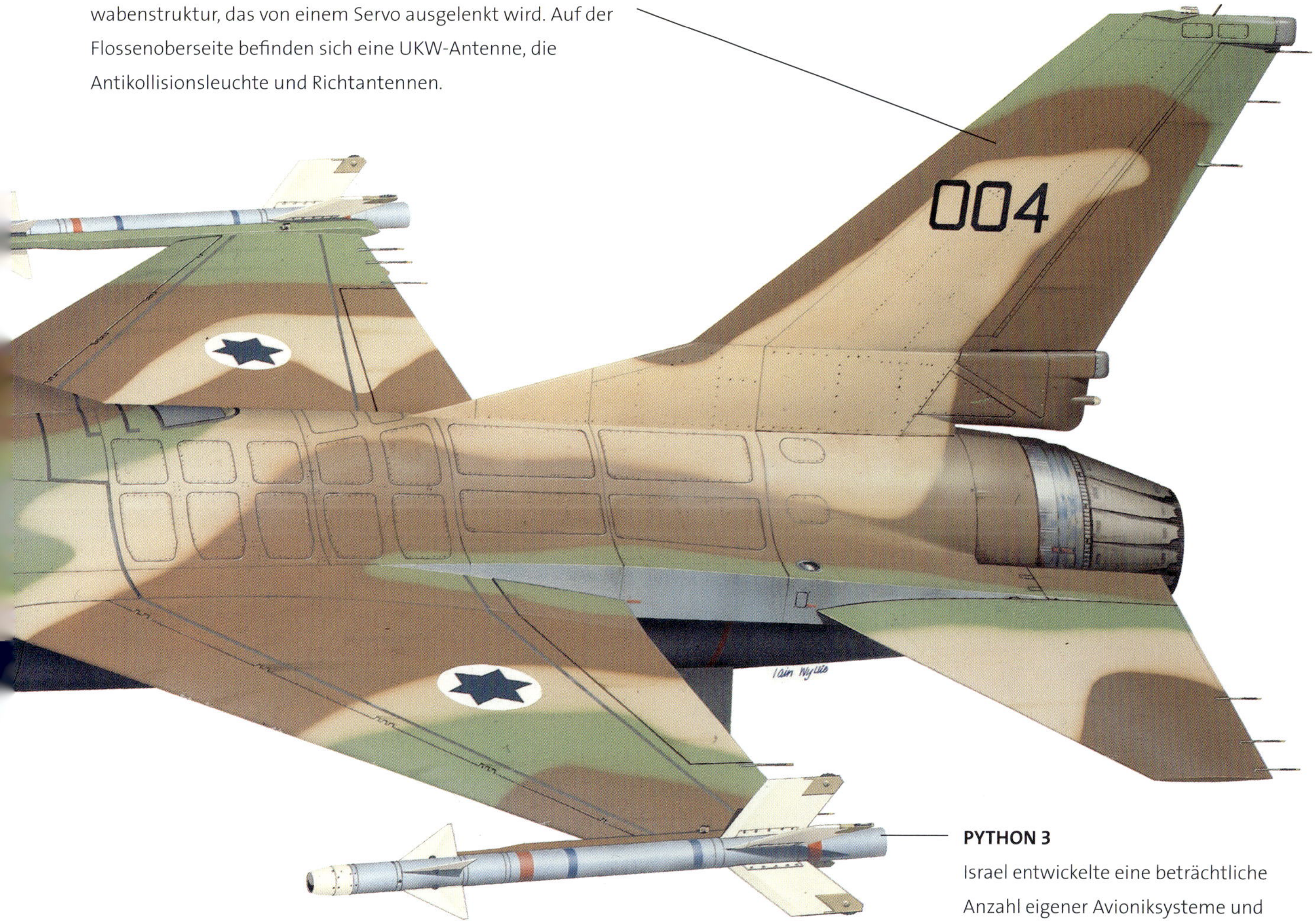

PYTHON 3

Israel entwickelte eine beträchtliche Anzahl eigener Avioniksysteme und Waffen für seine F-16, darunter diese wärmesuchende Luft-Luft-Rakete Rafael Python 3.

Lockheed Martin F-16 Fighting Falcon (1974)

In der israelischen Luftwaffe sind F-16C und F-16D (hier zu sehen) als „Barak" (Blitz) bekannt. Dieser Jet mit Nr. 105 „Scorpion" Squadron-Markierungen trägt eine GBU-15-Gleitbombe unter seiner rechten Tragfläche.

Fly-by-Wire-Steuerung und ein hervorragendes Schub-Gewichtsverhältnis, mit nur einem Triebwerk und starrem Lufteinlass am Bauch. Die F-16 bietet einen ausgezeichneten Mix aus Wendigkeit, Rollrate, Steigflug und Beschleunigung. Der ungepfeilte Flügel hat automatisch ausfahrende Hochauftriebshilfen an den Vorder- und Hinterkanten.

Das Cockpit bietet durch die rahmenlose Kabinenhaube eine hervorragende Sicht und verfügt über einen verstellbaren Sitz und Sidestick-Steuerung anstelle des herkömmlichen Knüppels. Auf dem Schubhebel sitzen die Bedienelemente für die Waffen, das Head-up-Display (HUD) und das Radar. Die erste Generation der F-16 nutzte das Puls-Doppler-Radar AN/APG-66 mit Look-Down-/Shoot-Down-Fähigkeit. Es wich sukzessiven Upgrades wie der neuesten „Active Electronically Scanned Array" (AESA)-Technologie, eingebaut in den moderneren Varianten des Jets.

Nach Angaben des jetzigen Herstellers Lockheed Martin wurde die F-16 in insgesamt 138 verschiedenen Konfigurationen gebaut, vom Prototyp bis zum neuesten Serienmodell F-16V (V steht für „Viper", den aktuellen Namen des Flugzeugs). Nach und nach kamen Verbesserungen bei der Cockpit-Technik, der Avionik, den Sensoren und Waffen hinzu, während der Jäger gleichzeitig noch zuverlässiger und einfacher zu warten wurde.

Zu den wichtigsten Fortschritten seit der F-16-Einführung gehören die Erhöhung der Reichweite und Nutzlast, Infrarotsensoren und Laserzielgeräte sowie eine bessere Überlebensfähigkeit durch Sensoren für die elektronische Kampfführung und ausgeklügelte Täuschkörper-Technologie. Zur Kompensation des erhöhten Gewichts erhielt die F-16 neue Triebwerke mit mehr Schub, dazu mehr Reichweite durch Anpassung der Tanks.

Das Cockpit der neuesten Versionen besitzt noch die vertraute Schubhebel- und Sidestick-Schaltersteuerung, dazu aber Farbdisplays, eine Nachtsichtbrillen-(NVG)-kompatible Innenbeleuchtung, eine farbige Moving Map und ein größeres Head-up-Display. Andere Avionik-Verbesserungen betrafen den Datalink, die Satellitenkommunikation und die am Helm montierten Cueing-Systeme.

TECHNISCHE DATEN (F-16C Block 50)

Typ	Taktisches Mehrzweck-Jagdflugzeug
Abmessungen	Länge 15,03 m Spannweite 9,45 m Höhe 5,09 m
Startgewicht max.	12.292 kg
Antrieb	1 x 131,48 kN (29.588lb) General Electric F 110-GE-129 Turbofan mit Nachbrenner
Höchstgeschwindigkeit	mehr als 2.125 km/h bei 12.190 m (40.000 ft)
Reichweite	1.485 km mit zwei 907-kg-Bomben und zwei AIM-9-Sidewinder-AAMs
Dienstgipfelhöhe	mehr als 15.240 m (50.000 ft)
Besatzung	1
Bewaffnung	eine 20-mm-Gatling-Kanone sowie bis zu 7.072 kg Ladekapazität im Rumpf und unter den Flügeln

Die erste Variante der Grundversion F-16A, die zweisitzige F-16B mit geringerer Tankkapazität, machte 1977 ihren Erstflug. F-16A und B wurden in aufeinanderfolgenden Blöcken mit den Nummern 1, 5, 10 und 15 gebaut. Mit dem letzten Block erhielt die F-16 ein verlängertes Höhenleitwerk. Die Konversion zur F-16 ADF brachte eine bessere Kompatibilität von Radar und AIM-7-Sparrow-Raketen.

Große Fortschritte kamen mit der F-16C und der zweisitzigen F-16D, mit deren Vorrichtungen für die AIM-120 AMRAAM. Auf Block 25 F-16C/D folgten Block 30 und 32 mit dem General Electric F110-GE-100 beziehungsweise Pratt & Whitney F100-PW-220. Beide Optionen erforderten einen vergrößerten Lufteinlass. Der Block 30/32 kann auch AGM-88 HARM-Raketen einsetzen. Der F-16C/D Block 40/42 behält die gleichen Motoroptionen bei, verfügt jedoch über Avionik-Updates für verbesserte Nacht-/Allwetterfähigkeiten, einschließlich LANTIRN-Navigations- und Zielkapseln, GPS, automatischer Geländeverfolgung und AN/APG-68(V)-Radar.

1991 wurde die Produktion auf die F-16C/D (Block 50/52) umgestellt. Sie bekam das AN/APG-68 (V5) -Radar, ein NVG-kompatibles HUD, den AN/ALE-47-Täuschkörperwerfer, einen AN/ALR-56M-Radarwarnempfänger und verbesserte F110- oder F100-Triebwerke. Der Einbau des HARM-Targeting-Systems für die Wild-Weasel-Rolle ergab Block 50D/52D. Der Block 50 wurde als Upgrade-Standard für NATO F-16A/B übernommen und bildete das F-16 MLU (Mid-Life Upgrade). Damit bekam das Cockpit den Block-50-Standard mit Weitwinkel-HUD und NVG-Kompatibilität. Das MLU-Flugzeug erhielt AMRAAM-Fähigkeit, weitere Waffenoptionen und Avionik-Upgrades.

WÜSTENFALKE

Die neueste und modernste Fighting-Falcon-Version ist Block 60 mit der Bezeichnung F-16E/F Desert Falcon. Die für die Vereinigten Arabischen Emirate produzierte Version verfügt über hochentwickelte Avionik von Northrop Grumman, AN/APG-80-„Agile Beam"-AESA-Radar, AN/ASQ-32 Internal FLIR and Targeting System (IFTS) und das interne Eloka-System von Falcon Edge. Die Kraftstofftanks befinden sich standardmäßig über dem inneren Teil des Flügels auf jeder Rumpfseite. Zu den Präzisionswaffen gehören die Marschflugkörper AGM-84H SLAM-ER, die Joint Stand-Off Weapon (JSOW) AGM-154C und die Small Diameter Bomb (SDB) GBU-39/B. Block 60 flog erstmals im Dezember 2003. Die ersten Desert Falcons gingen im Mai 2005 in die VAE und hatten im Jahre 2011 bei der Operation „Unified Protector" ihre ersten Kampfeinsätze über Libyen.

Panavia Tornado (1974)

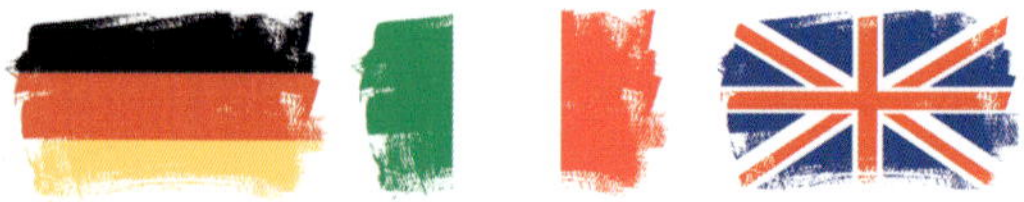

Entwickelt als Allwetter-Angriffsflugzeug und für die Abriegelung aus der Luft (Interdiction), etablierte sich die multinational gebaute Tornado Mitte der 1980er Jahre als wichtigstes westeuropäisches Kampfflugzeug seiner Zeit. Aus der Basisversion entstanden später ein Langstrecken-Abfangjäger und ein Spezialflugzeug zur Unterdrückung feindlicher Luftabwehr.

Multinationale Kooperationsprojekte für Kampfflugzeuge sind im 21. Jahrhundert nichts Besonderes mehr. In den späten 1960er-Jahren beschritten die Partnerländer mit dem Tornado-Projekt noch Neuland. Das Flugzeug sollte als Langstrecken-Tiefflug-Interdictor mit nuklearer und konventioneller Bewaffnung dienen und wurde von der trinationalen Firma Panavia in Großbritannien, Westdeutschland und Italien entwickelt. Zu seinen Merkmalen

TANKSTUTZEN

Ein abnehmbarer, einfahrbarer Luftbetankungsstutzen kann an der rechten vorderen Rumpfseite in der Nähe des Cockpits montiert werden.

Ein Tornado GR.Mk 1A der No. 13 Squadron in Marham (Norfolk/ England), 1990er Jahre. Die Version GR.Mk 1A behielt ihre Luft-Boden-Fähigkeit, obwohl ihre Zwillingskanonen der Aufklärungsausrüstung weichen mussten.

RADOM

Unter der Flugzeugnase befinden sich die Antennen für das Multimode Ground Mapping and Terrain-Following-Radar von Texas Instruments. An der Spitze des Radoms sitzt das Staurohr für die Geschwindigkeitsmessung.

AUFKLÄRUNGSAUSRÜSTUNG

Der Tornado GR.Mk 1A besaß anstelle herkömmlicher Kameras ein Seitensicht-Infrarotsystem und einen Infrarot-Zeilenscanner, der eine Abdeckung von Horizont zu Horizont bot.

zählten Schwenkflügel, sparsame Turbofan-Triebwerke mit Schubumkehr, eine Zweimann-Besatzung und eine hohe und vielfältige Nutzlast. Die Version Tornado IDS (Interdictor Strike) konnte mit nach vorn gefahrenen Schwenkflügeln sparsam und mit Unterschallgeschwindigkeit bis kurz vors Zielgebiet fliegen, auf Baumwipfelhöhe sinken und mit knapp 1.500 km/h zum Angriff übergehen.

Die drei Partnernationen bestellten 644 Tornado-IDS-Flugzeuge, davon 220 für die Royal Air Force, 212 für die Luftwaffe, 112 für die Marineflieger und 100 für die italienische Luftwaffe. Der erste Prototyp des Tornado (man spricht von diesem Flugzeug in der männlichen Form), damals noch Multi-Role Combat Aircraft (MRCA) genannt, absolvierte im August 1974 seinen Jungfernflug. Insgesamt wurden sechs Vorserienflugzeuge fertiggestellt.

Die ersten Lieferungen des Tornado IDS (RAF-Bezeichnung: Tornado GR. Mk 1) gingen 1979 zunächst nach Westdeutschland. Zusätzlich zur Hauptrolle wurde das IDS zur Aufklärung (Tornado GR.Mk 1A der RAF) und für maritime Angriffsmissionen (Tornado GR.Mk 1B) umgerüstet.

Aufgrund einer speziellen Forderung der Royal Air Force über einen Allwetter-Langstrecken-Abfangjäger entwickelte Panavia die Air Defense Version (ADV), deren erstes Exemplar im Oktober 1979 als Tornado F.Mk 2 den Erstflug machte. Das Flugzeug war mit Foxhunter-Radar und einem Tandem von Sky-

HECK

Die Ganzmetall-Heckflossenstruktur besteht aus dem Seitenruder und niedrig angesetzten, voll beweglichen horizontalen Leitwerksflächen oder „Tailerons“. Diese können gleichsinnig (als Höhenruder) oder gegensinnig betrieben werden.

GEGENMASSNAHMEN-POD

Der in Schweden entworfene BOZ-Pod ist ein eigenständiger, mikroprozessorgesteuerter Düppel-und IR-Täuschkörperwerfer, der als Erweiterung des am anderen Flügel getragenen Sky-Shadow-Pods für elektronische Gegenmaßnahmen dient.

TRAGFLÄCHEN

Die Schwenkflügel sind ganz aus Metall gefertigt und bestehen aus festen Innenteilen und beweglichen Außenplatten. Anstelle von Querrudern befinden sich Spoiler auf den Tragflächenoberseiten.

Ein ADV-Tornado der Royal Saudi Air Force. Flugzeuge der RSAF flogen während der Operation „Desert Storm“ 451 Einsätze zum Schutz des saudischen Luftraums vor einer potenziellen irakischen Invasion.

Flash-Raketen ausgerüstet, die halb versenkt unter dem verlängerten Rumpf saßen. Der Treibstofftanks wurden für etwa vier Stunden und 30 Minuten Flugzeit ohne Luftbetankung vergrößert, davon zwei Stunden und 30 Minuten Überwachungsflug in einem Radius von 602 Kilometern mit voller Bewaffnung.

Der vorläufige Tornado F.Mk 2 wurde bald durch den Tornado F.Mk 3 ersetzt, von dem ab 1986 insgesamt 152 Stück an die RAF gingen. Diese Variante besaß eine Hands-on-Throttle-and-Stick-Steuerung und eine radarabsorbierende Beschichtung, IR-Täuschkörper und aktuelle Computer- und Datalinktechnik. Der Tornado F.Mk 3 bekam AIM-120 AMRAAM- und ASRAAM-Raketen, Multi-Target-Engagement-Fähigkeit (Mehrfachzielbekämpfung) und verbesserte defensive Subsysteme. In seiner endgültigen Form hatte der Abfangjäger ein Nachtsichtbrillen-kompatibles Cockpit mit aktuellen Displays, GPS und sicheren Funkgeräten.

Im Jahr 2001 begann die RAF mit der Aufrüstung ihrer Tornado-GR.Mk-1-Flotte. Das Ergebnis, GR.Mk 4, hatte neue Cockpit-Displays, volle Kompatibilität mit Navigations- und Laser-Designator-Pods für präzisionsgelenkte Munition, die Integration von NVGs und modernisiertem Forward-Looking Infrared-Sensor (FLIR) sowie aktualisierte Selbstverteidigungelektronik. Die GR.Mk 4 erhielt neue Waffen wie Storm-Shadow-Marschflugkörper und die Brimstone-Panzerabwehrrakete. Ähnliche Mid-Life-Upgrades bekamen auch die deutschen und italienischen Tornados.

Die aktuelle Tornado-IDS-Flotte der Luftwaffe ist jetzt mit der AGM-88 HARM, der lasergelenkten Bombe GBU-

TECHNISCHE DATEN (TORNADO GR.MK 4)

Typ	Allwetter-Kampfflugzeug zur Gefechtsfeldabriegelung
Abmessungen	Länge 16,72 m Spannweite maximal 8,60 m Höhe 5,95 m
Startgewicht max.	27.951 kg
Antrieb	2 x 71,50 kN (16.075lb) Turbo-Union RB.199 Mk 103 Turbofan mit Nachbrenner
Höchstgeschwindigkeit	2.338 km/h bei 10.975 m (36.000 ft)
Reichweite	1.390 km mit voller Ausrüstung und gemischtem Einsatz in verschiedenen Höhen
Dienstgipfelhöhe	über 15.240 m (50.000 ft)
Besatzung	2
Bewaffnung	zwei 27-mm-Kanonen sowie bis zu 9.000 kg Ladekapazität

24 Paveway III, der Taurus-Abstandsrakete, der GBU-54 Laser Joint Direct Attack Munition (LJDAM) und – zur Selbstverteidigung – mit der IRIS-T-Rakete bewaffnet.

Der einzige Tornado-Exportkunde war Saudi-Arabien, das seinerzeit 96 IDS- und 24 ADV-Flugzeuge erwarb. Derzeit ist dort nur noch die IDS-Version mit dem GR.Mk-4-Standard im Dienst. Italien war unter einem 1995 geschlossenen Pachtvertrag ebenfalls zwischenzeitlich ADV-Betreiber von 24 Ex-RAF-Exemplaren. Die letzten italienischen ADV-Flugzeuge wurden 2004 nach Großbritannien zurückgegeben.

ADV-Tornados nahmen an Operation „Desert Storm“ und anderen NATO- Einsätzen teil und flogen Überwachungseinsätze über dem ehemaligen Jugoslawien. Britische, italienische und saudische IDS-Tornados waren erstmals 1991 bei der Operation „Desert Storm“ im Einsatz. Deutsche Tornados flogen ihre ersten Kriegseinsätze über dem Balkan, bevor sie ab 2007 zu Aufklärungszwecken nach Afghanistan entsandt wurden. Britische Tornados trugen die Hauptlast der Kampfhandlungen der RAF zur Zeit des Golfkriegs (1991), bevor sie zu Schauplätzen wie dem Kosovo, Afghanistan und Libyen verlegt wurden. Italienische IDS-Tornados flogen Einsätze über dem Balkan, in Afghanistan und Libyen.

Die ADV-Tornados der RSAF entsprachen technisch der F.Mk 3 der Royal Air Force und wurden mit der halbaktiven Radar-Homing-Luft-Luft-Rakete Sky Flash geliefert. Sie wurden 2007 ausgemustert.

ECR-TORNADO

Die bundesdeutsche Luftwaffe leistete Pionierarbeit bei der Entwicklung der ECR-Version (Electronic Combat and Reconnaissance) des Tornado, eines Spezialflugzeugs zur Unterdrückung gegnerischer Luftabwehr. Kern des ECR ist das interne Emitter Location System (ELS), das feindliche Radaranlagen lokalisiert und identifiziert. Seine Datenbank ELS enthält Zielprofile der elektronischen Kriegsführung und sortiert sie in einer „Schlachtordnung“. Feindliche Radargeräte können bei Bedarf mit AGM-88-High-Speed-Anti-Radiation-Missiles (HARM) angegriffen werden. Der Tornado ECR hat keine Bordkanone. Insgesamt 20 ECR-Varianten wurden und werden im Rahmen des deutschen Mid-Life-Upgrade-Programms auf den neuesten Stand gebracht und dienen derzeit ausschließlich beim Aufklärungsgeschwader 51 der Luftwaffe in Schleswig/Jagel. Italien folgte dem Beispiel und rüstete 16 seiner Flugzeuge mit spezieller elektronischer Ausrüstung und HARMs auf den IT-ECR-Standard um.

Suchoi Su-27 „Flanker“ (1977)

Der Luftüberlegenheitsjäger Su-27 war die sowjetische Antwort auf die F-15 Eagle. Er erwies sich als sehr vielseitig, wurde zum Trägerflugzeug weiterentwickelt und entpuppte sich bald als Exportschlager.

Suchoi begann 1969 mit den Arbeiten an seinem T-10-Entwurf. Geplant war ein äußerst wendiger Jäger mit großer Reichweite, schwerer Bewaffnung und ausgeklügelten Sensoren. Das Flugzeug war für maximale Manövrierfähigkeit von vornherein aerodynamisch instabil geplant und benötigte daher ein Fly-by-Wire (FBW)-Steuerungssystem. Im Mai

IRST

Der vor dem Cockpit angeordnete IRST (Infrared Search and Track)-Sensor und der Laser-Entfernungsmesser sind mit dem Radar gekoppelt. Die Erfassungsreichweite beträgt etwa 50 km in großer Höhe gegen ein zurückweichendes Ziel (bei Angriffen aus der 6-Uhr-Position).

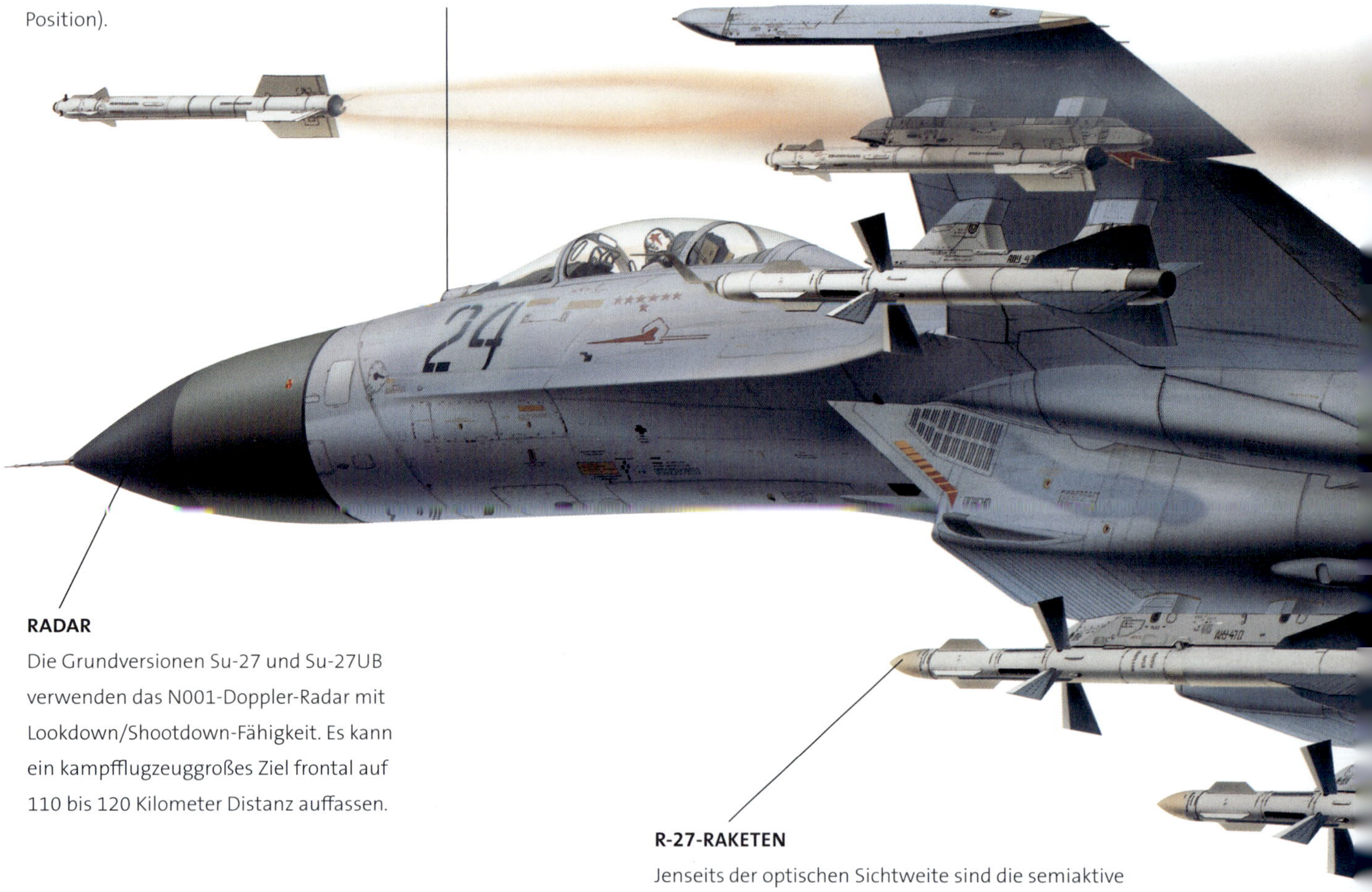

RADAR

Die Grundversionen Su-27 und Su-27UB verwenden das N001-Doppler-Radar mit Lookdown/Shootdown-Fähigkeit. Es kann ein kampfflugzeuggroßes Ziel frontal auf 110 bis 120 Kilometer Distanz auffassen.

R-27-RAKETEN

Jenseits der optischen Sichtweite sind die semiaktive Radar-Homing-Rakete R-27R und die Infrarot-Homing-Rakete R-27T (AA-10 „Alamo“) sowie ihre Derivate mit erhöhter Reichweite, R-27ER und R-27ET, im Einsatz.

1977 flog der erste Prototyp der T-10. Er bekam die NATO-Bezeichnung „Flanker A“. Die vier T-10-Prototypen zeigten so schwerwiegende Mängel, dass das Flugzeug radikal überarbeitet werden musste. 1981 tauchte die Flanker als T-10S-1 wieder auf.

Das Flugzeug ging 1982 als Su-27 (NATO-Name: „Flanker-B“) in die Serienproduktion und wurde 1984 an die Streitkräfte ausgeliefert. Zum Einsitzer gesellte sich 1985 der voll einsatzfähige Zweisitzer Su-27UB („Flanker-C“). Bald standen über 400 Su-27 beider Versionen in sowjetischen Diensten.

Nach dem Zusammenbruch der UdSSR gingen die Flanker an die Nachfolgestaaten, und Russland startete eine Exportoffensive für das Jagdflugzeug. Das erste Exportmodell war die für China entwickelte Grundversion Su-27SK, im Wesentlichen eine Flanker-B mit zusätzlicher Luft-Boden-Waffenausrüstung. China erhielt auch das Flanker-C-Äquivalent Su-27UBK. Nach der Auslieferung von 80 russischen Su-27SK/UBK begann China mit der Lizenzproduktion von weiteren 95 einsitzigen Flankern („J-11“).

Vietnam bestellte als Zweitkunde eine erste Charge von sechs Flankern (einschließlich eines Zweisitzers) und eine weitere über zwei Su-27SK und

Eine Su-27 „Flanker-B“ des 582. Jagdfliegerregiments. Diese Einheit der 4. Sowjetischen Luftarmee war 1990 in Chojna (Polen) stationiert. Im selben Jahr wurden ihre 32 Su-27 zurück nach Smolensk (Russland) verlegt, wo sich die Einheit 1992 auflöste.

SELBSTSCHUTZ

Die Selbstschutzausrüstung besteht aus einem Radarwarnempfänger (RWR), einem Zwei-Pod-System für elektronische Gegenmaßnahmen (ECM) und Düppel/IR-Täuschkörper-Werfern.

Eine besonders gekennzeichnete Su-27 „Flanker-B“ des russischen Luftwaffenausbildungszentrums in Lipezk, Mitte der 1990er Jahre. Hier werden unter anderem Waffenausbilder-Piloten trainiert und neue Taktiken entwickelt.

vier Su-27UBK. Auch Äthiopien kaufte gebrauchte ex-russische Flanker-B/C, Indonesien zwei Su-27SK und drei der verbesserten Su-27SKM-Einsitzer (letztere entspricht der später beschriebenen Su-27SM).

Zu den Flanker-B/C-Exporten gehörten auch ehemalige ukrainische Flugzeuge, die nach Eritrea und Äthiopien verkauft wurden. Angola erhielt zwei Flanker von unbekannter Seite, vermutlich Weißrussland.

Die Flanker ist mit etwa 100 im Einsatz befindlichen Exemplaren (Stand 2021, International Institute for Strategic Studies) noch immer das Rückgrat der der russischen Kampfflotte. Die Flugzeuge wurden in der Mitte ihrer Lebensdauer zu Su-27SM mit neuer Avionik-Ausrüstung aufgerüstet und ab 2004 an die Frontregimenter ausgeliefert. Hinzu kam eine kleine Charge neu gebauter, 2011 ausgelieferter Su-27SM3 mit verbesserter Avionik und Einsatzausrüstung. In jüngerer Zeit beschaffte Russland drei weitere, neu gebaute Flanker-Versionen, zweisitzige Su-30M2 und Su-30SM sowie einsitzige Su-35S mit Schubvektorsteuerung. Die Su-30M2 und die Su-30SM sind Versionen der deutlich verbesserten zweisitzigen Flanker-Derivate und erzielten bedeutende Exporterfolge. Die zweisitzige Mehrzweck-Familie entstammt dem für die UdSSR entwickelten und in kleinen Stückzahlen eingesetzten Su-30-Abfangjäger. Die Su-30 basiert auf der zweisitzigen Su-27UB und verfügt über eine Luftbetankungsausrüstung und weitere Modifikationen für Langstreckeneinsätze.

Die Su-30 wurde vom Hersteller Irkut zum Mehrzweckjäger-Su-30MKI für Indien weiterentwickelt, dessen Streitkräfte 272 Exemplare bestellten. Diese Variante besitzt eine überarbeitete Avionik mit Phased-Array-Multimode-Radar, präzisionsgelenkte Luft-Boden-Waffen, Canard-Vorflügel, ein verbessertes Fly-by-Wire-System und Schubvektor-Triebwerke. Der endgültigen Su-30MKI gingen acht Su-30K in Grundausstattung voraus.

Den Su-30MKI ähneln die 18 Su-30MKM-Flugzeuge für Malaysia, die

TECHNISCHE DATEN (SU-27 „FLANKER-B“)

Typ	Allwetter-Luftüberlegenheitsjagdflugzeug
Abmessungen	Länge 21,90 m Spannweite 14,70 m Höhe 5,93 m
Startgewicht max.	33.000 kg
Antrieb	2 x 122,58 kN (27.557 lb) Saturn/Lyulka AL-31F Turbofan mit Nachbrenner
Höchstgeschwindigkeit	2.280 km/h bei 11.000 m (36.090 ft)
Reichweite	3.680 km
Dienstgipfelhöhe	17.700 m (58.071 ft)
Besatzung	1
Bewaffnung	eine 30-mm-Kanone sowie bis zu 6.000 kg Ladekapazität inklusive max. sechs Mittelstrecken- und vier Kurzstrecken-AAMs

Die ersten „Flanker-B/C“-Serienmodelle konnten Waffen an insgesamt 10 externen Stationen tragen: eine an jeder Flügelspitze, zwei unter jeder Tragfläche, eine unter jeder Triebwerksgondel und zwei hintereinander an der Rumpfmitte.

44 Su-30MKA-Flugzeuge für Algerien und die russische Su-30SM stark. Weniger ausgefeilt ist das zweisitzige, vom KnAAPO-Werk für China entwickelte Mehrzweckflugzeug Su-30MKK. China erhielt 76 Exemplare, dazu 24 der für Angriffe auf Schiffe optimierten Variante Su-30MK2. Weitere Kunden für das KnAAPO-Produkt sind Venezuela (24 Su-30MK2V), Vietnam (24 Su-30MK2), Indonesien (zwei Su-30MK und neun Su-30MK2). Die Su-30M2 der russischen Luftwaffe ist ihnen weitgehend ähnlich.

Der letzte Typ des Flanker-Einsitzers Su-35 war in den frühen 2000er Jahren zunächst für den Export geplant und wurde dann bei den russischen Streitkräften eingeführt. Er besitzt einen völlig neuen Rumpf, neue Avionik, Systeme und Triebwerke. Die Su-35 hat keine Canard-Flügel, verfügt aber dank ihrer 142,2 kN leistenden Saturn-AL-41F1S-Schubvektor-Triebwerke und der modernen Fly-by-Wire-Systeme über die hervorragende Wendigkeit der Su-30MKI-Familie. Die Variante Su-35S kann alle russischen Luft-Luft- und Luft-Boden-Lenkwaffen neuer Generation einsetzen.

Die Su-27 verfügt über eine markante Verlängerung der Anströmkante der Tragfläche am Übergang zum Rumpf, im Westen als LERX (Leading Edge Root Extension) bezeichnet. Sie erzeugt zusätzlichen Auftrieb und hilft, die schwere Radarnase zu destabilisieren. In der Flügelwurzel der rechten Tragfläche befindet sich eine 30-mm-Kanone.

MARINE-FLANKER

Die „Flanker-D“ – bekannt als Su-27K, beim russischen Militär als Su-33 – ist ein trägergestütztes Luftüberlegenheits-Kampfflugzeug, das seinen Erstflug im August 1987 machte. Sie besitzt, anders als die „Flanker-B“, einen Fanghaken, Canard-Vorflügel, einen klappbaren Heck-„Stachel“, klappbare Flügel und Leitwerke, ein verstärktes Doppelbugrad, ein modifiziertes Flugsteuerungssystem, eine vergrößerte Flosse und einen einfahrbaren Betankungsstutzen. Das Waffenkontrollsystem ähnelt dem der „Flanker-B“-Grundversion und beschränkt sich im Wesentlichen auf Luftverteidigungsfähigkeit. Die Trägerversion ging Anfang der 1990er Jahre in Serie. 1993 wurde die erste Charge von vier Su-33 in Dienst gestellt. Bis 1998 wurden bis zu 24 „Flanker-D“ von den russischen Marinefliegern übernommen. Sie gehören zur Hauptwaffenausrüstung des einzigen Flugzeugträgers der russischen Marine, der „Admiral Kusnetsow“.

Mikojan MiG-29 „Fulcrum“ (1977)

Die MiG-29 war die Antwort der UdSSR auf die immer leistungsfähigeren westlichen Kampfflugzeuge. Sie erlangte schnell einen Ruf als wendige Luftkämpferin und bekam nach Behebung anfänglicher Mängel deutlich mehr Reichweite und Mehrzweckfähigkeit.

Die MiG-29 kam als leichtes Gegenstück zum schweren Jagdflugzeug Su-27 in die sowjetische Luftwaffe, entstammte aber dem Entwurf eines schweren Jägers. Dieser wurde zu einem „Frontjäger“ umgeplant, der überwiegend in der Luftverteidigung auf kurze Distanzen dienen und auch eine Bodenangriffs-Zweitrolle wahrnehmen sollte. Detaillierte Konstruktionsarbeiten begannen 1974. Um mit der Entwicklung westlicher Kampfflugzeuge Schritt zu halten, sollte die MiG-29 Look-Down-/Shoot-Down-Fähigkeit bekommen und unter dem Einfluss elektronischer Ge-

Eine MiG-29 (9.12) „Fulcrum-A“ des 237. Flieger-Verbundregiments, Anfang der 1990er Jahre in Kubinka im Moskauer Militärbezirk. Diese historische Einheit dient bis heute als Luftfahrt-Erprobungszentrum der Luftwaffe.

AERODYNAMIK
Nach dem Entwicklungsgrundsatz „hoher Auftrieb bei geringem Luftwiderstand“ verwendet die MiG-29 stark ausgeprägte Flügelwurzel-Verlängerungen und optimierte Lufteinlässe für die weit auseinander liegenden Triebwerke, um auch hohe Anstellwinkel zu bewältigen.

STEUERFLÄCHEN
Die Vorderkanten der Flügel haben computergesteuerte Manövrierklappen, die Hinterkanten einfache Landeklappen und Querruder.

genmaßnahmen operieren können. Fahrwerk und Triebwerkseinlässe sollten den Betrieb auf schlecht vorbereiteten Feldflugplätzen erlauben.

Das Konzept der MiG-29 verbindet Hochauftriebsflügel mit geringem Widerstand mit einem vorn aufragenden Rumpf. Sie ist für große Anstellwinkel optimiert und zeigt gerade bei niedrigen Geschwindigkeiten eine ausgezeichnete Wendigkeit. Der erste von elf Prototypen absolvierte im Oktober 1977 seinen Jungfernflug. Nach acht Vorserienmaschinen wurde die erste Einsatzversion 1983 unter der Bezeichnung Mikojan 9.12 an die sowjetischen Frontfliegerkräfte ausgeliefert. Die NATO nannte sie „Fulcrum-A“.

Zur Erstausstattung gehörten als Hauptsensoren das N019-Puls-Doppler-Radar und ein Infrarot-Such- und Verfolgungssystem. Der Pilot verfügte über das am Helm montierte Cueing-System. Eine ähnliche 9.12A-Version ging an Länder des Warschauer Pakts und andere enge Verbündete, die abgespeckte Exportausgabe 9.12B an Nicht-Warschauer-Pakt-Betreiber.

Hinzu kam ein zweisitziger Kampftrainer, 9.51 MiG-29UB (NATO-Code: „Fulcrum-B“) ohne Radar, aber mit einem zweiten Sitz unter einem verlängerten Kabinendach. 1984 flog ein erstes Exemplar der verbesserten 9.13 „Fulcrum-C“. Sie blieb in der MiG-29-Nomenklatur, verfügte aber unter einem verlängerten Rücken über mehr Treibstoff und Avionik. Zu den Hauptmerkmalen der überarbeiteten „Ful-

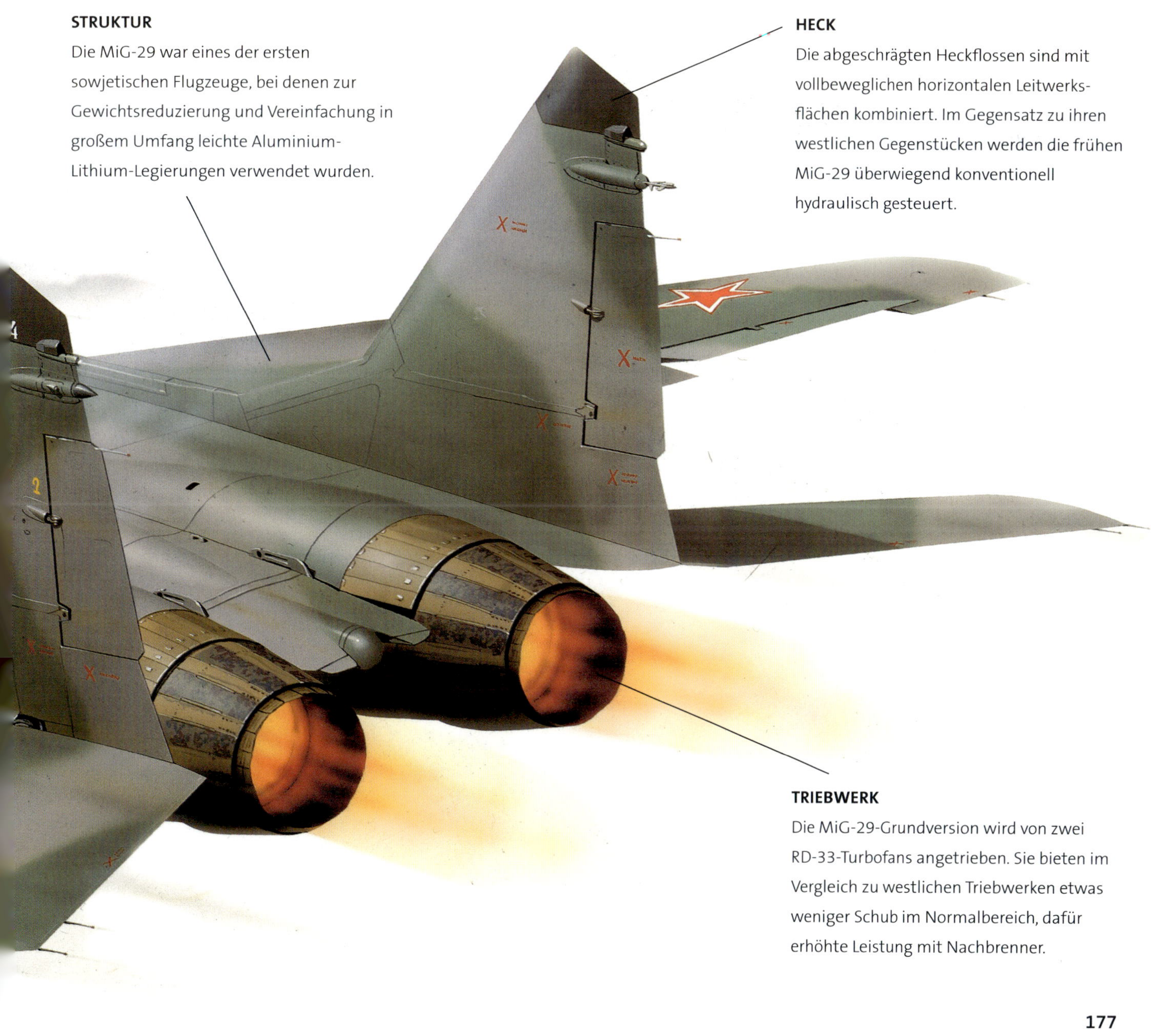

Drei Ansichten des ersten, erfolglosen MiG-29M-Prototyps. Er besitzt fortschrittliche Waffen wie Kh-31-Anti-Radar-Raketen (AS-17 „Krypton“) und R-77-Luft-Luft-Raketen (AA-12 „Adder“).

crum-C“ (Modell 9.13S) zählten das weiterentwickelte Flugsteuerungssystem und ein verbessertes N019M-Radar, das nun über Multi-Ziel-Verfolgung-/Zwei-Ziel-Bekämpfung und Kompatibilität mit den moderneren R-77-Luft-Luft-Raketen (NATO: AA-12 „Adder“) verfügte. Diese Variante wurde standardmäßig mit Unterflügel-Kraftstofftanks angeboten.

Nach dem Kalten Krieg war die 9.13 Kern einer immer weiter verbesserten MiG-29-Exportfamilie, mit noch flexibleren Mehrzweckfähigkeiten und teils westlichen Kommunikationssystemen. Die erste dieser Upgrade-Konfigurationen war die Basis-MiG-29SE mit den bereits für die sowjetische MiG-29S entwickelten Verbesserungen, dazu Optionen für Displays und Instrumente im westlichen Stil und westlicher Navigations-, Funk – und IFF (Identification Friend/Foe) -Ausrüstung. Die MiG-29SD besitzt NATO-kompatible IFF- und Navigations-/Kommunikationsausrüstung, ein neues Radar, R-77-Kompatibilität und die Vorbereitung für einen optionalen Luftbetankungsstutzen.

Die MiG-29SM verfügt über weiter bessere Luft-Boden-Fähigkeiten. Sie bekam neue Cockpit-Displays, Radarmodifikationen und Waffensystemverbesserungen, die den Einsatz von TV- und radargesteuerten Bomben und Raketen ermöglichen. Der modernste Flugzeug-Upgrade MiG-29SMT hat ein Glascockpit, weiter verbesserte Luft-Boden-Fähigkeiten und einen für die Aufnahme von Zusatzkraftstoff verlängerten Rücken.

In den 1980er Jahren plante Mikojan eine MiG-29 der zweiten Generation mit einem völlig neuen Rumpfdesign. So entstanden die landgestützte 9.15 MiG-29M und die trägergestützte 9.31 MiG-29K. Diese Programme wurden allerdings aufgrund von Budgetkürzungen nach dem Kalten Krieg Anfang der 1990er Jahre eingestellt.

Angesichts guter Erfolge im 21. Jahrhundert wandte sich Mikojan erneut der Modernisierung der MiG-29 zu. Eine neue, einheitliche Familie von MiG-29-Mehrzweckjägern auf Basis von 9.15 und 9.31 erschien auf dem Markt. Die neuesten Varianten basieren auf den für die indische Marine entwickelten Trägerversionen MiG-29K und MiG-29KUB (9.41 und 9.47). Sie verfügen wie ihre landgestützten Äquivalente MiG-29M/M2 über Avionik mit offener Architektur, Zhuk-ME-Radar mit einer Slotted-Planar-Array-Antenne und neue RD-33MK-Triebwerke mit digitaler FADEC-Steuerung.

TECHNISCHE DATEN

Typ	Abfangjäger mit Bodenangriffsfähigkeit
Abmessungen	Länge 17,32 m Spannweite 11,36 m Höhe 4,73 m
Startgewicht max.	18.500 kg
Antrieb	2 x 81,39 kN (18,298 lb) Klimov RD-33 Turbofan mit Nachbrenner
Höchstgeschwindigkeit	2.445 km/h
Reichweite	1.500 km
Dienstgipfelhöhe	19.800 m (65.000 ft)
Besatzung	1
Bewaffnung	eine 30-mm-Kanone sowie bis zu 3.000 kg Ladekapazität an sechs Unterflügel-Positionen

Weitere Verbesserungen bieten die MiG-35 und die zweisitzige MiG-35D mit Multimode-Phased-Array-Radar, einem neuen elektrooptischen Ziel- und Aufklärungssystem, einem verbesserten IRST-Sensor und einem neuen Abwehrsystem. Alle neuen Versionen werden auch mit Schubvektorsteuerung angeboten.

Aus der ersten MiG-29M sollte ein echter „Fulcrum“ der zweiten Generation werden, mit Fly-by-Wire-Flugsteuerung, verbesserter Struktur, leistungsfähigerem Triebwerk, moderner Avionik und neuen Waffensystemen. Die 9.15 brachte fünf Prototypen hervor.

POLNISCHE „FULCRUMS“

Die polnische Luftwaffe ist trotz NATO-Mitgliedschaft weiterhin ein begeisterter MiG-29-Betreiber. Polen orderte zunächst neun MiG-29A und drei MiG-29UB, deren erste 1989 ausgeliefert wurde. 1995 beschloss man die Beschaffung von zehn MiG-29 (neun MiG-29A und eine MiG-29UB) aus der Tschechischen Republik. Mit Ausmusterung der MiG-29 in Deutschland erhielt Polen 22 ehemalige DDR-Flugzeuge (18 MiG-29G und vier MiG-29GT) für einen symbolischen Euro. Im September 2003 traf das erste Flugzeug in Polen ein. Um innerhalb der NATO zu operieren zu können und die Lebensdauer der Flugzeuge zu verlängern, erhielten die polnischen MiGs einen digitalen Datenbus mit offener Architektur, ein Cockpit mit westlichen Maßeinheiten, eine Laser-Trägheitsplattform mit eingebettetem GPS und INS, einen digitalen Videorecorder und Datalink, ein neues Front-Bedienfeld, ein neues UHF/VHF-Funkgerät, einen verbesserten IRST-Sensor und ein modernisiertes NO19-Radar mit gesteigerter Zielerkennung und Verfolgungsreichweite.

Dassault Mirage 2000 (1978)

Die Mirage 2000 steht in der Tradition der Dassault-Deltaflügler. Sie ist der jüngste Spross der Familie und als Rückgrat der französischen Luftwaffe ein echter Exportschlager. Sie kann konventionelle und atomare Waffen einsetzen.

Die Mirage 2000 zeigt noch gewisse Ähnlichkeiten mit früheren Deltaflügel-Jägern der Dassault-Familie, verfügt aber über enorme Verbesserungen wie negative Längsstabilität und ein Fly-by-Wire-Steuerungssystem. Der vertraute Deltaflügel sorgt für beträchtlichen Auftrieb, geringen Luftwiderstand und viel Innenvolumen für Treibstoff und

Eine Mirage 2000H (in Indien: Vajra-Thunderbolt) der No. 1 „The Tigers“ Squadron, Central Air Command, Indian Air Force, stationiert in der Maharajpura Air Force Station, Gwailor, in den 1990er Jahren. Die No. 1 Squadron, eine ehemalige MiG-21-Einheit, war nach der No. 7 Squadron der zweite Betreiber der IAF Mirage 2000.

RADAR
Die Mirage 2000H bekam das Thomson-CSF-RDM-Mehrzweckradar mit Dauerstrichtechnik für den Einsatz von Flugkörpern mit Doppler-Zielsuche.

SUPER 530 AAM
Als Basiswaffe der Mirage 2000H zur Abfangjagd dient die Super-530D-Rakete von Matra mit semiaktivem Monopuls-Dauerstrich-Dopplerradarsuchkopf.

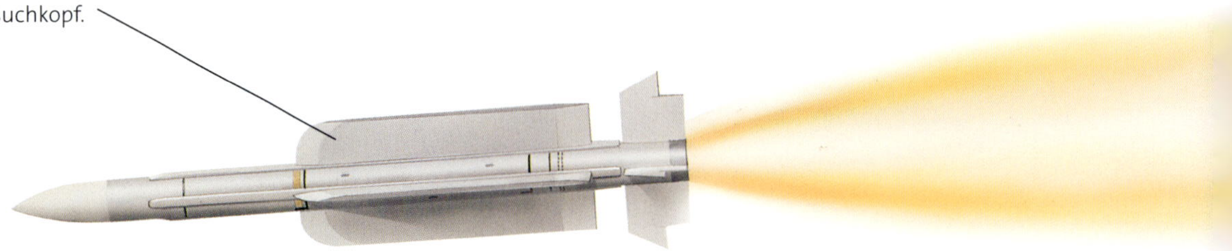

Avionik, während die computergestützte Flugsteuerung das Flugzeug agiler und bei niedrigen Geschwindigkeiten besser handhabbar macht. Es kann auch langsamer landen.

Die Mirage 2000 geht auf das hauseigene Projekt Mirage 1000 von 1972 zurück. 1975 strich der französische Staat einen Planungsauftrag für das Projekt „Dassault Avion de Combat Futur“ (ACF) und gab 1976 eine neue Spezifikation heraus. So begann ein Programm hoher Priorität für einen neuen Abfangjäger, der 1982 in Dienst gestellt werden sollte.

Die spätere Mirage machte im März 1978 ihren Erstflug. Als Mirage 2000C für die französische Luftwaffe besaß sie anfangs eine verbreiterte Heckflosse und Verkleidungen an den Wurzeln der Flügelhinterkanten. Noch wichtiger war die Schuberhöhung auf 88,26 kN durch die neuen M53-5-Triebwerke. Erste Lieferungen erfolgten im April 1983.

Die einsitzige Mirage 2000C wurde durch das zweisitzige Schulflugzeug Mirage 2000B ergänzt, das 1983 seinen Erstflug machte. Dieser Trainer war etwas länger als der Einsitzer, besaß keine Kanonen und einen etwas geringeren Kraftstoffvorrat. Für Frankreich wurden 32 Mirage 2000B und 121 Mirage 2000C gebaut. Beide Varianten wa-

TRAGFLÄCHEN

Die Flügel sind groß und haben eine niedrige Flächenbelastung. Für bessere Manövereigenschaften verfügen sie über automatische Vorflügel an den Vorderkanten und zweiteilige Elevons an den Hinterkanten.

Eine Mirage 2000C der 5e Escadre de Chasse während der Operation „Daguet", Frankreichs Beitrag zum Golfkrieg im Jahre 1991. Sie gehörte zu den 14 in al-Hasa (Saudi-Arabien) stationierten Flugzeugen.

ren zunächst mit dem RDM-Radar und Super-530F-Luft-Luft-Raketen ausgerüstet und bekamen später ein RDI-Dauerstrichradar für die Super-530D-Rakete sowie verbesserte Look-Down-/Shoot-Down-Fähigkeit. Im Verlauf der Produktion wurde der M53-5-Motor durch den M52-P2 mit 95,12 kN Schub ersetzt.

1979 erhielt Dassault den Auftrag über zwei nuklearfähige Kampfflugzeug-Prototypen, aus denen später die Mirage 2000N wurde. Das Flugzeug basierte auf der zweisitzigen Mirage 2000B mit verstärkter Struktur für den Tiefflug und einer Angriffsavionik auf Basis des Antilope-5-Radars. Als Primärwaffe diente die nukleare Abstandsrakete ASMP. Insgesamt 75 Mirage 2000N wurden für die französische Luftwaffe gebaut. 1988 erreichte das Muster erstmals die Einsatzfähigkeit.

Nach dem Kalten Krieg hatte die französische Luftwaffe erhöhten Bedarf an konventionellen Angriffsflugzeugen. Das führte zur Entwicklung der Mirage 2000D. Sie ähnelt der Mirage 2000C und machte 1991 den Erstflug. 75 Mirage 2000D wurden an die Luftwaffe ausgeliefert.

Die erste Version der Mirage 2000B/C wurde zu einem großen Exporterfolg. Ägypten war Erstkunde der Mirage 2000EM/BM mit M53-P2-Triebwerk und dem früheren, für die Super-530D-Abfangrakete modifizierten RDM-Radar. Indiens Mirage 2000H/TH hatte anfangs das M53-5, später das M53-P2-Triebwerk und ist ebenfalls für die Super 530D vorbereitet. Peru erhielt die Mirage 2000P/DP. Die Vereinigten Arabischen Emirate orderten Mirage 2000EAD-Mehrzweckjäger, 2000RAD-Aufklärungsflugzeuge und 2000DAD-Kampftrainer. Griechenlands Version der ersten Generation war die Mirage 2000EG/BG.

Als erste Mirage 2000 der zweiten Generation kam die Mirage 2000-5 heraus. Sie war als exportoptimiertes Mehrzweck-Kampfflugzeug konzipiert und machte 1990 ihren Erstflug. Nach Erprobungen als Zweisitzer wurde die -5 später durch einen Einsitzer ergänzt. Zu den Hauptmerkmalen der -5 zählen das Thales-RDY-Multimode-Radar, ein modernisiertes Cockpit, verbesserte Selbstverteidigungsausrüstung, die neue

TECHNISCHE DATEN (MIRAGE 2000-5)

Typ	Mehrzweck-Jagdflugzeug
Abmessungen	Länge 14,36 m Spannweite 9,13 m Höhe 5,20 m
Startgewicht max.	15.000 kg
Antrieb	1 x 98,06 kN (22.046 lb) SNECMA M53-P20 Turbofan mit Nachbrenner
Höchstgeschwindigkeit	2.335 km/h
Reichweite	3.333 km mit Abwurftanks
Dienstgipfelhöhe	16.460 m (54.000 ft)
Besatzung	1 oder 2
Bewaffnung	zwei 30-mm-Kanonen sowie bis zu 6.300 kg Ladekapazität an fünf Rumpf- und vier Unterflügel-Positionen

MICA-Luft-Luft-Rakete und eine breite Palette von gelenkten und ungelenkten Luft-Boden-Raketen. Der erste Kunde war Taiwan (Mirage 2000-5EI und -5DI), gefolgt von Katar (Mirage 2000-5EDA und -5DDA). Die französische Luftwaffe entschied, 37 ihrer Mirage 2000C auf einen ähnlichen Standard aufzurüsten und als Mirage 2000-5F einzusetzen.

Der Export kam mit der Mirage 2000-9 und der sehr ähnlichen Mirage 2000-5 Mk 2 weiter voran. Diese Versionen erhielten, anders als die -5, das RDY-2-Standardradar. Erstkunde war Griechenland, gefolgt von den Vereinigten Arabischen Emiraten (Mirage 2000-9). Beide haben inzwischen entschieden, eine Reihe früher gelieferter Mirage 2000 auf den gleichen Standard aufzurüsten.

TARGETING-PODS

Die erste Luft-Boden-Version der Mirage 2000, die Mirage 2000N, war anfangs nicht mit einem Targeting-Pod (Behälter mit Zielsuchtechnik) ausgestattet. Das wurde bei der verbesserten Mirage 2000D geändert. Die ersten Targeting-Pods für dieses Modell waren das PDL-CT (Pod de Désignation Laser-Caméra Thermique) für die Wärmebildkennzeichnung und das Tageslicht-System ATLIS. Hinzu kam der PDL-CT mit einem verbesserten Synergie-Infrarotsensor und 40-prozentiger Erhöhung der Auflösung. Zuletzt bekam die Mirage 2000D den Damoclès-MP-Laserkennzeichnungs-Pod. Indische Mirage 2000 tragen derzeit den israelischen Litening-Laserkennzeichnungs-Pod. Die neueste Mirage-Variante der Vereinigten Arabischen Emirate, Mirage 2000-9, ist mit der Damoclès-Kapsel („Shehab“) ausgerüstet, die mit einem Forward-Looking Infrared-Sensor (Nahar) arbeitet.

McDonnell Douglas F/A-18 Hornet (1978)

Die Hornet löste die F-4 Phantom II in der Marine-Luftverteidigungsrolle ab, ersetzte das veraltete Angriffsflugzeug A-7 Corsair II und führte die US-Trägerflotte als echter Mehrzweck-Jäger in eine neue Ära. Die „alte" F/A-18 dient weiter beim U.S. Marine Corps und mehreren anderen Staaten.

Mitte der 1970er Jahre wählte die U.S. Navy die McDonnell Douglas Hornet im Rahmen einer Air Combat Fighter-Ausschreibung aus, aus der die Northrop YF-17 siegreich gegen die General Dynamics YF-16 hervorgegangen war. Die landgestützte, weiterentwickelte und navalisierte YF-17 wurde später zur F/A-18, die sich wegen ihrer Vielseitigkeit und der modernen Mission-Software als Jagd- und Jagdbomberflugzeug eignete. Northrop bekam als Urheber

Eine F/A-18A der Marine Fighter Attack Squadron (VMFA) 314 „Black Knights", 1986 an Bord der USS Coral Sea im Mittelmeer. Die Einheit war während der Operationen „El Dorado Canyon" und „Prairie Fire" an Angriffen auf libysche Radaranlagen beteiligt.

FLÜGELSPITZENPYLON
Die Flügelspitzen-Waffenaufhängung wird normalerweise für Sidewinder-Raketen umgebaut. Hier ist die AIM-9M zu sehen, zu der sich jetzt die modernere AIM-9X gesellt hat.

KANONE
In der Nase ist eine 20-mm-Gatling-Kanone M61A1 Vulcan von General Electric verbaut. Sie verfügt über 570 Schuss Munition und feuert mit einer Geschwindigkeit von 6.000 Schuss pro Minute.

RADAR
Die erste F/A-18A, die zweisitzige F/A-18B und die frühen C-Modelle besaßen das Hughes-AN/APG-65-Multimode-Radar. Es wurde später durch das APG-73 ersetzt.

des Entwurfs die Verantwortung für alle künftigen landgestützten Versionen der Hornet, McDonnell Douglas sollte die Entwicklungsleitung und den Hauptanteil der Arbeiten an der Marineversion für die U.S. Navy und das Marine Corps übernehmen.

Für die Marineversion gingen Exportaufträge ein, doch die beiden Unternehmen teilten sich weiter die Verantwortung für Entwicklung und Produktion. Heute gehört McDonnell Douglas zu Boeing, aus Northrop wurde Northrop Grumman. Diese beiden Firmen verantworten die vollständig überarbeitete F/A-18E/F Super Hornet und die EA-18G Growler, ihren Ableger für elektronische Kampfführung.

Der erste Prototyp der „alten" Hornet (diese Bezeichnung soll sie von der Super Hornet unterscheiden) flog im November 1978. Er gehörte zu einer Gruppe von elf Entwicklungsflugzeugen, darunter zwei Zweisitzern. Die Produktion der ersten einsitzigen F/A-18A belief sich auf 371 Flugzeuge, von denen die ersten im Mai 1980 ausgeliefert wurden. Die erste voll funktionsfähige Einheit war die VMFA-314 Squadron des Marine Corps. Sie wurde im Januar 1983 für einsatzbereit erklärt. Eine erste U.S.-Navy-Einheit folgte im August 1983. Hornets der USS Coral Sea gingen 1986 zum ersten Mal in Kampfeinsätze über Libyen. Seither ist die Hornet im Mittelpunkt aller Kampfeinsätze der U.S.-Navy-Trägerkräfte und des Marine Corps.

Die F/A-18A wurde von der F/A-18C abgelöst. Von dieser „alten" Hauptvariante gingen insgesamt 347 Exemplare an U.S. Navy und Marine Corps. Das

TRIEBWERK
Die „alte" Hornet wird von dem Low-Bypass-Turbofan General Electric F404 mit Nachbrenner angetrieben, einer Weiterentwicklung der YJ101-Triebwerke in der YF-17.

KRAFTSTOFF
Die vier Haupttanks im Rücken des Flugzeugs umfassen insgesamt 5.300 Liter. Der Vorrat kann durch bis zu drei Außentanks mit jeweils 1.249 Litern Fassungsvermögen ergänzt werden.

McDonnell Douglas F/A-18 Hornet (1978)

Eine F/A-18D der VMFA(AW)-225 des U.S. Marine Corps mit ungelenkten 127-mm-Zuni-Raketen unter den Flügeln, die in der Forward-Air-Control-Rolle zur Zielmarkierung aus der Luft verwendet wird.

C-Modell machte im September 1986 seinen Erstflug. Es verfügt über verbesserte Selbstschutzsysteme und das mit dem AIM-120-AMRAAM kompatible Ground-Mapping-Synthetic-Aperture-Radar AN/APG-73. Weitere Änderungen sind ein neuer NACES-Schleudersitz und Verlängerungen der Flügelvorderkantenwurzel (LERX).

Ab der 138. F/A-18C sind alle Flugzeuge nachtangriffsfähig und verfügen über Nachtsichtbrillen, Vollfarbdisplays, Moving-Map-Funktion und den vorausschauenden Infrarot-Pod AN/AAS-38. Die Nachtangriffsversion F/A-18C wurde ab November 1989 an die Einsatzkräfte ausgeliefert. Abgesehen vom zweiten Besatzungsmitglied entspricht die zweisitzige F/A-18B im Wesentlichen dem A-Modell. U.S. Navy und Marine Corps orderten 40 F/A-18B, die im Gegensatz zum „Legacy"-Zweisitzer F/A-18D, der der F/A-18C ähnlich ist, keine operative Rolle bekamen. Nach dem Bau von 31 C-Serienflugzeugen wurde auch das D-Modell auf eine Nachtangriffsversion umgestellt. Die Produktion endete mit der Lieferung des 109. Exemplars. Der Nachtangriffsversion F/A-18D wird hauptsächlich vom U.S. Marine Corps geflogen, als Ersatz des Vorgängers A-6 Intruder.

TECHNISCHE DATEN (F/A-18C)

Typ	Trägergestützter Jäger und Kampf/Luftnahunterstützungsflugzeug
Abmessungen	Länge 17,07 m Spannweite 11,43 m Höhe 4,66 m
Startgewicht max.	21.888 kg
Antrieb	2 x 78,73 kN (17.700 lb) General Electric F404-GE-402 Turbofan mit Nachbrenner
Höchstgeschwindigkeit	mehr als 1.915 km/h
Reichweite	mehr als 3.336 km mit Abwurftanks
Dienstgipfelhöhe	15.240 m (50.000 ft)
Besatzung	1
Bewaffnung	eine 20-mm-Gatling-Kanone sowie bis zu 6.200 kg Ladekapazität

Sieben Nationen erwarben landgestützte Hornets. Erstkunde war Kanada, das zwischen 1982 und 1988 insgesamt 98 einsitzige CF-188As und 40 zweisitzige CF-188B erhielt. Australien folgte mit 57 F/A-18As und 18 F/A-18B. Spanien erwarb 60 EF-18As und zwölf EF-18B. Danach wurden alle Exportflugzeuge gemäß F/A-18C/D-Standard fertiggestellt, darunter 32 F/A-18C und acht F/A-18D für Kuwait. 26 F/A-18C und acht F/A-18D gingen an die Schweiz, 57 F-18C und sieben F-18D (zunächst ohne Angriffsfähigkeit) nach Finnland sowie acht F/A-18D nach Malaysia.

Die U.S. Navy trieb die Aufrüstung der „alten" Hornets voran, und die meisten anderen Betreiber folgten ihrem Beispiel. So ersetzte der AN/ASQ-228 Advanced-Targeting-Forward-Looking Infra-Red-(ATFLIR)-Pod den AN/AAS-38, die Reichweite der Luft-Boden-Kampfmittel wurde gesteigert. Die U.S. Navy modifizierte 61 F/A-18As auf die A+-Konfiguration mit AN/APG-73-Radar und F/A-18C-Avionik. 54 der A+-modifizierten Flugzeuge wurden weiter auf volle F/A-18C-Fähigkeit (als F/A-18A++) aufgerüstet. Die Konfiguration F/A-18C+ umfasst Link-16-Datalink, farbige Cockpit-Displays, Moving-Map-Display, AN/ALE-47-Infrarot-Gegenmaßnahmen, NACES und das Joint-Helmet-Mounted-Cueing-System.

NAVY HORNETS HEUTE

Eine F/A-18C der Strike Fighter Squadron (VFA) 136 „Knighthawks“ verschießt im Bild unten einen IR-Täuschkörper über dem Persischen Golf, bevor sie zu einer Luftnahunterstützungsmission nach Afghanistan aufbricht. Ab Oktober 2013 waren bei U.S. Navy und Marine Corps insgesamt 620 F/A-18A/B/C/D Hornets im Einsatz- und Reservedienst oder bei der Erprobung. Weitere F/A-18C waren für Avionik-Upgrades und die spätere Wiederinbetriebnahme als F/A-18C+ (ab 2016) eingelagert.
F/A-18Cs fliegen bei zehn aktiven VFA-Staffeln, einer VFA-Reservestaffel und einer Flottenbereitschaftsstaffel, die Schulungen durchführt. Das U.S. Marine Corps stellt zwei bis vier seiner Marine Fighter Attack Squadrons (VMFA) für U.S. Navy Carrier Air Wings (CVWs) zur Verfügung, die entweder mit F/A-18A++ – oder F/A-18C-Varianten ausgestattet sind. Die Hornet wird in den kommenden Jahren weiterhin bei den CVWs der U.S. Navy dienen und nach und nach durch die F/A-18E/F Super Hornet und schließlich durch den F-35 Lightning II Joint Strike Fighter ersetzt werden.

McDonnell Douglas AV-8B Harrier II (1978)

Mit der AV-8B übernahm das U.S. Marine Corps die erste Generation britischer Harrier für vertikale/kurze Starts und Landungen (V/STOL) und brachte dieses revolutionäre Flugzeug auf den neuesten Stand. Die Harrier II dient bis heute auf amphibischen Angriffsschiffen der U.S. Navy.

Die Hawker Siddeley Harrier war als V/STOL-Kampfflugzeug der ersten Generation nur begrenzt leistungsfähig. Das Flugzeug erregte jedoch die Aufmerksamkeit des U.S. Marine Corps, das es 1968 als AV-8A beschaffte. Nach ersten Erfahrungen mit dem Flugzeug begann das USMC mit der Entwicklung der verbesserten AV-8B Harrier II. Das

COCKPIT
Im Vergleich zu früheren Harriers bietet das einteilige Kabinendach eine hervorragende Rundumsicht.

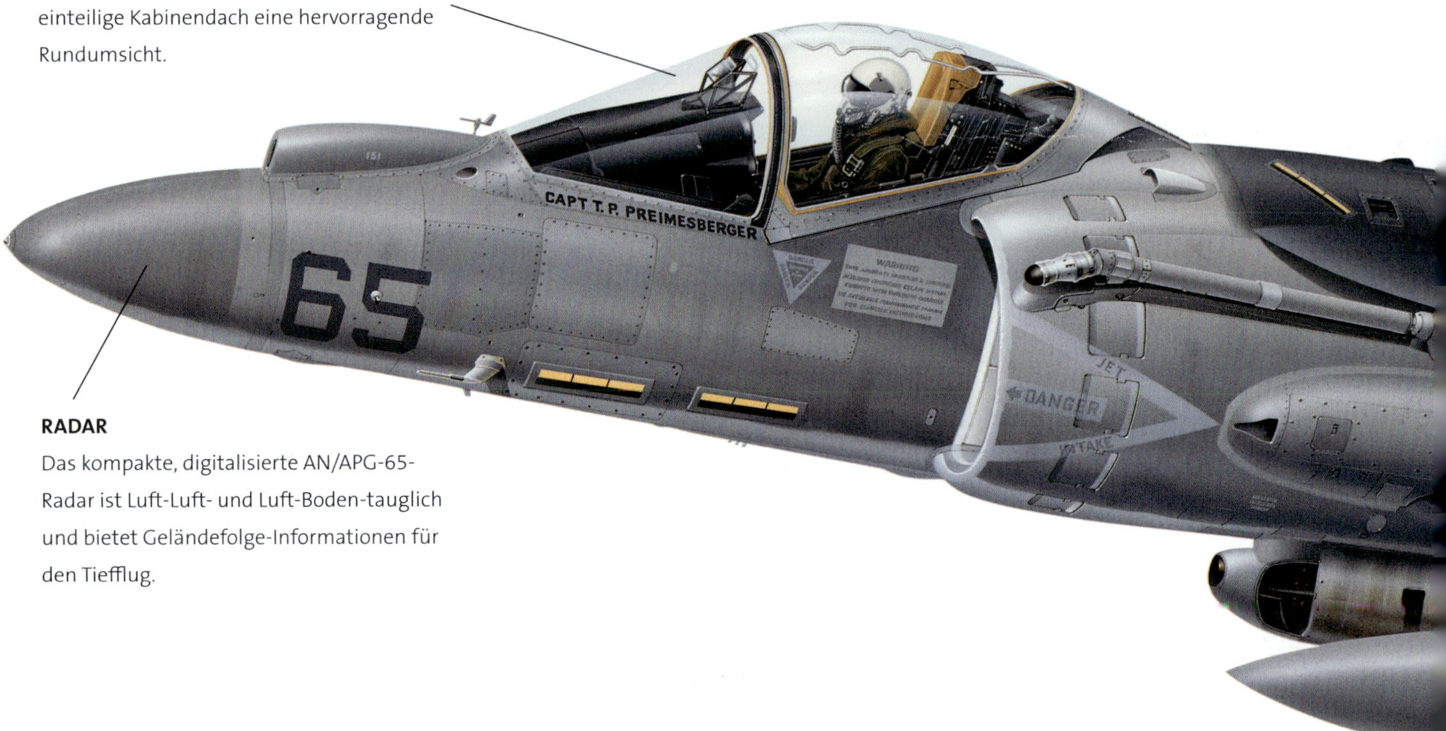

RADAR
Das kompakte, digitalisierte AN/APG-65-Radar ist Luft-Luft- und Luft-Boden-tauglich und bietet Geländefolge-Informationen für den Tiefflug.

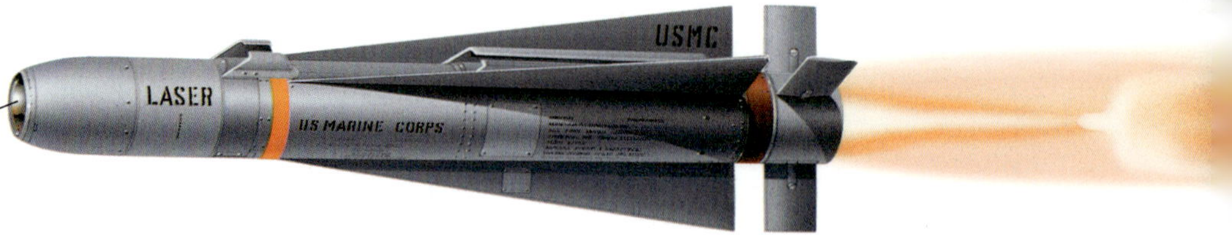

AGM-65E MAVERICK
Die AGM-65E-Version dieser Rakete der U.S. Marines besitzt semiaktive Laserführung und einen neuen 136 Kilogramm schweren Sprengkopf mit Mehrfachsprengladungen.

Gemeinschaftsprojekt von McDonnell Douglas (heute: Boeing) und British Aerospace zielte darauf ab, der Harrier mehr Reichweite, Stehzeit und Waffenbeladung zu verschaffen.

McDonnell Douglas entwarf einen völlig neuen Flügel mit 14,5 Prozent mehr Fläche, 20 Prozent größerer Spannweite und einem superkritischen Abschnitt. Der Rumpf bestand teils aus Kohlefasermaterial, das neue Cockpit verfügte über HOTAS (Hands on Throttle and Stick)-Bedienung. Aerodynamische Verbesserungen erhöhten Auftrieb und Nutzlast.

Der erste Erprobungsflug einer YA-8B (einer überarbeiteten AV-8A) fand im November 1978 statt. Durch den neuen Flügel mit verringerter Vorderkantenpfeilung konnte das Flugzeug nun sechs Waffenträger aufnehmen. Die Kohlefaserstruktur bedeutete weniger Gewicht. Effizientere Lufteinlässe und Kohlefaser-Rumpfsektionen sorgten für weitere Gewichtseinsparungen.

Im November 1981 begann das U.S. Marine Corps mit den Tests von vier Vorserien-AV-8B. Die ersten Serienflug-

Ein Harrier II+ „Radar Bird" der Marine Attack Squadron (VMA) 542 „Flying Tigers", stationiert auf der Marine Corps Air Station Cherry Point (North Carolina), Mitte der 1990er Jahre.

LUFTBETANKUNG

Der optionale einziehbare Betankungsstutzen verschwindet, wenn er nicht verwendet wird, in einem stromlinienförmigen Gehäuse.

TRIEBWERK

Das Flugzeug verfügt über eine modernisierte Version des britischen Rolls-Royce Pegasus mit verbesserten Wartungseigenschaften.

McDonnell Douglas AV-8B Harrier II (1978)

Ein AV-8B Night-Attack-Jet der VMA-214 „Black Sheep", 1989. Die Einheit war 1991 im Golfkrieg und ging im Oktober des Jahres zum ersten Mal nach Iwakuni/Japan.

zeuge wurden 1983 ausgeliefert. Bis dahin hatten die Vorserienflugzeuge und die ersten zwölf Serienmaschinen das 95,42 kN Schub starke, dem Pegasus Mk 105 entsprechende F402-RR-406 anstelle des F402-RR-404-Triebwerks erhalten. Mit dem 44. Flugzeug kam die digitale FADEC-Triebwerkssteuerung, mit dem 197. das stärkere F402-RR-408-Triebwerk. Insgesamt belief sich die Produktion für das USMC auf 280 Flugzeuge, dazu sechs Verlustreserve-Flugzeuge für die Operation „Desert Storm". Die Gesamtproduktion umfasste auch die zweisitzige Trainingsversion TAV-8B.

Ab der 167. Flugzeugzelle wurden die USMC AV-8Bs im Night-Attack-Standard ausgeliefert, mit vorausschauendem Infrarotsensor (FLIR), verbessertem Head-Up-Display, Head-Down-Display und farbiger Moving Map. Das erste Night-Attack-Flugzeug ging im September 1989 an die VMA-214. Diese Version flog auch bei der Operation „Desert Storm", wobei sieben Flugzeuge verloren gingen.

Die 205. AV-8B für das USMC hatte den Harrier-II+-Standard mit AN/APG-65-Radars im Bug. Dieser Typ machte im September 1992 den Erstflug. Der FLIR-Sensor über der Nase bekam ein breiteres, eckigeres Gehäuse. Das Radar war nun kompatibel mit der AIM-120-AMRAAM-Luft-Luft-Rakete und der zur Schiffsbekämpfung eingesetzten AGM-84 Harpoon. Das USMC plante, das letzte seiner 27 Flugzeuge in Harrier-II+-Konfiguration zu erhalten. Drei davon gingen nach Italien. Eine erste Harrier-II+-Auslieferung fand Anfang 1993 statt, und 73 ältere Flugzeuge wurden ebenfalls auf den gleichen Standard aufgerüstet.

USMC AV-8B waren ausgiebig im Irak und in Afghanistan im Einsatz. Das Flugzeug durchläuft derzeit Maßnahmen zur Lebensdauerverlängerung, die sich auf die Tragflächen, das Seitenleitwerk und einige Subsysteme konzentrieren. Die Arbeiten gelten den mit dem F402-RR-408B angetriebenen Flugzeug. Dieses Triebwerk haben inzwischen auch die TAV-8B erhalten.

TECHNISCHE DATEN (AV-8B)

Typ	Schiffs- und landgestütztes V/STOL- Kampf- und Luftnahunterstützungsflugzeug
Abmessungen	Länge 14,12 m Spannweite 9,25 m Höhe 3,55 m
Startgewicht max.	14.061 kg für short take-off (STO)
Antrieb	1 x 105,87 kN (23.800 lb) Rolls-Royce F402-RR-408 Turbofan mit Schubvektorsteuerung
Höchstgeschwindigkeit	1.065 km/h
Reichweite	1.001 km nach short take off (STO), mit 7 x 227 kg
Dienstgipfelhöhe	über 15.240 (50.000 ft)
Besatzung	1
Bewaffnung	eine 25-mm-Gatling-Kanone sowie bis zu 6.003 kg Ladekapazität

Diese AV-8B trägt eine gemischte Beladung aus zwei AGM-65E Maverick, einem Paar Mk-20-Rockeye-Streubomben und AIM-9L/M-Sidewinder-Raketen zur Selbstverteidigung.

Zur besseren Nutzung in ihrer Hauptrolle Luftnahunterstützung erhielt die AV-8B die Litening-Zielkapsel. Sie überträgt die Zielkoordinaten an die GPS-geführten JDAM-Bomben (Joint Direct Attack Munition). Ein Video-Downlink-Sender überträgt Echtzeit-Videostreams vom Litening-Pod an eine Bodenstation.

Das Waffenarsenal wurde um die 227 Kilogramm schwere GBU-38 JDAM und Dual-Mode-Laser/GPS-geführte Waffen erweitert. Die lasergelenkten Bomben bekamen Dreifach-Werfer. Zur Erkennung von improvisierten Sprengkörpern (IEDs) bekam die AV-8B das Intrepid-Tiger-II-System mit Kommunikationstechnik und Störcontainer. Die AV-8B wird derzeit sukzessive durch die F-35B Lightning II ersetzt.

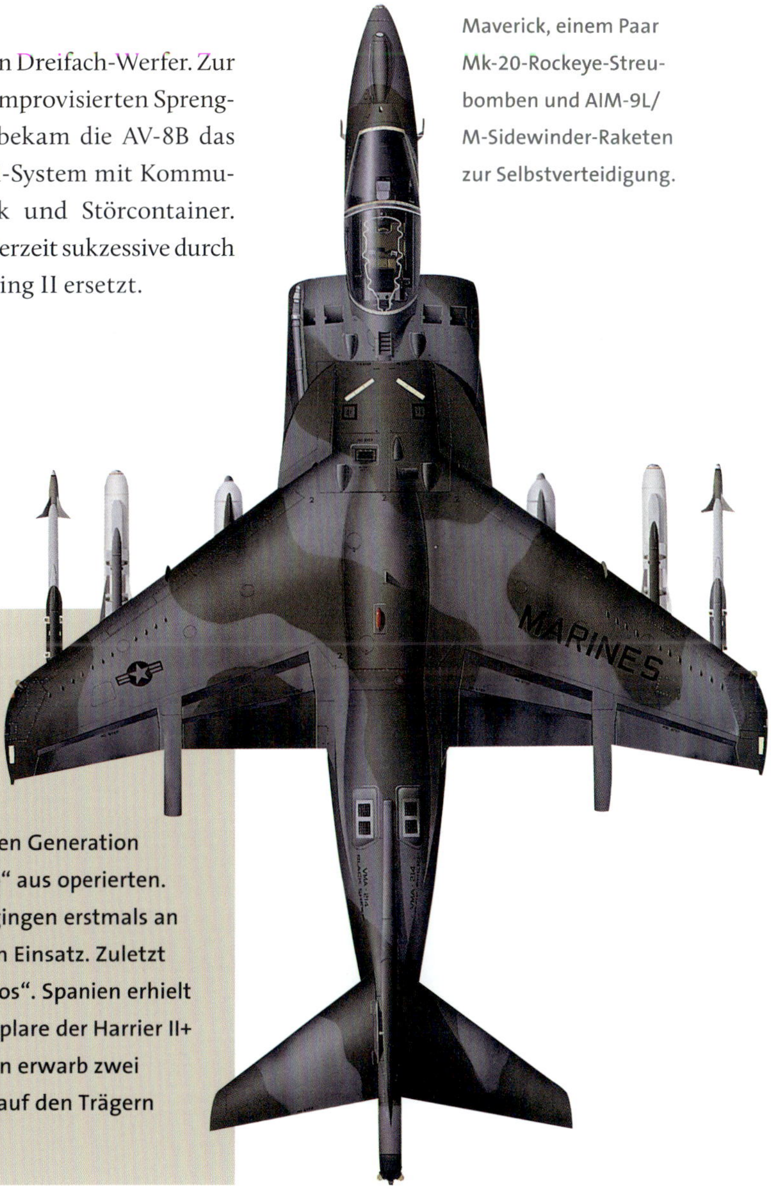

INTERNATIONALE NUTZUNG

Großbritannien erhielt zahlreiche Varianten der Harrier II von britischen Herstellern. Italien und Spanien beschafften AV-8B aus US-Produktion. Die spanische Marine erwarb die Harrier II als Ersatz für AV-8S-Flugzeuge der ersten Generation (hier als VA-1 Matador bezeichnet), die vom Träger „Dédalo" aus operierten. Die zwölf EAV-8B-(VA.2 Matador)-Nachtangriffsflugzeuge gingen erstmals an Bord des „Dédalo"-Nachfolgers „Principe de Asturias" in den Einsatz. Zuletzt dienten sie auf dem amphibischen Angriffsschiff „Juan Carlos". Spanien erhielt auch eine TAV-8B, erteilte Folgebestellungen für acht Exemplare der Harrier II+ und rüstete fünf frühere Jets auf diesen Standard um. Italien erwarb zwei TAV-8B, gefolgt von 16 AV-8B Harrier II+ „Radar Birds", die auf den Trägern „Giuseppe Garibaldi" und „Cavour" dienten.

Lockheed F-117 Nighthawk (1981)

Lockheeds „Stealth Fighter“ wurde unter strengster Geheimhaltung entwickelt. Er wurde bei der Operation „Desert Storm“ zur fliegenden Legende. Das Präzisionsangriffsflugzeug besetzte innerhalb der U.S. Air Force eine Nischenrolle und wurde 2008 außer Dienst gestellt.

Lockheeds F-117A entstand durch eine Forderung der U.S. Air Force. Das neue Flugzeug sollte High-Level Ziele angreifen können, ohne vom feindlichen Radar entdeckt zu werden. Das Resultat war eine radikale Wende zur „Stealth“-Technik mit modernsten Materialien und Technologien. Als erste Einheit stellte die 4450th Tactical Group (ab 1989: 37th Tactical Fighter Wing) mit der F-117A im Oktober 1983 das erste Tarnkappen-Flugzeug in Dienst.

Die Entwicklung des Jets geht auf das Jahr 1974 zurück. Damals plante die Defense Advanced Research and Pro-

Eine F-117A der 49th Fighter Wing in Holloman Air Force Base/ New Mexico, 1992. Das Geschwader ersetzte in diesem Jahr seine F-15 Eagle durch Nighthawks.

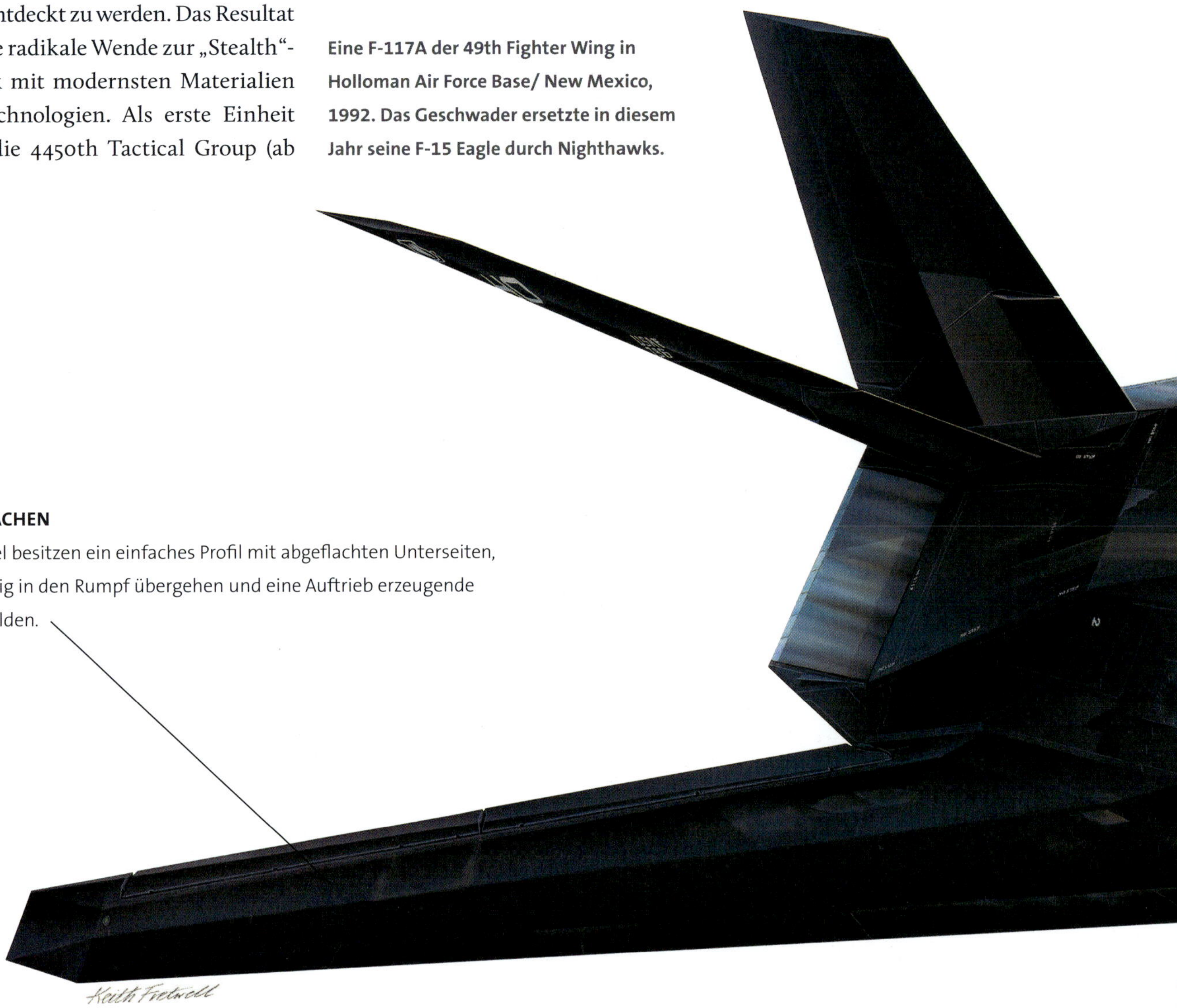

TRAGFLÄCHEN

Die Flügel besitzen ein einfaches Profil mit abgeflachten Unterseiten, die bündig in den Rumpf übergehen und eine Auftrieb erzeugende Fläche bilden.

curement Agency (DARP A) ein Flugzeug mit einer Kombination aus radarabsorbierenden Materialien, radarreflektierender Innenstruktur und einem reflektierenden Äußeren, um den Radarquerschnitt drastisch zu reduzieren. Das äußerliche Hauptmerkmal der späteren F-117A war ihr facettenreicher Rumpf, mit dem die Radarenergie in verschiedene Richtungen reflektiert wurde. Die Technologie erstreckte sich auch auf die Tragflächen, die zwei flache Ebenen auf der Unterseite und drei auf der Oberseite hatten. Überall am Flugzeug gab es so wenig Geraden wie möglich, was sogar zu gezackten Kanten an Zugangsklappen und Türen führte. Die Cockpithaube war gegen Radarstrahlen mit Gold beschichtet.

1976 bekamen Lockheeds „Skunk Works" den Auftrag über zwei verkleinerte Prototypen zur Demonstration des Stealth-Konzepts. Der erste flog 1977. Im nächsten Jahr folgte der Entwicklungsauftrag über ein einsatzbereites Flugzeug, in dessen Bau die gewonnenen Erkenntnisse einfließen sollten.

Die erste von fünf Erprobungsmaschinen machte im Juni 1981 den Erstflug. Sie besaß im Gegensatz zu den maßstabsgetreuen Demonstratoren Heckflächen, die nach außen und nicht

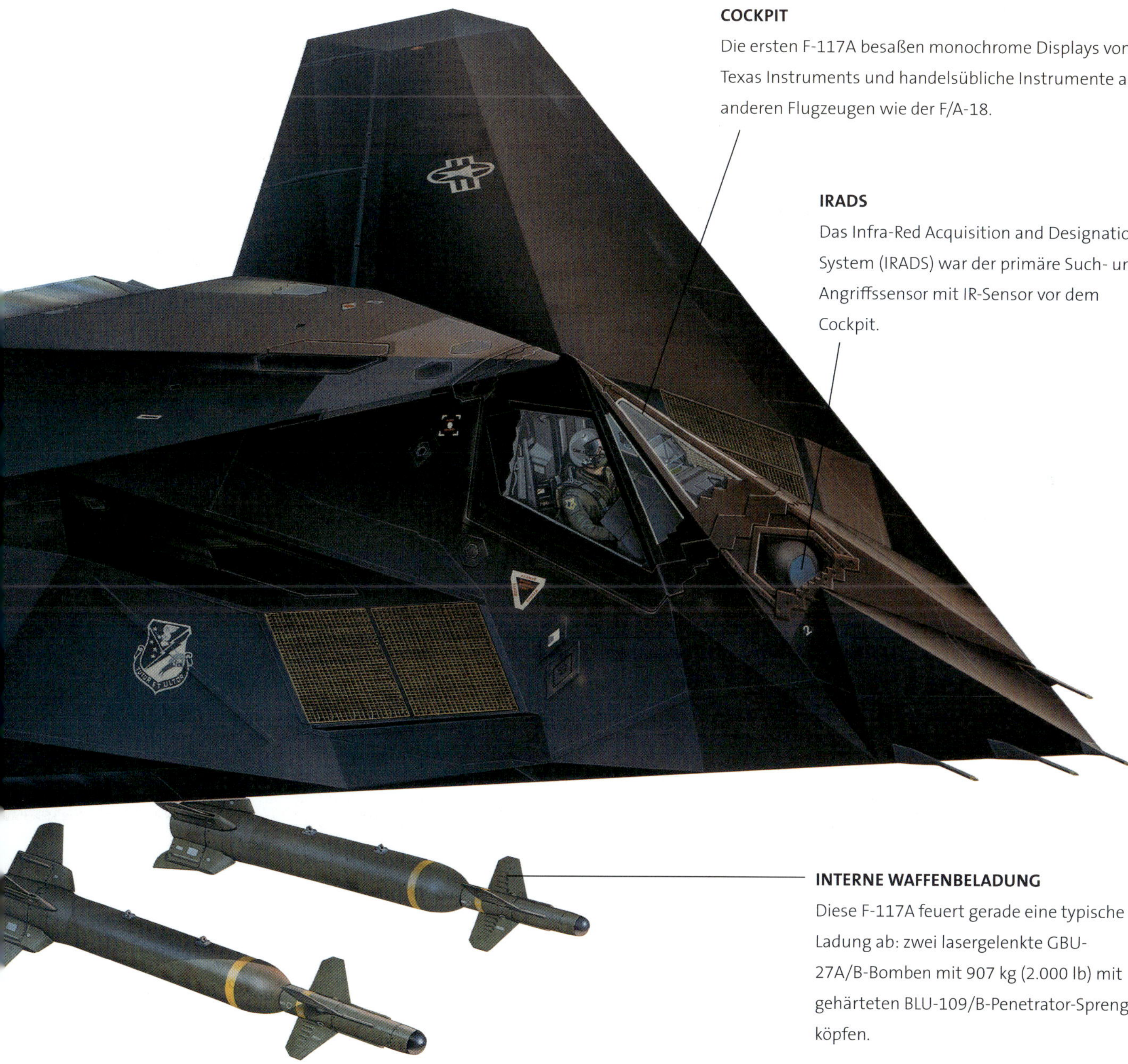

COCKPIT
Die ersten F-117A besaßen monochrome Displays von Texas Instruments und handelsübliche Instrumente aus anderen Flugzeugen wie der F/A-18.

IRADS
Das Infra-Red Acquisition and Designation System (IRADS) war der primäre Such- und Angriffssensor mit IR-Sensor vor dem Cockpit.

INTERNE WAFFENBELADUNG
Diese F-117A feuert gerade eine typische Ladung ab: zwei lasergelenkte GBU-27A/B-Bomben mit 907 kg (2.000 lb) mit gehärteten BLU-109/B-Penetrator-Sprengköpfen.

Lockheed F-117 Nighthawk (1981)

Diese F-117A wurde vom Kommandanten der 37th Tactical Fighter Wing geflogen. Das Geschwader bestand aus der 415th und 416th TFS sowie der 417th Tactical Fighter Training Squadron.

nach innen geneigt waren. Der Projekt-Codename lautete zu dieser Zeit „Senior Trend".

Bis November 1988, als die Öffentlichkeit erstmals ein unscharfes, körniges Foto der F-117A zu sehen bekam, stand das Flugzeug unter absoluter Geheimhaltung und wurde nur nachts von seiner Basis auf der Tonopah Test Range in Nevada geflogen. Im Dezember 1989 gingen zwei F-117A der 37th TFW bei der Operation „Just Cause" über Panama erstmals geheim in den Einsatz, als sie eine Kaserne der panamaischen Streitkräfte beschossen.

Während der Operation „Desert Storm" im Jahr 1991 war die F-117A als Anführerin an Angriffen der Koalition beteiligt. Die 37th TFW entsandte die 415th und die 416th TFS mit 36 Flugzeugen zur Khamis Mushait Air Base in Saudi-Arabien. Ihre Einsätze begannen in der ersten Nacht des Krieges, dem 17. Januar 1991, als drei Wellen von F-117A als erste Flugzeuge der Koalitionskräfte den irakischen Luftraum überquerten. Im Verlauf von Desert Storm absolvierten die F-117A insgesamt 1.271 Einsätze, mit einer Mission-Erfolgsquote von 80 Prozent und ohne Verluste oder Kampfschäden. Obwohl die Nighthawks 1991 nur zwei Prozent aller Kampfeinsätze gegen den Irak ausmachten, zerstörten sie 40 Prozent der am besten verteidigten strategischen Ziele.

1992 wurde die Nighthawk-Flotte zur Holloman Air Force Base in New Mexico verlegt, wo die Einheit in 49th Fighter Wing umbenannt wurde. Von hier aus ging sie häufig zu Einsätzen in den Nahen Osten und auf den Balkan. Bei der Operation „Allied Force" über Jugoslawien und Kosovo im Jahr 1999 flogen 24 F-117As vom italienischen Aviano aus mehr als 300 Einsätze. Damals ging die erste F-117A verloren, als sie von einer serbischen Boden-Luft-Rakete abgeschossen wurde.

Wie schon 1991, flog auch im März 2003 eine Zweierformation F-117As die ersten Missionen bei der Operation „Iraqi Freedom". Die zwölf beteiligten F-117A leisteten mehr als 100 Einsätze und erreichten dabei einen hervorragenden Klarstand von 89,3 Prozent. Gegen Ende ihrer Karriere wurde das F-117A-Waffenarsenal – lasergelenkte 2.000-Pfund-Bomben (LGBs), GBU-10 Paveway II und GBU-27 Paveway III – um die Enhanced (Dual Modus) GBU-27, die Joint Direct Attack Munition, 500-Pfund-GBU-12 LGB und den Wind

TECHNISCHE DATEN

Typ	Tarnkappen-Kampfflugzeug
Abmessungen	Länge 20,08 m Spannweite 13,20 m Höhe 3,78 m
Startgewicht max.	23.814 kg
Antrieb	2 x 48,04 kN (10.800 lb) General Electric F404-GE-F1D2 Turbofan ohne Nachbrenner
Höchstgeschwindigkeit	1.040 km/h
Reichweite	862 km mit 1.814 kg Beladung
Dienstgipfelhöhe	11.765 m (38.600 ft)
Besatzung	1
Bewaffnung	bis zu 2.268 kg Ladekapazität in zwei Rumpfschächten

Corrected Munitions Dispenser (WC-MD) erweitert.

Zwischen 1981 und 1990 entstanden 59 F-117As, von denen sechs durch Unfälle verloren gingen. Im April 2008 musterte die USAF ihre F-117-Flotte nach 27 Dienstjahren aus, obwohl sie ursprünglich noch bis mindestens 2018 im Einsatz bleiben sollte. Die freiwerdenden Mittel sollten neuen Entwicklungen dienen.

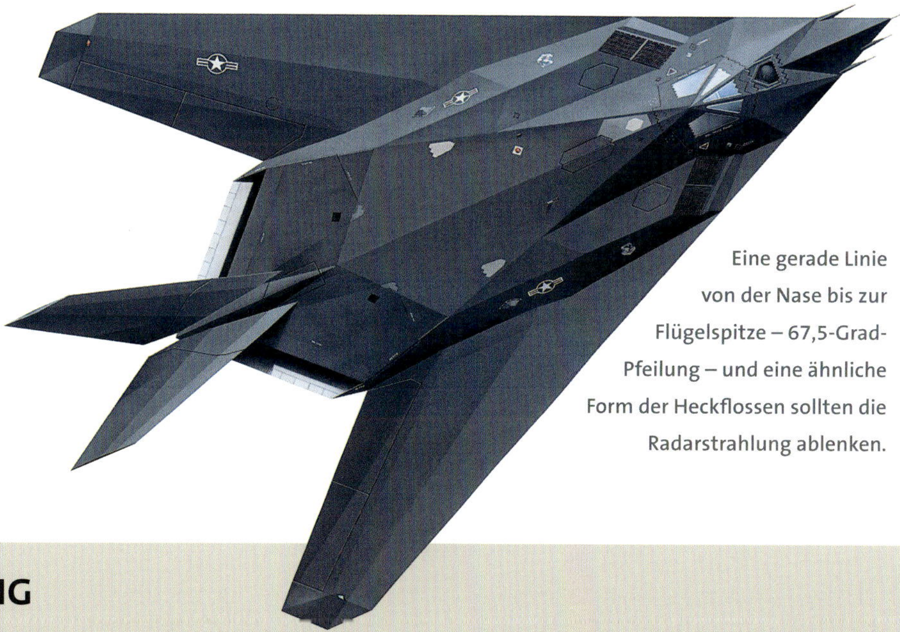

Eine gerade Linie von der Nase bis zur Flügelspitze – 67,5-Grad-Pfeilung – und eine ähnliche Form der Heckflossen sollten die Radarstrahlung ablenken.

STEALTH-BESCHICHTUNG

Nahezu alle Oberflächen der F-117 waren von radarabsorbierendem Material (RAM) bedeckt. Das bot einen wichtigen Schutz vor Auffassung, war jedoch arbeitsaufwändig und teuer. Nach jedem Einsatz mussten Wartungsspezialisten die Spezialbeschichtung des Flugzeugs penibel auf mögliche Schäden untersuchen. Sie wurde bei Bedarf neu aufgetragen und musste nach dem Aushärten erneut überprüft werden. Die RAM-Beschichtung wurde zunächst in dünnen Blättern, später als Spray aufgetragen. Unbeschichtete Öffnungen im Rumpf waren von einem feinmaschigen Gitter bedeckt, dessen Struktur kleiner war als die Wellenlängen der meisten Suchradare.

Boeing F-15E Strike Eagle (1986)

Die McDonnell Douglas F-15 Eagle hatte sich mit dem unglaublichen Siegverhältnis von 104:0 als führendes Luftüberlegenheits-Kampfflugzeug des Westens etabliert. Ihre Weiterentwicklung F-15E Strike Eagle besaß als allwettertaugliches Bodenangriffsflugzeug alle Luftkampftugenden der Vorgängerin.

Die F-15E Strike Eagle und ihre Derivate waren Produkte von McDonnell Douglas, bis Boeing das Unternehmen übernahm. Der Erstflug der F-15A fand im Juli 1972 statt. Im November 1974 wurde das erste Flugzeug an die 58th Tactical Fighter Training Wing auf der Luke Air Force Base in Arizona übergeben. Im Januar 1976 ging die erste F-15

Eine F-15E mit den Emblemen der 48th Fighter Wing, stationiert bei RAF Lakenheath (England) im Jahre 1994. Seinerzeit war die Einheit an Einsätzen über Bosnien und der Überwachung der irakischen Flugverbotszone beteiligt.

AIM-120 AMRAAM
Auf den Schulterträgern montiert, ist die AMRAAM eine sehr effektive „Fire and Forget"-Rakete mit aktiver Steuerung.

RADAR
Die F-15E besaß zunächst das AN/APG-70-Radar mit hochauflösendem Synthetic-Aperture-Mapping-Modus. Inzwischen verfügen die Eagles der USAF über das Active Electronically Scanned Array-Radar (AESA) AN/APG-82(V)1.

PAVEWAY-LGB
Die lasergelenkte Paveway-Bombe ist eine wichtige F-15-Waffe mit 227 kg (500 lb), 907 kg (2.000 lb) und 2.132 kg (4.700 lb) Einsatzgewicht. Hier eine 227 kg schwere GBU-12.

an ein Kampfgeschwader, nämlich an 1st Tactical Fighter Wing (TFW) in Langley AFB (Virginia).

1979 übernahm die U.S. Air Force die verbesserte einsitzige F-15C und die zweisitzige Variante F-15D. Die ersten Flugzeuge gingen an die Kadena Air Base in Japan. Die überarbeiteten Modelle besaßen größere Kraftstofftanks, Vorbereitungen für Außentanks und mehr Startmasse.

Der Erstentwurf der F-15 Eagle sah ein Flugzeug vor, das ebenso wirksam Luftüberlegenheits- wie Luft-Boden-Einsätze fliegen konnte. Die Luft-Boden-Rolle wurde bald wieder fallengelassen, so dass die Varianten F-15A bis D bei der U.S. Air Force ausschließlich Luft-Luft-Einsätze flogen. 1982 machte McDonnell Douglas in Eigeninitiative Versuche mit einer Luft-Boden-Version, wobei man den zweiten zweisitzigen TF-15A-Trainer zum „Strike Eagle“ modifizierte. Zu dieser Zeit suchte die USAF nach einem Nachfolger für ihre F-111. Sie erprobte die Strike Eagle und den Rivalen General Dynamics F-16XL, eine Weiterentwicklung der F-16 Fighting Falcon mit Cranked-Arrow-Flügeln. Der Strike Eagle gewann den Vergleich und ging in die Produktion. Die erste F-15E-Serienmaschine machte im Dezember 1986 ihren Jungfernflug.

TRAGFLÄCHEN

Die Tragflächen sind um einen extrem starken Flügelkasten aus Leichtmetall und Titan konstruiert, an dem Flügelspitzensegmente, Landeklappen und Querruder in Aluminiumwabenstruktur montiert sind.

TRIEBWERKE

Das Pratt & Whitney F100 ist ein zweistufiges Axial-Turbofan-Triebwerk mit einem sehr günstigen Schub-Gewichts-Verhältnis. Die rauchlose Brennkammer wird von einem zehnstufigen Kompressor mit Luft versorgt.

Boeing F-15E Strike Eagle (1986)

Eine F-15E, wie sie vom Kommandanten der 48th Fighter Wing der RAF Lakenheath geflogen wurde. Das Flugzeug ist für einen Nahunterstützungseinsatz mit 14 SUU-30H/B-Streubomben und AIM-9 bewaffnet.

Mit der F-15E Strike Eagle begann die so genannte zweite F-15-Generation. Sie ist mit neuer Avionik und Mehrzweckfähigkeiten noch immer für den Export in Produktion. Im vorderen Cockpit befinden sich neu gestaltete Bedienelemente, ein Head-up-Display mit großem Sichtfeld und drei CRT-Displays mit Navigations-, Waffeneinsatz- und Flugzeugsystemdaten. Im hinteren Cockpit hat der Waffensystemoffizier vier Mehrzweckschirme für Radar, Waffenauswahl und die Überwachung feindlicher Ortungssysteme zur Verfügung. Zu den Primärsensoren gehören das AN/APG-70-Radar und das LANTIRN-Navigations/Angriffssystem. Letzteres umfasst zwei separate Pods mit Geländefolgeradar und Feuerleitung lasergelenkter Waffen. Die F-15E erhielt später auch die moderneren Sniper- und Litening-Targeting-Pods.

Die anfänglich verwendeten Pratt & Whitney F100-PW-220-Turbofans der F-15E mit FADEC-Steuerung wurden bald durch leistungsstärkere F100-PW-229 ersetzt, die ab 1991 in die Produktion aufgenommen und in älteren Flugzeugen nachgerüstet wurden. Die F-15-Gesamtproduktion für die USAF belief sich auf 236 Flugzeuge.

1988 wurde die Strike Eagle bei der 40th Tactical Training Wing der Luke AFB in Dienst gestellt. Erste Einsatzflugzeug-Lieferungen gingen an die 4th TFW der Seymour Johnson AFB in North Carolina. Die F-15E hatte ihr Kampfdebüt bei der Operation „Desert Storm". Dort suchte und zerstörte sie mobile ballistische Raketen des irakischen „Scud"-Typs. Seit damals ist die F-15E bei jeder größeren US-Militärluftkampagne ganz vorn im Einsatz.

Der erste Exportkunde für die Strike Eagle war Saudi-Arabien, das 1995 zunächst 72 F-15S-Exemplare kaufte. Dabei handelte es sich um die F-15E-Zelle ohne Außentanks und mit teils abgespeckter Ausrüstung. Israel erwarb 25 F-15I Ra'am (Thunder)-Versionen und versah sie mit eigener Ausrüstung.

Boeing lieferte außerdem 40 F-15K Slam Eagles an Südkorea. Sie wurden nach koreanischen Spezifikationen gebaut und verfügen über F110-GE-129A-Triebwerke von General Electric, AN/APG-63(V)1 Active Electronic Scanning Array (AESA) Radar, Joint Hel-

TECHNISCHE DATEN (F-15E)

Typ	Allwetter-Kampf/Luftnahunterstützungsflugzeug
Abmessungen	Länge 19,43 m Spannweite 13,05 m Höhe 5,63 m
Startgewicht max.	36.741 kg
Antrieb	2 x 106 kN (23.830 lb) Pratt & Whitney F100-PW-220 Turbofan mit Nachbrenner
Höchstgeschwindigkeit	über 2.655 km/h
Reichweite	1.271 km in typischem Einsatzszenario mit voller Beladung
Dienstgipfelhöhe	18.290 m (60.000 ft)
Besatzung	2
Bewaffnung	eine 20-mm-Gatling-Kanone sowie bis zu 11.000 kg externe Ladung

Die F-15E trägt Außentanks an den Seiten des Rumpfes. Jeder fasst 2.737 Liter Treibstoff und ist mit drei Stummelträgern für Waffen ausgestattet.

met-Mounted Cueing System (JHMCS), ein aktualisiertes Cockpit mit sieben Multifunktionsdisplays, „Tiger Eyes"-Sensoren von Lockheed Martin mit Infrarot-Such- und Verfolgungssystem (IRST) sowie die AGM-84-SLAM-ER-Rakete. Singapur kaufte mindestens 24 F-15SG-Jets. Sie sind der F-15K sehr ähnlich, arbeiten aber mit APG-63-(V)3-Radar.

Saudi-Arabien orderte 84 Flugzeuge der neuen, derzeit fortschrittlichsten „Eagle"-Version F-15SA mit AN/APG-63(V)3-Radar, Joint Helmet-Mounted Cueing System, IRST, Sniper, Verteidigungssystemen von BAE Systems und neuer Fly-by-Wire-Steuerung.

EAGLES OF ENDURING FREEDOM

Eine F-15E der 4th Fighter Wing der USAF im April 2006 über Afghanistan. Die USAF verlegte F-15E zu Luftnahunterstützungseinsätzen und zur Zerstörung von Zufluchtsorten und Unterstützungsnetzwerken für Aufständische nach Südwestasien. Über Afghanistan trugen F-15E normalerweise eine Mischbeladung aus lasergelenkten 500-Pfund-Bomben GBU-12 und GPS-gelenkten 2.000-Pfund-Bomben GBU-31 sowie bis zu 500 Schuss Munition für ihre 20-mm-Kanone M61A1. Zur Überwachung und Zielerfassung verfügen die Strike Eagles über den Lockheed Martin Sniper XR Targeting Pod. F-15E operierten von Bagram (Afghanistan) aus gemeinsam mit F-16 zur Luftnahunterstützung für ganz Ostafghanistan. Zwei Staffeln brachten jeden Tag die meisten Flugzeuge in die Luft und flogen auch häufig unbewaffnete „Machtdemonstrationen".

Dassault Rafale (1986)

Vom Hersteller als Allzweck-Jäger gepriesen, hat sich die Rafale bei der französischen Luftwaffe und Marine bewährt. Ihre unbestrittenen, das gesamte Kampfspektrum umfassenden Fähigkeiten weckten auch das Interesse auf dem Exportmarkt.

Die Entwicklung der Rafale geht auf das „Avion de Combat Experimentale" (ACX)-Programm des Herstellers Dassault aus den frühen 1980er Jahren zurück. Als sich Frankreich 1985 aus dem multinationalen European-Fighter-Aircraft-(EFA)-Projekt zurückzog, begannen die Planungen für ein eigenes leichtes, Träger-taugliches Kampfflugzeug.

Ein ACX-Technologiedemonstrator machte im Juli 1986 seinen Erstflug. Umbenannt in Rafale A, besaß das Erprobungsflugzeug bereits Konstruktionsmerkmale der späteren Serien-Rafale, wie die aerodynamische Grundauslegung, die Fly-by-Wire-Steuerung und eine weitgehende Verwendung von Verbundwerkstoffen. Der Rafale-A-Demonstrator hatte zwei F404-GE-400-Turbofans mit 68,6 kN Schub von General Electric. Nach ersten Flugtests und Flugzeugträger-Landungen ersetzte ein Exemplar des geplanten SNECMA M88-2-Turbofans einen der beiden F404-Motoren.

Erfahrungen mit der Rafale A führten zum Bau der Rafale C, ursprünglich

CANARD-KONFIGURATION
Die Canard/Delta-Tandemkonfiguration sorgt dafür, dass die Rafale auch bei hohen Anstellwinkeln sehr wendig bleibt.

BETANKUNGSSTUTZEN
Die Betankungssonde ist fest montiert, um Probleme beim Ein- oder Ausfahren zu vermeiden.

STEUERUNG
Das vierfach redundante Fly-by-Wire-Flugsteuerungssystem sorgt über drei digitale Kanäle und einen separat ausgelegten analogen Kanal für Längsstabilität und überlegene Flugeigenschaften.

bezeichnet als „Avion de Combat Tactique“ (ACT). Sie machte im Mai 1991 ihren Erstflug. Ein einsitziger Rafale-C-Prototyp und eine zweisitzige Rafale B (Erstflug: April 1993) wurden für die französische Luftwaffe fertiggestellt. Die Serien-Rafale verfügt in der Basisvariante über das RBE2-Multimodus-Radar mit Passive Electronically Scanned Array (PESA) und SPECTRA-Ausrüstung für die elektronische Kriegsführung.

Die Forderung der französischen Marine nach einem „Avion de Combat Marine“ (ACM) führte zur Entwicklung der trägergestützten Rafale M, die im Dezember 1991 ihren Erstflug machte. Sie ist wegen des verstärkten Fahrwerks und der Einbauten für Katapultstarts und Fanghaken-Landungen etwas schwerer als das landgestützte Flugzeug.

Die Rafale bekam diverse Verbesserungen. Die ersten ab Dezember 1998 ausgelieferten Serienflugzeuge entsprachen dem F1-Standard. Für die Luft-Luft-Rolle optimierte Rafales gingen 2004 an die französische Marine und nahmen vom Flugzeugträger „Charles de Gaulle“ aus an der Operation „Enduring Freedom“ teil. Im Jahre 2006 kam die Rafale F2 als erste Vertreterin des „Omni-Rollen“-Standards zur französischen Luftwaffe und Marine. Das Flugzeug kann Luft-Luft- und Luft-Boden-Missionen durchführen.

Der heutige F3-Standard bietet das verbesserte RBE2-Radar mit Active Electronically Scanned Array (AESA), den

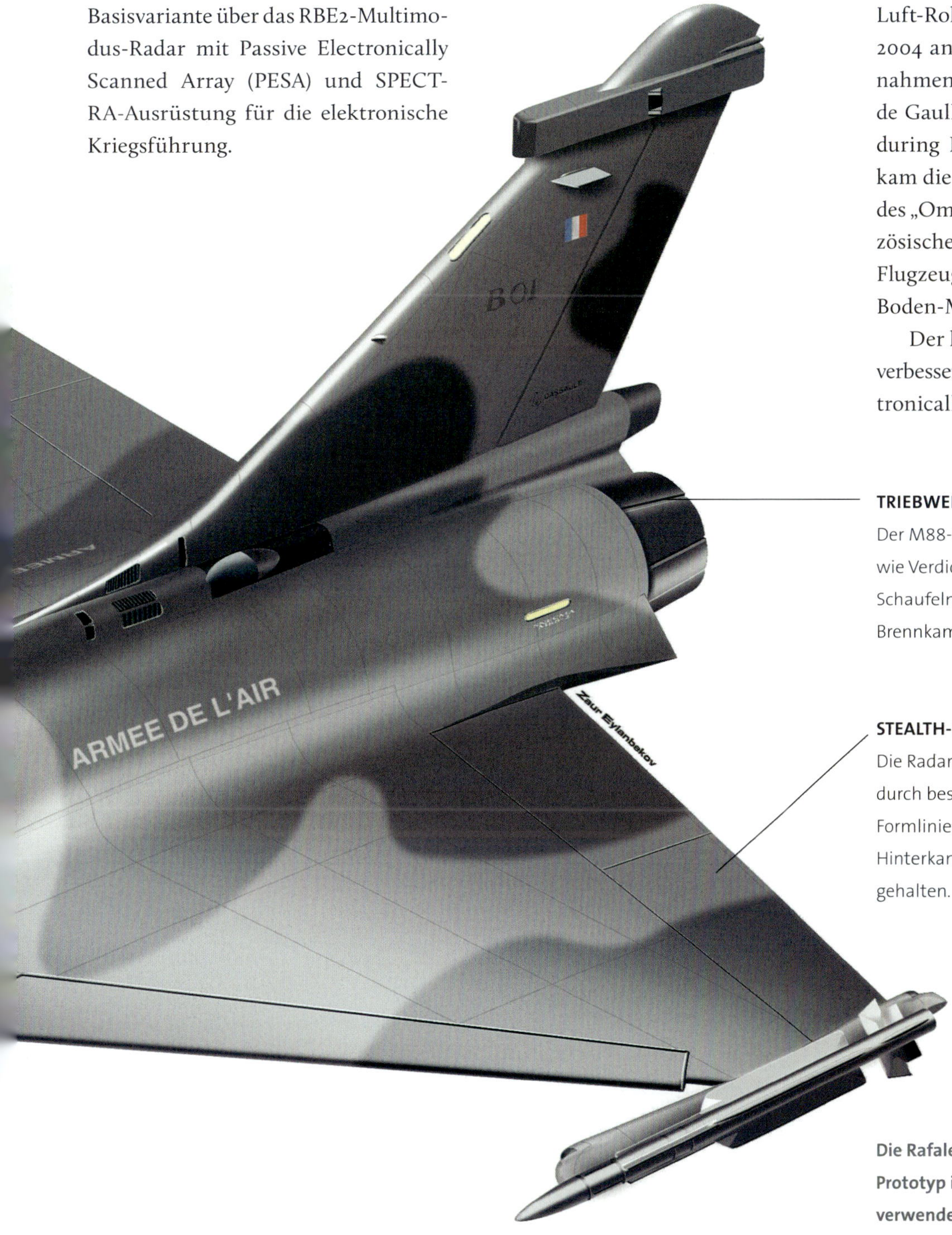

TRIEBWERKE

Der M88-2-Antrieb verwendet Technologien wie Verdichterscheiben mit integralen Schaufeln („Blisks“) und eine schadstoffarme Brennkammer für rauchfreie Emissionen.

STEALTH-EIGENSCHAFTEN

Die Radarsignatur der Flugzeugzelle wird durch bestimmte Materialien und Formlinien wie gezackte Kanten zur Hinterkante der Flügel und Canards klein gehalten.

Die Rafale B01 machte als zweisitziger Prototyp im April 1993 den Erstflug. Sie verwendete auch als erste das Multimode-Radar RBE2 unter einer neu gestalteten Verkleidung.

Dassault Rafale (1986)

Eine frühe Rafale M der französischen Marine. Die Rafale ist das einzige nicht amerikanische Kampfflugzeug, das für den Einsatz auf Flugzeugträgern der U.S. Navy zugelassen ist.

Damoclès-Laser-Pod und den Pod Reco NG („Pod de Reconnaissance de Nouvelle Génération" oder Recce-Pod der neuen Generation). Er liefert extrem scharfe Bilder aus großer Entfernung und sendet alle aufgezeichneten Daten in Echtzeit an die Basis. F3 umfasst die Schiffsabwehr mit AM.39-Exocet-Raketen, Buddy-Buddy-Betankung und Nuklearfähigkeit mit ASMP-A-Marschflugkörpern. Der Marschflugkörper SCALP EG sichert die konventionelle Abstandsangriffsfähigkeit. Dieser neueste Standard wurde 2008 vom französischen Verteidigungsministerium zertifiziert.

Frankreich hat 180 Rafales bestellt, davon 132 für die französische Luftwaffe (63 Rafale B und 69 Rafale C) und 48 Rafale M für die französische Marine. Indien plante den Kauf von mindestens 126 Rafales, nachdem der Jäger aus einem Wettbewerb für ein neues Multi-Role Medium Combat Aircraft (MMRCA) siegreich hervorging. Inzwischen ist von einer geringeren Zahl auszugehen. Im Sommer 2022 waren 36 Rafales ausgeliefert.

Die Flottille 12F der französischen Marine in Landivisiau wurde auf die Rafale umgerüstet und flog ab Juni 2001 offiziell mit dem F1-Standard. Die erste einsatzbereite Rafale-Einheit der französischen Luftwaffe war im Jahre 2006 die Escadron de Chasse (EC) 1/7 „Provence" in Saint-Dizier im Nordwesten Frankreichs.

Die Rafale nahm im Jahre 2006 an Kampfeinsätzen in Afghanistan teil. 2011 gingen französische Luftwaffen- und Marine-Rafales mit Koalitionsstreitkräften nach Libyen, wo sie Luftüberlegenheitseinsätze, Präzisionsangriffe aus dem Tiefflug und ISTAR-Flüge (zur Gewinnung von Informationen, zur Überwachung, Zielerfassung und Aufklärung) und Angriffskoordinierung und Aufklärung (SCAR) durchführten. In jüngerer Zeit übernahmen Rafales der französischen Luftwaffe eine führende Rolle in Mali, wo sie bei der Zerstörung feindlicher Infrastruktur half und verbündete Truppen unterstützte. Die Rafale war auch gegen islamische Aufständische im Irak im Einsatz und nutzte die Luftwaffenbasis Al Dhafra in den Vereinigten Arabischen Emiraten.

TECHNISCHE DATEN (RAFALE C)

Typ	Mehrzweck-Jagdflugzeug
Abmessungen	Länge 15,27 m Spannweite 10,80 m Höhe 5,34 m
Startgewicht max.	24.500 kg
Antrieb	2 x 75 kN (16.861 lb) SNECMA M88-2 Turbofan mit Nachbrenner
Höchstgeschwindigkeit	1.913 km/h bei 11.000 m (36.090 ft)
Reichweite	1.055 km mit Beladung und Abwurftanks
Dienstgipfelhöhe	16.765 m (60.000 ft)
Besatzung	1
Bewaffnung	eine 30-mm-Kanone sowie bis zu 9.500 kg Beladung an 14 Rumpf-, Unterflügel- und Flügelspitzen-Stationen

AASM – „HAMMER“

Die AASM („Armement Air-Sol Modulaire“, eine modulare Air-to-Surface-Waffe, auch als „Hammer“ bekannt) ist eine kostengünstige, allwettertaugliche „Fire-and-Forget“-Waffe. Sie dient dem Angriff auf Ziele aus großer Entfernung. Die AASM wird mit Strom versorgt und kann Ziele in hohen Off-Boresight-Winkeln (Winkeldifferenz zwischen Mittelachse der Antenne und dem tatsächlichen Seitenwinkel des Ziels) angreifen. Die Rafale muss ihr Ziel beim Angriff nicht überfliegen und kann in sicherer Reichweite bleiben. Je nach Ziel wählt die Flugzeugbesatzung für maximale Wirkung einen vertikalen oder horizontalen Aufprall vor. Die AASM kann für Langstreckeneinsätze mit einem angeschraubten Leitwerk/Reichweitenerweiterungs-Kit mit Feststoffraketentriebwerk und ausklappbaren Finnen ausgerüstet werden. Ihre Reichweite beträgt zwischen 50 (bei Auslösung aus großer Höhe) und 15 Kilometern aus dem Tiefflug. Eine Rafale kann bis zu sechs AASMs unter den Flügeln tragen (Foto) und damit bis zu sechs weit voneinander entfernte Ziele bei einem Angriff bekämpfen.

Northrop B-2 Spirit (1989)

Der Tarnkappenbomber B-2 mit den Fledermausflügeln ist mit einem Stückpreis von 900 Millionen US-Dollar das teuerste Kampfflugzeug aller Zeiten. Die kleine, kompliziert zu wartende Spirit-Flotte gehört zu den stärksten Waffensystemen im US-Arsenal.

Die B-2 wurde im November 1988 beim Rollout aus dem Hangar im Air Force Plant 42 in Palmdale (Kalifornien) erstmals der Öffentlichkeit vorgestellt. Der Stealth-Bomber absolvierte im Juli 1989 seinen Erstflug.

Hauptauftragnehmer (und damit verantwortlich für den Gesamtsystementwurf und die Integration des „Advanced Technology Bomber" (ATB)-Programms, aus dem die B-2 hervorging) war Northrop, heute Northrop Grumman. Aufgrund des komplexen und völlig neuartigen Programms kamen unter anderem die Vertragspartner Boeing Military Airplanes, Hughes Radar Systems, General Electric Aircraft Engine und Vought Aircraft hinzu. Das aus dem Kalten Krieg stammende ATB sah einen schwer zu ortenden Bomber vor, der strategische Ziele der Sowjetunion auch mit mobilen Interkontinentalraketen angreifen konnte. Die U.S. Air Force orderte sechs Prototypen und bezifferte den Bedarf auf bis zu 132 Flugzeuge, später aufgrund von Finanzierungsbeschränkungen auf nur 21 Flugzeuge.

RAM-BESCHICHTUNG
Neben ihrer Radarstrahlen-abweisenden Form verwendet die B-2 radarabsorbierende Beschichtungen. Sie erfordern besondere Wartung und eine umfangreiche Infrastruktur zur Unterstützung.

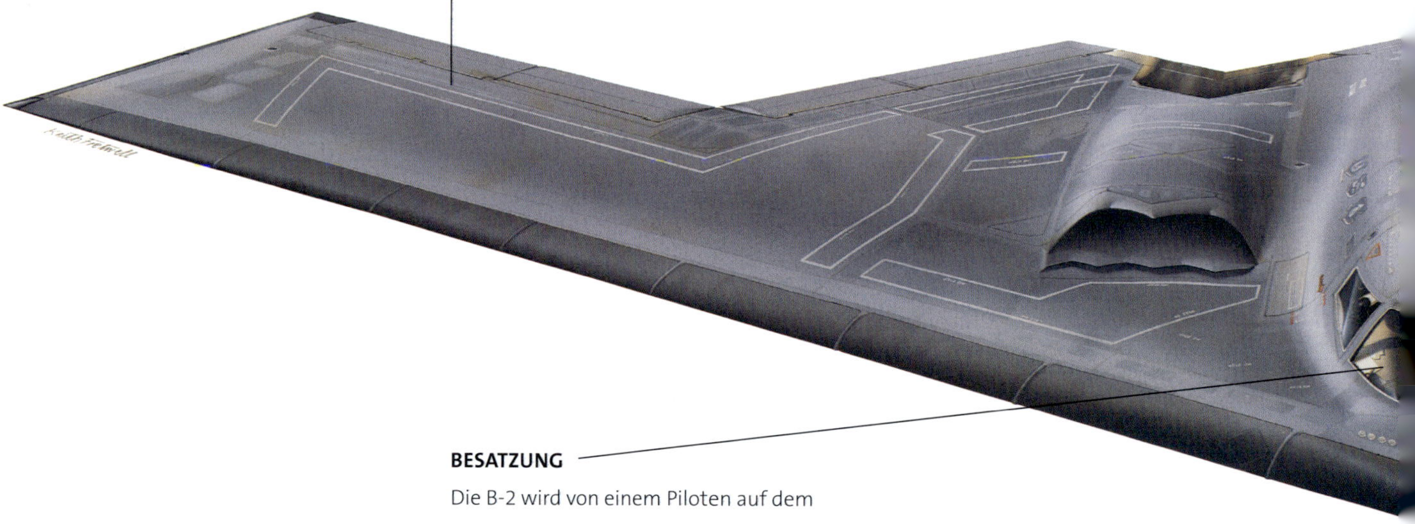

BESATZUNG
Die B-2 wird von einem Piloten auf dem linken Sitz und einen Mission Commander auf dem rechten geflogen. Zum Vergleich: Die B-1B hat eine vierköpfige, die B-52 eine fünfköpfige Crew.

Die „Silver Bullet"-Flotte einsatzfähiger B-2 ist heute auf der Whiteman Air Force Base in Missouri stationiert. Das erste Flugzeug mit dem Namen „Spirit of Missouri" wurde im Dezember 1993 an die Basis geliefert. Die letzte Spirit wurde Whiteman im Juli 2000 übergeben. Es war der erste, entsprechend nachgerüstete Prototyp (AV-1/Air Vehicle One). Die Flugzeuge wurden in Blöcken mit wachsender Leistungsfähigkeit gebaut, beginnend mit den Blöcken 10 und 20 und gipfelnd in Block 30 mit voller Funktionalität der Waffen- und Navigationsausrüstung.

Das außergewöhnliche Erscheinungsbild der B-2 spiegelt die Anstren-

FLÜGELFORM

Die Vorderkante ist um 33 Grad gepfeilt, während die Hinterkante zur Absorption der Radarenergie eine ungewöhnliche Sägezahnkonfiguration aufweist. Die Lufteinlässe sind S-förmig geschwungen.

Eine B-2 Spirit der 393rd Bomb Squadron „Tigers", einem Teil der 509th Bomb Wing auf der Whiteman AFB. Die 393rd wird durch die 13th BS und die 394th Combat Training Squadron ergänzt, die auch Northrop T-38 Talon-Trainer betreibt.

TRIEBWERKE

Die vier F118-GE-110-Turbofans von General Electric haben nach hinten versetzte, über den Hinterkanten der Flügel angebrachte V-förmige Auslässe. Das dient der Abschirmung gegen IR-Sensoren am Boden.

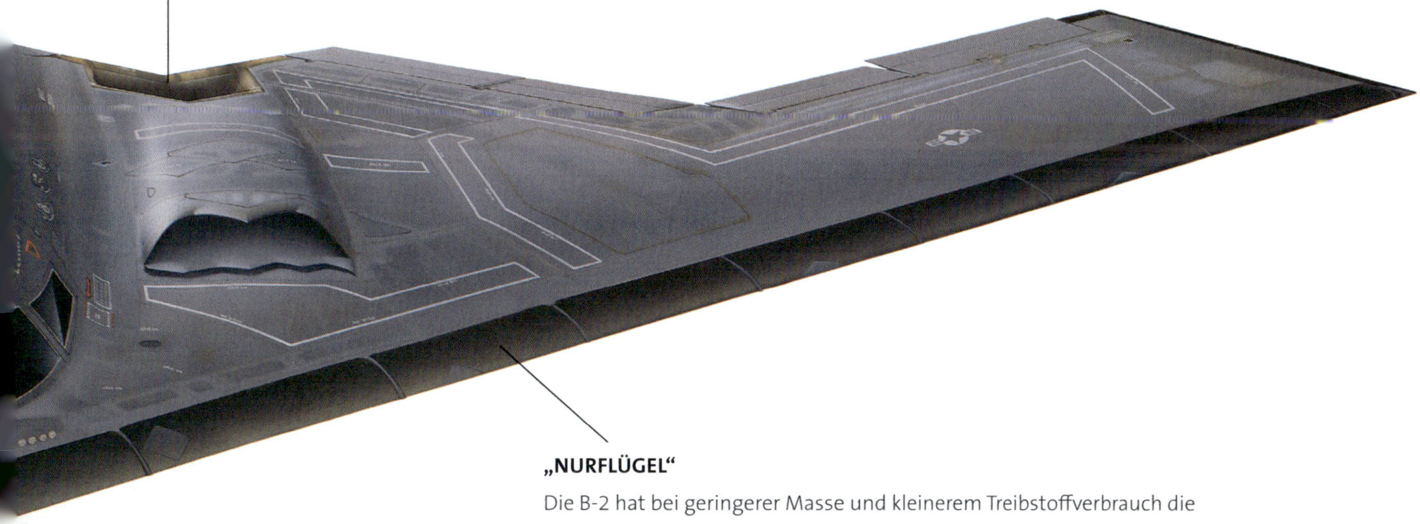

„NURFLÜGEL"

Die B-2 hat bei geringerer Masse und kleinerem Treibstoffverbrauch die gleiche Nutzlast wie ein konventionelles Flugzeug. Gewicht und der Widerstand eines Leitwerks fehlen, die Flügelstruktur ist hocheffizient und steigert die Stealth-Eigenschaften.

Eine B-2 Spirit löst sich nach der Betankung über dem Pazifischen Ozean vom Tanker. Sie ist Teil der kontinuierlichen Bomberpräsenz der USAF zur Abschreckung im asiatisch-pazifischen Raum.

gungen hinsichtlich Tarnung, Reichweite und Bewaffnung wider. Northrop wählte die „Nurflügel"-Form zum Schutz gegen Ortung, für beste aerodynamische Eigenschaften und hohe Nutzlast. Die Flügelform stellt allerdings große Herausforderungen an Steuerung und Flugstabilität, für die die B-2 mit einem Quadruplex-redundanten digitalen Fly-by-Wire-System ausgestattet ist.

Die Tarnung der B-2 basiert auf der Verringerung ihrer infraroten, akustischen, elektromagnetischen, visuellen und Radar-Signatur. Viele Stealth-Eigenschaften bleiben geheim, doch die umfangreiche Verwendung von Verbundwerkstoffen und Spezialbeschichtungen ist gut dokumentiert. Die Beschichtungen aus radarabsorbierendem Material tragen stark zu den Wartungskosten und Arbeitsstunden bei, die zur Aufrechterhaltung der Einsatzbereitschaft erforderlich sind. Die B-2 Spirit besteht zu großen Teilen aus Verbundwerkstoffen, aufgebaut in radarabsorbierender Wabenstruktur. Die Triebwerke hinterlassen keine Kondensstreifen. Weitere bauliche Maßnahmen reduzieren die Infrarotstrahlung. Sobald sich der Bomber in der Nähe des Ziels befindet, verwendet die Besatzung das AN/APQ-181-Angriffsradar nur sehr kurz, um eine Entdeckung zu verhindern. Die Avionik umfasst eine sehr aufwändige Ausrüstung für die elektronische Kriegsführung.

Die B-2 gehört mit der B-1B und der B-52H zur bemannten Bombertriade der USAF und kann konventionelle und nukleare Munition einsetzen. Dank ihrer Stealth-Eigenschaften ist sie in der Lage, ihre massive Schlagkraft weltweit auch durch bislang undurchdringliche Verteidigung zur Geltung zu bringen. Zu den potenziellen Einsätzen gehören daher Angriffe auf hochrangige, stark verteidigte Ziele. Die Spirit hat ohne Luftbetankung eine Reichweite von rund 9.600 Kilometern.

Die B-2 machte ihre ersten Kampfeinsätze während der Operation „Allied Force" über dem ehemaligen Jugoslawien, wo sie in den ersten acht Wochen 33 Prozent aller serbischen Ziele zerstörte und von der Heimatbasis der Spirit, der Whiteman AFB, nonstop in den Kosovo flog.

TECHNISCHE DATEN

Typ	Strategischer Langstreckenbomber
Abmessungen	Länge 21,03 m Spannweite 52,43 m Höhe 5,18 m
Startgewicht max.	152.635 kg
Antrieb	4 x 84,52 kN (19.000 lb) General Electric F118-GE-100 Turbofan
Höchstgeschwindigkeit	764 km/h
Reichweite	8.334 km in typischem Einsatzszenario mit Beladung
Dienstgipfelhöhe	15.240 m (50.000 ft)
Besatzung	2
Bewaffnung	bis zu 18.144 kg Ladekapazität in zwei Schächten in Rumpfmitte

Die B-2 mit der Seriennummer 82-1066 (AV-1), hier mit einem Trudel-Rettungsfallschirm für frühe Flugtests, ging im Juli 1989 als erste „Spirit of America" an die USAF.

Während der Operation „Enduring Freedom" führte die B-2 einige ihrer bisher längsten Missionen von Whiteman nach Afghanistan und zurück durch. Bei der Operation „Iraqi Freedom" flogen B-2s insgesamt 22 Einsätze von einem vorgeschobenen Einsatzort und 27 Einsätze von Whiteman AFB. Dabei setzten sie über 1,5 Millionen Pfund Munition ein. Drei B-2 flogen Einsätze in der ersten Nacht der Operation „Odyssey Dawn" und griffen im März 2011 wichtige libysche Ziele an. Im Dezember 2003 erreichte die B-2 ihre volle Einsatzfähigkeit. 2009 übernahm das neueste Kommando der US-Luftwaffe, das Air Force Global Strike Command, die B-2 vom Air Combat Command. Als operative Einheit der B-2-Flotte fungiert die 509th Bomb Wing.

WAFFENOPTIONEN

Eine B-2 wirft im Bild rechts 32 Joint Direct Attack Munitions (JDAMs) über einem Trainingsgelände in Utah ab. Sie kann neben B61- und B83-Freifall-Atombomben Basis- und Penetrator-Versionen der 2.000-Pfund-GBU-31-JDAM und bis zu 80 Stück 500-Pfund-GBU-38-JDAM tragen. Die Spirit kann auch 16 2.000-Pfund-Mk84-Allzweckbomben, die lasergelenkte, 4.500 Pfund schwere GBU-28-Bombe, die AGM-154-Joint-Stand-Off-Weapon und 16 Joint-Air-to-Surface-Stand-off Missiles (JASSMs) aufnehmen und die gewaltige, 13.154 kg schwere GBU-57 Massive Ordnance Penetrator (MOP)-Waffe einsetzen. Die B-2 trägt keine Streumunition der 5.000-Pfund-GBU-37-GPS-Aided-Munition (GAM) mehr. Bei Bedarf können auch Mk62-Quickstrike-Minen geladen werden.

Lockheed Martin F-22 Raptor (1990)

Der derzeit wohl fähigste Luftüberlegenheitsjäger F-22A bewältigt gleichermaßen Luft-Luft- und Luft-Boden-Missionen und vereint Tarnkappeneigenschaften, hohe Leistung, Wendigkeit und modernste Avionik in einem Flugzeug.

Die F-22A Raptor wird von ihrem Betreiber gern als „exponentieller Sprung der Kampffähigkeit" bezeichnet und begann unter dem „Advanced Tactical Fighter" (ATF)-Programm, das 1986 in die Demonstrations- und Validierungsphase ging. Die US-Luftwaffe wählte sieben Unternehmen als Programmanwärter auf, darunter Lockheed und

Die U.S. Air Force ist der alleinige Betreiber der F-22A. Obwohl Japan Interesse bekundete, genehmigte der US-Kongress nie einen Raptor-Export. Nach mehr als acht Vorserienmodellen wurden alle 187 Flugzeuge an die U.S. Air Force ausgeliefert.

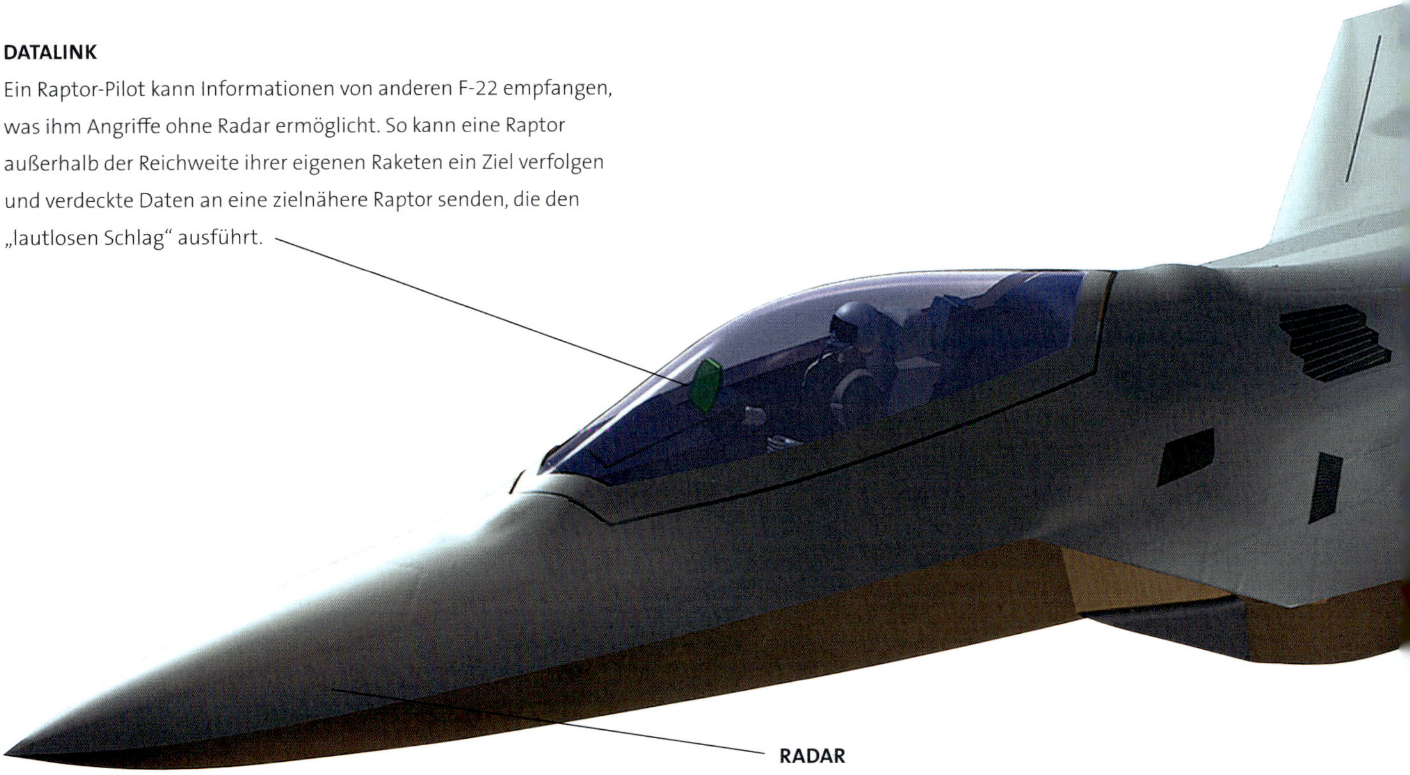

DATALINK
Ein Raptor-Pilot kann Informationen von anderen F-22 empfangen, was ihm Angriffe ohne Radar ermöglicht. So kann eine Raptor außerhalb der Reichweite ihrer eigenen Raketen ein Ziel verfolgen und verdeckte Daten an eine zielnähere Raptor senden, die den „lautlosen Schlag" ausführt.

RADAR
Die F-22 nutzt ihre Tarneigenschaften und hat den „First Look, First Shot"-Vorteil. Das „Active Electronically Scanned Array" (AESA)-Radar AN/APG-77 kann Ziele verfolgen.

Northrop als Hauptauftragnehmer für den Flugzeugrumpf. Lockheed tat sich mit Boeing und General Dynamics zusammen, Northrop mit dem Hauptauftragnehmer McDonnell Douglas. Die daraus entstandenen YF-22- und YF-23-Prototypen gingen in einen Fly-Off-Wettbewerb mit Triebwerken der Konkurrenten Pratt & Whitney und General Electric. Die YF-22 absolvierte ihren Erstflug im September 1990.

YF-22 und YF119 gewannen als vielversprechendste Anwärter den Wettbewerb und wurden 1991 in die technische und fertigungstechnische Entwicklung (EMD) entsendet. Entwicklungsverträge wurden an Lockheed/Boeing (Flugzeugzelle) und Pratt & Whitney (Triebwerke) vergeben. EMD umfasste umfangreiche Tests von Systemen und Subsystemen sowie Flugtests mit neun Flugzeugen auf der Edwards Air Force Base in Kalifornien. Ein erster EMD-Flug wurde 1997 aufgezeichnet.

Im Jahr 2001 genehmigte die U.S. Air Force eine kleine Erstproduktion. Es folgte eine Betriebs- und Erprobungsevaluierung durch das Air Force Operational Test and Evaluation Center, die 2004 erfolgreich abgeschlossen wurde. 2005 wurde die Zulassung zur Serienproduktion erteilt.

Nachdem die Raptor in Anerkennung ihrer Angriffsfähigkeiten kurzzeitig die Bezeichnung F/A-22 erhalten hatte, wurde sie im Dezember 2005 in F-22A umbenannt. Zu diesem Zeitpunkt erreichte das Flugzeugmuster bei der 27th Fighter Squadron der USAF erst-

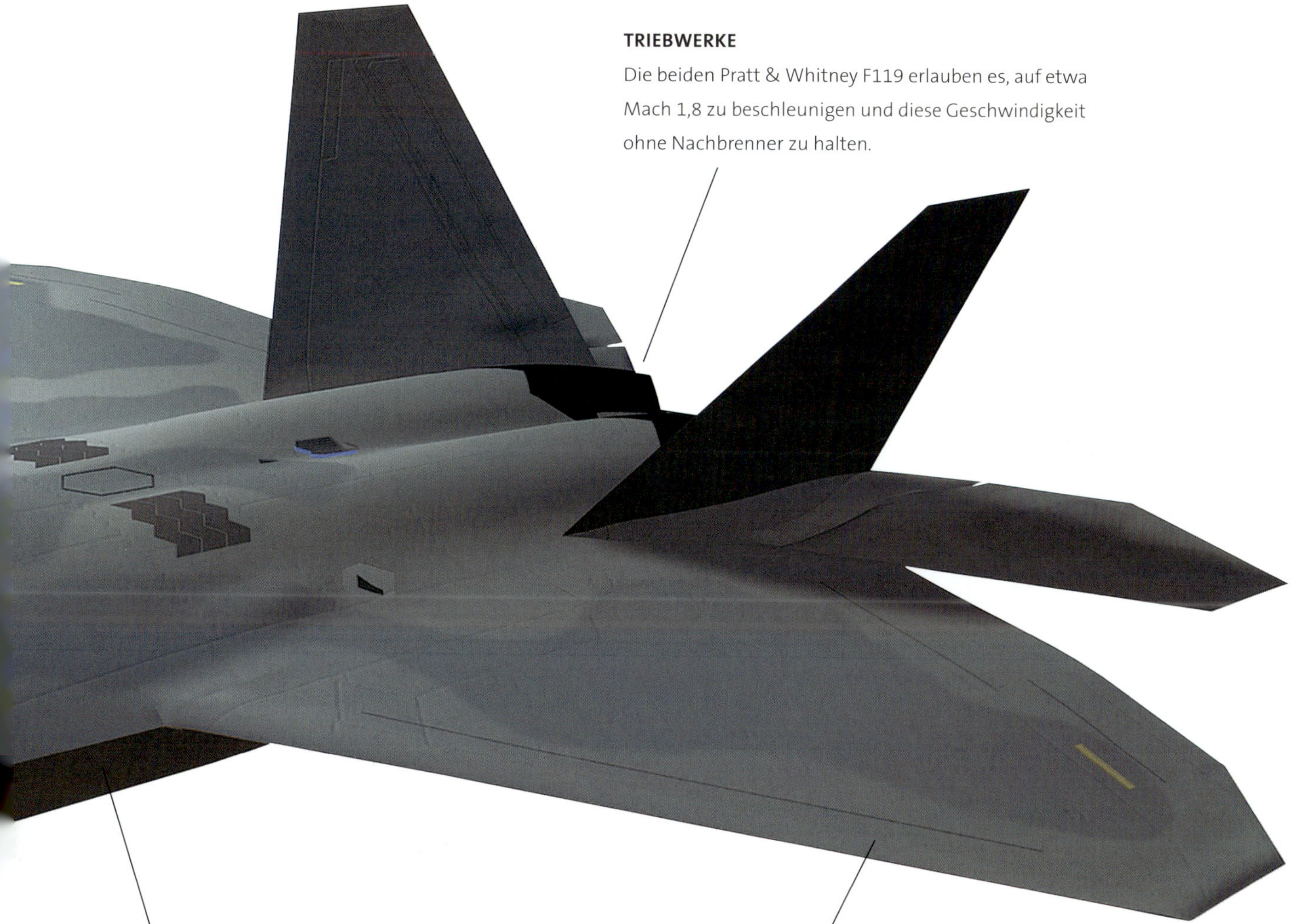

TRIEBWERKE
Die beiden Pratt & Whitney F119 erlauben es, auf etwa Mach 1,8 zu beschleunigen und diese Geschwindigkeit ohne Nachbrenner zu halten.

INTERNE RAKETEN
Die wichtigsten Luft-Luft-Waffen sind die AIM-9M Sidewinder und die AIM-120C AMRAAM. Sie werden in den internen Waffenbuchten transportiert, die sich in allerletzter Sekunde öffnen, wenn sich die Raptor „enttarnt".

AERODYNAMIK
Fortschrittliche Aerodynamik, kombiniert mit Schubvektorsteuerung und modernsten Flugsteuerungssystemen, sorgen für die sogenannte „Supermanövrierfähigkeit".

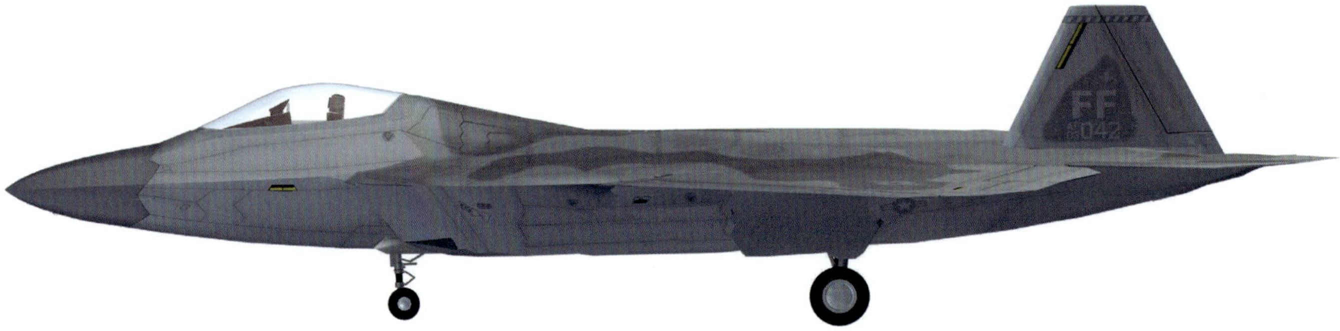

Eine F-22A mit der Heck-Kennung FF („First Fighter") der 1st Fighter Wing der USAF auf der Langley Air Force Base (Virginia).

mals die Einsatzfähigkeit. Die U.S. Air Force hatte ursprünglich die Beschaffung von mindestens 750 ATFs geplant, diese nach Ende des Kalten Krieges aber dramatisch zurückgefahren. Insgesamt erwarb sie nur 187 Flugzeuge zu einem Stückpreis von 143 Millionen US-Dollar.

Die Leistungsfähigkeit der F-22 Raptor im Luft-Luft-Bereich beruht auf der gelungenen Kombination aus Stealth-Eigenschaften, Leistung, modernen Sensoren, integrierter Avionik, guter Lageübersicht und Bewaffnung. Die Sensoren erlauben es dem F-22-Piloten, gegnerische Luft-Luft-Bedrohungen vor seiner Entdeckung aufzufassen, zu identifizieren und auszuschalten. Primäre Sensoren sind das aktive elektronisch gescannte Array-Radar (AESA) AN/APG-77 und das passive Empfängersystem AN/ALR-94. Fortschrittliches Cockpit-Design und Sensor-Verbund gewährleisten ein hohes Maß an Situationsbewusstsein. In der typischen Luft-Luft-Konfiguration ist die Raptor mit sechs AIM-120C-AMRAAMs und zwei AIM-9M-Sidewinder-Raketen bewaffnet.

Für den Eigenschutz im Flug setzt die F-22A auch auf Stealth-Technologie. Das Flugzeug kann beim Ausweichen vor Luft-Luft- und Boden-Luft-Bedrohung auf hervorragende Flugleistungen zurückgreifen. Sie stammen von zwei Pratt & Whitney F119-PW-100-Turbofan-Triebwerken, die mehr Schub erzeugen als jeder andere aktuelle Antrieb. Die F-22A kann ohne Nachbrenner mit

TECHNISCHE DATEN

Typ	Mehrzweck-Luftüberlegenheitsjäger
Abmessungen	Länge 18,90 m Spannweite 13,60 m Höhe 5,10 m
Startgewicht max.	38.000 kg
Antrieb	2 x 155,69 kN (35.000l b) Pratt & Whitney F119-PW-100 Turbofan mit Nachbrenner
Höchstgeschwindigkeit	2.410 km/h
Reichweite	über 2.977 km mit zwei externen Unterflügeltanks
Dienstgipfelhöhe	15.240 m (50.000 ft)
Besatzung	1
Bewaffnung	eine 20-mm-Gatling-Kanone, sowie zwei AIM-9-AAMs und sechs AIM-120-AAMs, oder zwei GBU-32-JDAMs und zwei AIM-120s

Ihre Wendigkeit ermöglicht es der F-22 Raptor, sehr enge Kurven zu fliegen und ihre Manövrierfähigkeiten selbst nach dem Strömungsabriss auszuschöpfen, wobei sie auch bei Anstellwinkeln von mehr als 60 Grad noch eine gewisse Rollkontrolle behält.

Überschallgeschwindigkeit fliegen – eine Eigenschaft, die als Supercruise bezeichnet wird. Das spart Kraftstoff und erhöht Ausdauer und Reichweite. Schubvektorsteuerung, fortschrittliche Aerodynamik und Steuerung und ein sehr gutes Schub-Gewichts-Verhältnis gewährleisten hervorragende Wendigkeit.

Die ursprünglich als Luftdominanzjäger geplante F-22 hat sich längst zu einem sehr wirksamen Angriffsflugzeug entwickelt. In der Luft-Boden-Konfiguration kann das Flugzeug eine interne Beladung von zwei 1.000-Pfund-GBU-32-Joint-Direct-Attack-Munitions tragen. Laufende Verbesserungen des Luft-Boden-Potenzials umfassen Radarmodifikationen und Gestelle für acht Bomben mit kleinem Durchmesser. Zusätzlich zu den JDAM oder SDB kann die Raptor zur Selbstverteidigung zwei AIM-120 und zwei AIM-9 tragen. In dieser Rolle gab die F-22A ihr Kampfdebüt und traf im September 2014 verschiedene Ziele in Syrien.

F-22-BETREIBER

Eine F-22A der 27th Fighter Squadron (FS), 1st Fighter Wing (FW), der ersten Raptor-Einheit der USAF. Das Air Combat Command umfasst die 1st Fighter Wing in Langley (Virginia) mit der 27th und 94th FS, die 49th FW in Holloman (New Mexico) mit der 7th und 8th FS, die 422nd Test and Evaluation Squadron der 53rd Wing in Eglin (Florida), die 433rd Weapons Squadron der 57th Wing in Nellis (Nevada) und die 43rd FS der 325th FW in Tyndall (Florida). Die Pacific Air Forces fliegen die F-22A bei der 3rd Wing in Elmendorf-Richardson (Alaska), bestehend aus der 90th und der 525th Fighter Squadron. Raptors fliegen auch bei Wings der Air National Guard in Langley und Hickam und zwei Fighter Groups des Air Force Reserve Command in Holloman. Zum Air Force Material Command gehört die 412th Test Wing mit der 411th Flight Test Squadron in Edwards (Kalifornien).

Eurofighter Typhoon (1994)

Ein europäisches Gemeinschaftsprojekt sollte vier Luftstreitkräften einen äußerst fähigen Luftverteidigungsjäger bringen, der auf Augenhöhe mit den neuesten sowjetischen Kampfflugzeugen war.

Im Juni 1986 wurde das Eurofighter-Konsortium von denselben drei Ländern – Deutschland, Italien und dem Vereinigten Königreich – ins Leben gerufen, die den Tornado entwickelt und gebaut hatten. Ihnen schloss sich später Spanien an. Frankreich nahm an frühen Gesprächen über ein europäisches Kampfflugzeug (EFA) teil, entschied sich aber für ein eigenes Kampfflugzeugprogramm.

Das EFA-Projekt begann mit der Definition der Grundkonzepte für den zukünftigen Eurofighter Typhoon. Dazu gehörten die aerodynamisch instabile Konfiguration mit Canard-Vorflügeln, eine aktive digitale Fly-by-Wire-Steuerung, die umfassende Verwendung von Kohlefaser-Verbundwerkstoffen und anderen fortschrittlichen Materialien, ein „Hands on Throttle

Der deutsche Typhoon-Jäger 30+16 gehört zu neun Flugzeugen, die auf den Standard von Block 5 aktualisiert und von der deutschen Luftwaffe an die österreichische Luftwaffe übergeben wurden, wo sie sechs neu gebaute Flugzeuge ergänzten.

COCKPIT
Die Arbeitsbelastung des Piloten wird durch Funktionen wie direkte Spracheingabe (DVI) und „Hands on Throttle and Stick" (HOTAS)-Steuerung reduziert und ermöglicht den Einmann-Betrieb selbst bei anspruchsvollsten Missionen.

RADAR
Das weite Sichtfeld des leistungsfähigen Captor-M-Radars bietet mit seinem breiten Darstellungsbereich erhebliche Vorteile bei Luft-Luft- und Luft-Boden-Einsätzen.

and Stick“ (HOTAS)-Cockpit mit neuester Avionik, Multifunktions-Displays und direkter Sprachbefehleingabe. Viele dieser Technologien wurden an einem Demonstrationsflugzeug erprobt, dem British Aerospace (BAe) EAP (Experimental Aircraft Programme).

Das EFA-Programm wurde später in Eurofighter 2000, dann in Eurofighter Typhoon umbenannt. In seinem Verlauf entstanden sieben Prototypen, deren erster im März 1994 seinen Jungfernflug absolvierte. Von diesen Flugzeugen wurden DA.1 und DA.5 in Deutschland gebaut, DA.2 und der zweisitzige DA.4 in Großbritannien, DA.3 und DA.7 in Italien und DA.6 (ein weiterer Zweisitzer) in Spanien.

Die ersten Serienlieferungen des Typhoon erfolgten im Jahr 2003. Eurofighter wurden in drei Tranchen oder Chargen gebaut. Tranche 1 umfasste 148 Flugzeuge, davon 33 für Deutschland, 28 für Italien, 19 für Spanien und 53 für das Vereinigte Königreich (sowie 15 für Österreich, das einige für Deutschland bestimmte Flugzeuge erhielt). Tranche 2 lieferte weitere 299 Flugzeuge, darunter 79 für Deutschland, 47 für Italien, 34 für Spanien und 67 für das Vereinigte Königreich, plus 72 für Saudi-Arabien (unter den letztgenannten Flugzeugen waren auch 24, die für das Vereinigte Königreich bestimmt waren).

Angesichts gekürzter Verteidigungsausgaben und veränderter Anforderungen teilten die Partnernationen die letzte Tranche 3 in zwei Teile auf, 3A und

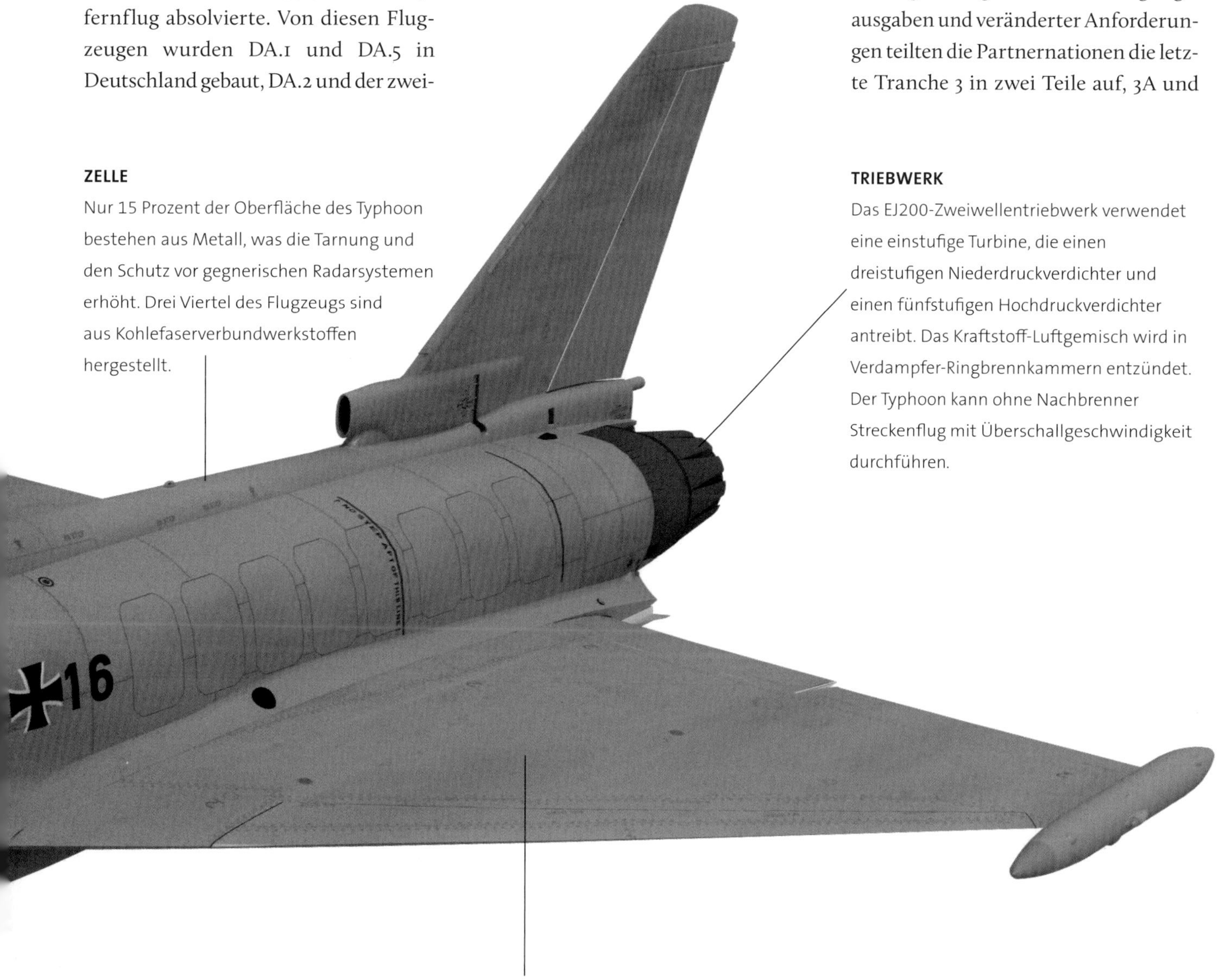

ZELLE
Nur 15 Prozent der Oberfläche des Typhoon bestehen aus Metall, was die Tarnung und den Schutz vor gegnerischen Radarsystemen erhöht. Drei Viertel des Flugzeugs sind aus Kohlefaserverbundwerkstoffen hergestellt.

TRIEBWERK
Das EJ200-Zweiwellentriebwerk verwendet eine einstufige Turbine, die einen dreistufigen Niederdruckverdichter und einen fünfstufigen Hochdruckverdichter antreibt. Das Kraftstoff-Luftgemisch wird in Verdampfer-Ringbrennkammern entzündet. Der Typhoon kann ohne Nachbrenner Streckenflug mit Überschallgeschwindigkeit durchführen.

AERODYNAMIK
Die instabile aerodynamische Konfiguration des Typhoons bietet hervorragende Manövrierfähigkeit bei Unterschallgeschwindigkeit und sehr effiziente Überschalleigenschaften.

Eurofighter Typhoon (1994)

DA.2, Seriennummer ZH588, war der erste britische Prototyp. Das mit AIM-9L-Sidewinder-Raketen bewaffnete Flugzeug machte im April 1994 seinen Erstflug in Warton und befindet sich jetzt im RAF Museum.

3B. Tranche 3A umfasst 30 Flugzeuge für Deutschland, 21 für Italien, 21 für Spanien und 40 für Großbritannien. Tranche 3B wurde zwischenzeitlich auf Eis gelegt. Die Tranchen decken Produktionsverträge ab. Zusätzliche Fähigkeiten und spätere Umrüstungen werden durch so genannte „Phase Enhancements and Drop"-Programme umgesetzt.

Drop 1 für die Tranche 1 brachte Verbesserungen der Mensch-Maschine-Schnittstelle, das Link 16 MIDS (Multifunctional Information Distribution System) und Verbesserungen des Litening-Targeting-Pods. Derart umgerüstete Typhoons der RAF waren im Jahr 2011 beim ersten Kampfeinsatz des Eurofighters bei der Operation „Ellamy" über Libyen im Einsatz. Drop 2 verbesserte das Luft-Luft-Lagebild und das Defensive-Aids-Sub-System (DASS). Drop 3 brachte Verbesserungen für MIDS, DASS und Radar.

Die Flugzeuge der Tranche 2 waren die ersten echten Mehrzweck-Typhoons, obwohl die ältesten von ihnen nur Luft-Luft-fähig blieben. Ihre Luft-Boden-Fähigkeit wurden im Rahmen des Phase-1-Enhancement (P1E) hinzugefügt.

P1E integrierte die Zielkapsel Litening III und die gelenkten Bomben Paveway IV oder GBU-48 Enhanced Paveway II. In seiner endgültigen Form fügte P1E eine „Swing-Role"-Fähigkeit hinzu, die es dem Typhoon ermöglicht, gleichzeitig Luft-Luft- und Luft-Boden-Rollen zu übernehmen.

Die nächste Phase der Verbesserungen ist in P2E enthalten, darunter die Integration des konventionellen Marschflugkörpers „Storm Shadow", einer Panzerabwehrrakete vom Typ Brimstone, der Meteor-Luft-Luft-Rakete für Einsätze außerhalb der Sichtweite und des CAPTOR-E-Scan-Radars mit Active Electronically Scanned Array.

Die Auslieferung der Tranche 3 begann Anfang 2014. Diese Flugzeuge waren von Anfang an für das E-Scan-Radar konfiguriert und besaßen Vorbereitungen für Zusatztanks. Seit 2014 ist der Typhoon bei vier Taktischen Luftwaffengeschwadern der deutschen Luftwaffe in Neuburg, Laage, Nörvenich und Wittmund im Einsatz. In Italien fliegen Typhoons in der Luftverteidigungsrolle bei drei Geschwadern in Grosseto, Gioia del Colle und Trapani. Spaniens Flugzeuge werden ebenfalls nur zur Luftverteidigung eingesetzt und dienen in zwei Geschwadern bei Morón und Albacete. Die britische Typhoon-Flotte umfasst vier Staffeln in Conings-

TECHNISCHE DATEN

Typ	Mehrzweck-Jagdflugzeug
Abmessungen	Länge 15,96 m Spannweite 10,95 m Höhe 5,28 m
Startgewicht max.	23.500 kg
Antrieb	2 x 90 kN (20.000 lb) Eurojet EJ200 Turbofan mit Nachbrenner
Höchstgeschwindigkeit	2.125 km/h bei 11.000 m (36.090 ft)
Reichweite	1.390 km mit drei Abwurftanks
Dienstgipfelhöhe	14.500 m (47.570 ft)
Besatzung	1/2
Bewaffnung	eine 27-mm-Kanone sowie bis zu 8.000 kg Ladekapazität in 13 Rumpf- und Unterflügel-Stationen

Die zwei am „Kinn" sitzenden Lufteinlässe haben eine bewegliche Unterlippe „vari-cowl" (variable position lower cowl lip) für gute Flugleistungen bei allen Geschwindigkeiten und Anstellwinkeln. Ein Grenzschichtabscheider hält die verwirbelte Luft des Rumpfes vom Einlauf fern.

by, drei Staffeln in Lossiemouth und eine Einheit auf den Falklandinseln. Österreichische Typhoons dienen beim Überwachungsgeschwader in Zeltweg. Saudi-Arabien, das seine Flugzeuge im Rahmen des Projekts Salam beschafft hat, flog im Jahre 2021 insgesamt 72 Typhoons. Weitere 48 Maschinen sind bestellt.

CAPTOR-RADAR

Der Typhoon besitzt im Auslieferungszustand das Captor-M-Radar als Hauptsensor. Es bietet als Multimode-Einheit ein hervorragendes Betrachtungsfeld für ein Radar dieser Art. Bei Luft-Luft-Einsätzen sucht Captor nach Zielen in den Modi „Range While Search" (RWS), „Velocity Search" (VS) und „Multi-Target Track While Scan" (TWS). Die Lock-Follow-Modi sind für die Verfolgung über große Entfernungen und über kurze Entfernungen, bei der visuellen Identifizierung oder bei Waffenangriffen zugeschnitten. Die Erfassungsmodi für den Luftkampf bieten dem Piloten die Wahl zwischen „boresight" (Zielachse der Waffe), Vertical-Scan-HUD-Sichtfeld oder Slaved-Erfassung. In Zukunft wird der Typhoon den Captor-E mit einem Active Electronically Scanned Array (AESA) erhalten. Dadurch ergibt sich ein um etwa 50 Prozent breiteres Betrachtungsfeld als bei herkömmlichen Fixed-Plate-Systemen.

Lockheed Martin F-35 Lightning II (2006)

Die F-35 ist ein ehrgeiziges Programm, das Stealth, Sensoren-Verbund und netzwerkfähige Operationen in einer einzigen Flugzeugzelle vereint. Sie wird in drei Varianten gebaut und soll veraltete Muster der U.S. Air Force, Navy und des Marine Corps sowie Jagdflugzeuge in mindestens zehn anderen Staaten ersetzen.

1997 wurden Boeing und Lockheed Martin für die Teilnahme an der Demonstrationsphase des „Joint Strike Fighter“ (JSF)-Konzepts ausgewählt. Aus der Bewertung von Prototypen der Boeing X-32 und Lockheed Martin X-35 ging der Entwurf von Lockheed Martin im Oktober 2001 als Sieger hervor. Der Hersteller tat sich daraufhin mit Northrop Grumman und BAE Systems zusammen, um die Produktionsphase zu beginnen.

Ein erstes Exemplar für „Conventional Take-off and Landing“ (CTOL) F-35A wurde im Februar 2006 in Fort Worth/Texas fertig. Im selben Jahr erhielt der F-35 Joint Strike Fighter die Bezeichnung Lightning II. Neben der F-35A für die U.S. Air Force und die meisten ausländischen Betreiber baut Lockheed Martin auch die STOVL-Variante F-35B (für Kurzstart und vertikale Landung) für das U.S. Marine Corps, Großbritannien und Italien sowie die F-35C-Trägervariante (CV) für die U.S. Navy. Die F-35A ist die einzige Version mit eingebauter Kanone, eine

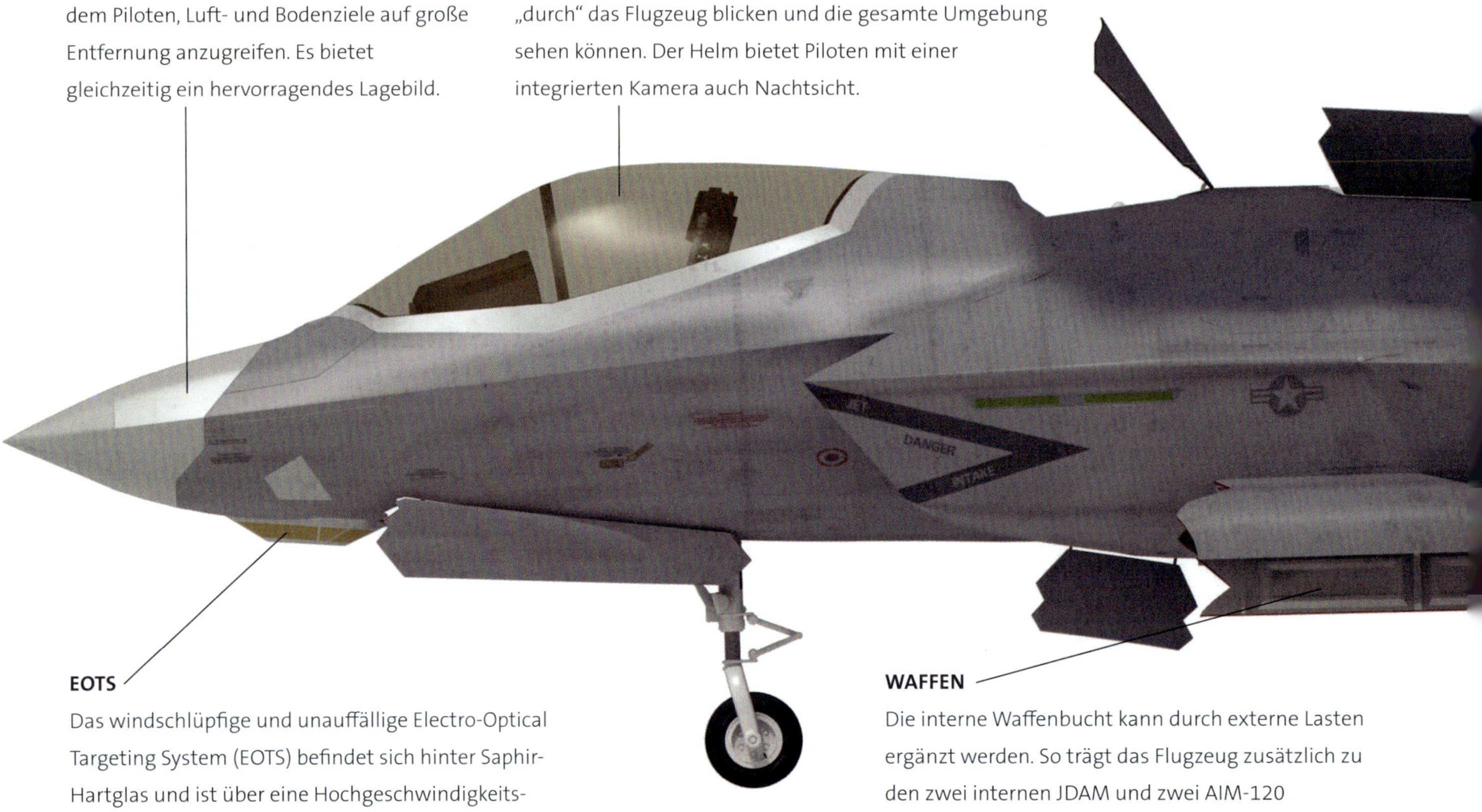

RADAR
Das AN/APG-81-AESA-Radar ermöglicht es dem Piloten, Luft- und Bodenziele auf große Entfernung anzugreifen. Es bietet gleichzeitig ein hervorragendes Lagebild.

HELMVISIER
Echtzeitbilder werden auf den Helm gestreamt, so dass die Piloten „durch“ das Flugzeug blicken und die gesamte Umgebung sehen können. Der Helm bietet Piloten mit einer integrierten Kamera auch Nachtsicht.

EOTS
Das windschlüpfige und unauffällige Electro-Optical Targeting System (EOTS) befindet sich hinter Saphir-Hartglas und ist über eine Hochgeschwindigkeits-Glasfaserschnittstelle mit dem integrierten Zentralcomputer des Flugzeugs vernetzt.

WAFFEN
Die interne Waffenbucht kann durch externe Lasten ergänzt werden. So trägt das Flugzeug zusätzlich zu den zwei internen JDAM und zwei AIM-120 beispielsweise vier JDAM und zwei AIM-9X-AAM unter den Flügeln.

25-mm-GAU-22/A. Sie wird als meistgebaute Variante die A-10 und F-16 der USAF ersetzen und bei den meisten alliierten Luftstreitkräften dienen, die diesen Flugzeugtyp einsetzen.

Die F-35B soll die AV-8B und die F/A-18 des USMC ablösen. Dank des Rolls-Royce-Lift-Systems und des im Kurzzeitbetrieb um 90 Grad schwenkbaren Triebwerks ist sie für den STOVL-Betrieb geeignet. Die F-35B hat im Vergleich zur F-35A einen kleineren internen Waffenschacht und eine geringere Treibstoffkapazität. Sie ist auch zur Luftbetankung mit der Sonde- und Fangtrichter-Methode ausgerüstet.

Die F-35C soll auch die „alte“ F/A-18 der U.S. Navy ersetzen und verfügt über größere Tragflächen und ein verstärk-

Eine F-35B mit den Emblemen des U.S. Marine Corps. Ende 2012 wurde die Marine Fighter Attack Squadron (VMFA) 121 „Green Knights“ der Marine Corps Air Station Yuma (Arizona) zur weltweit ersten einsatzbereiten Lightning II-Einheit.

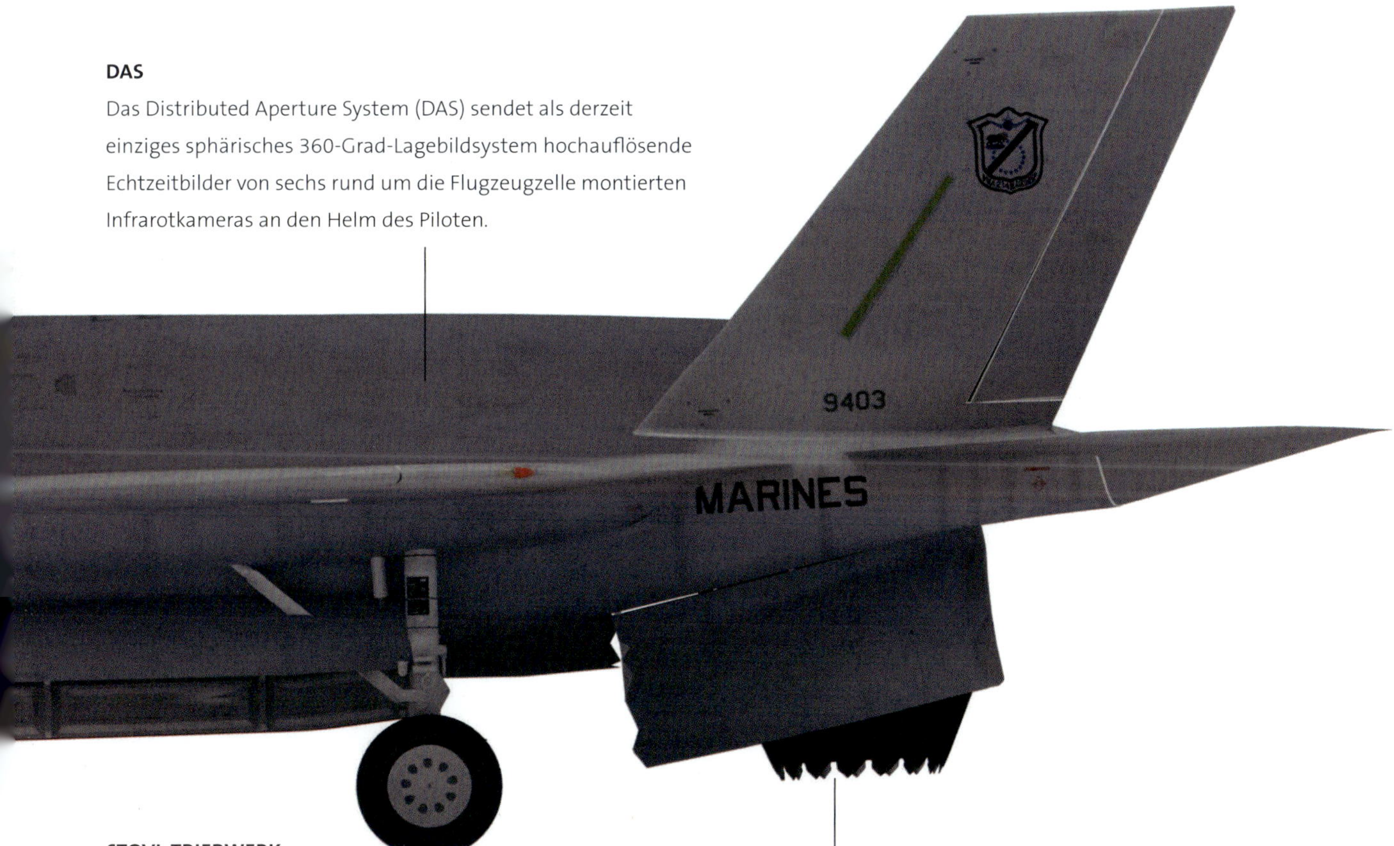

DAS

Das Distributed Aperture System (DAS) sendet als derzeit einziges sphärisches 360-Grad-Lagebildsystem hochauflösende Echtzeitbilder von sechs rund um die Flugzeugzelle montierten Infrarotkameras an den Helm des Piloten.

STOVL-TRIEBWERK

Zwei Hauptkomponenten sorgen für vertikalen Auftrieb beim Schweben: der „Lift Fan“ und das „3-Bearing Swivel Module“ (3BSM). Der „Lift Fan“ sitzt hinter dem Cockpit. Wenn die F-35 in den Schwebeflug übergeht, öffnen sich die Klappen auf der Oberseite des Flugzeugs und zwei gegenläufige Lüfter blasen ungeheizte Luft direkt nach unten, wodurch etwa die Hälfte des erforderlichen Abwärtsschubs erzeugt wird. Der Großteil des verbleibenden vertikalen Schubs wird vom 3BSM am Heck des Flugzeugs bereitgestellt.

tes Fahrwerk für Katapultstarts und Träger-Landungen. Das CV-(Träger-) Modell hat faltbare Außenflügel und mit fast 9.072 kg (20.000 lb) internem Treibstoff die größte interne Treibstoffkapazität der drei F-35-Varianten. Die F-35C kann ebenfalls mit „Sonde- and Drogue"-Technik betankt werden.

Das Herz der Lightning II sind ihre Missionssysteme. Sie umfassen elektronische Sensoren, Displays und Kommunikationssysteme, die Daten sammeln und mit anderen befreundeten Flugzeugen teilen können. Zu diesen Komponenten gehören das AESA-Radar (Active Electronic Scanning Array) AN/APG-81, das AN/AAQ-37 Distributed Aperture System (DAS) für eine 360-Grad-Rundumsicht, das Electro-Optical Targeting System (EOTS), das Vorwärts-Infrarot- (FLIR) mit Infrarot-Such- und Verfolgungsfunktionen (IRST), das am Helm montierte Anzeigesystem und das Kommunikations-, Navigations- und Identifikationssystem (CNI). Die Daten dieser Sensoren werden mit Hilfe des Sensoren-Verbundkonzepts zusammengeführt und liefern dem Piloten ein integriertes Bild des Schlachtfelds. Diese Informationen können mit anderen Piloten und weiteren Ressourcen über Datenlinks wie zum Beispiel dem Multifunction Advanced Data Link (MADL) geteilt werden.

Im Vergleich zum Harrier ist die STOVL-Handhabung der F-35B für den Piloten stark vereinfacht. Der Wechsel vom konventionellen Flug in den STOVL-Modus ist nicht komplizierter als das Drücken einer Taste.

Zu den weiteren Merkmalen der F-35 gehören ihre äußere Form, modernste Materialien, ausgeklügelte Gegenmaßnahmen und elektronische Angriffsmittel. Waffen können unsichtbar im Rumpf getragen werden, und alle Sensoren verschmelzen optisch mit der Außenhaut des Flugzeugs. Missionssystemsensoren sind sorgfältig um die Flugzeugzelle verteilt und eingebettet.

Das AN/APG-81 kann andere Flugzeuge mit einer (nach Herstellerangaben) zehnfachen Steigerung der effektiven Strahlungsleistung gegenüber früheren Jägern elektronisch blockieren. Die F-35 nutzt ihre Stealth- und Überlebensfähigkeit besonders in unmittelbarer Nähe zu einer Bedrohung, wo sie sehr effektiv „Stand-in"-Jamming verwenden kann.

Im Dezember 2006 absolvierte die F-35 ihren Erstflug. In den folgenden Jahren fertigte Lockheed Martin Flugzeuge und Bodengeräte aller drei Vari-

TECHNISCHE DATEN (F-35A)

Typ	Luftüberlegenheits-Kampfflugzeug mit konventioneller Start- und Landetechnik
Abmessungen	Länge 15,70 m Spannweite 10,70 m Höhe 4,38 m
Startgewicht max.	ca. 31.750 kg
Antrieb	1 x 178 kN (40.000 lb) Pratt & Whitney F135-PW-100 Turbofan mit Nachbrenner
Höchstgeschwindigkeit	1.931 km/h mit voller Beladung
Reichweite	2.200 km
Dienstgipfelhöhe	unbekannt
Besatzung	1
Bewaffnung	eine 25-mm-Gatling-Kanone, zwei AIM-120C- AAMs, zwei 907kg (2000 lb) GBU-31-JDAMs

anten zur Erprobung an. Die erste Serien-F-35 machte im Februar 2011 ihren Jungfernflug. Noch im selben Jahr begann ihre Auslieferung.

Die erste von geplanten 1.763 F-35A für die USAF ging im Mai 2011 an die Edwards Air Force Base in Kalifornien. Im Januar 2012 wurden die ersten beiden Exemplare der F-35B-Variante an die Marine Fighter/Attack Training Squadron (VMFAT) 501 des U.S. Marine Corps auf der Eglin Air Force Base in Florida ausgeliefert. Das USMC plant den Erwerb von 340 F-35B und 80 F-35C. Eine erste internationale Lieferung von Lightning II erfolgte im Juli 2012 an das Vereinigte Königreich. Die F-35B wurde zu Test- und Erprobungszwecken und zum Training nach Eglin AFB geflogen. Die erste von 480 geplanten F-35C wurde im Juni 2013 an die Strike Fighter Squadron (VFA) 101 der U.S. Navy in Eglin ausgeliefert.

GEMEINSCHAFTSAUFGABE F-35

Die F-35 machte am 15. Dezember 2006 ihren Erstflug über Fort Worth. Sie wurde von den Vereinigten Staaten und acht weiteren Staaten entwickelt: Australien, Kanada, Dänemark, Italien, den Niederlanden, Norwegen, der Türkei und dem Vereinigten Königreich. Zulieferer in allen Partnerländern produzieren F-35-Komponenten für eigene und andere Flugzeuge. Israel, Japan und Südkorea haben die F-35A im Rahmen des „Foreign Military Sales" (FMS)-Prozesses ausgewählt. Unternehmen in FMS-Kundenländern konkurrieren bei der industriellen Beteiligung am F-35-Programm. Von den F-35-Partnerländern erhielt Großbritannien im Juli 2012 das erste Flugzeug, gefolgt von den Niederlanden, die im Juli 2013 mit dem ersten von zwei F-35A-Testflugzeugen die erste internationale Auslieferung dieser Variante erhielten. Eine erste australische F-35A traf im Dezember 2014 auf der Luke Air Force Base in Arizona ein, wo sie in der 56th Fighter Wing zur Pilotenausbildung eingesetzt wird.

Ebenfalls im
Wieland Verlag erschienen

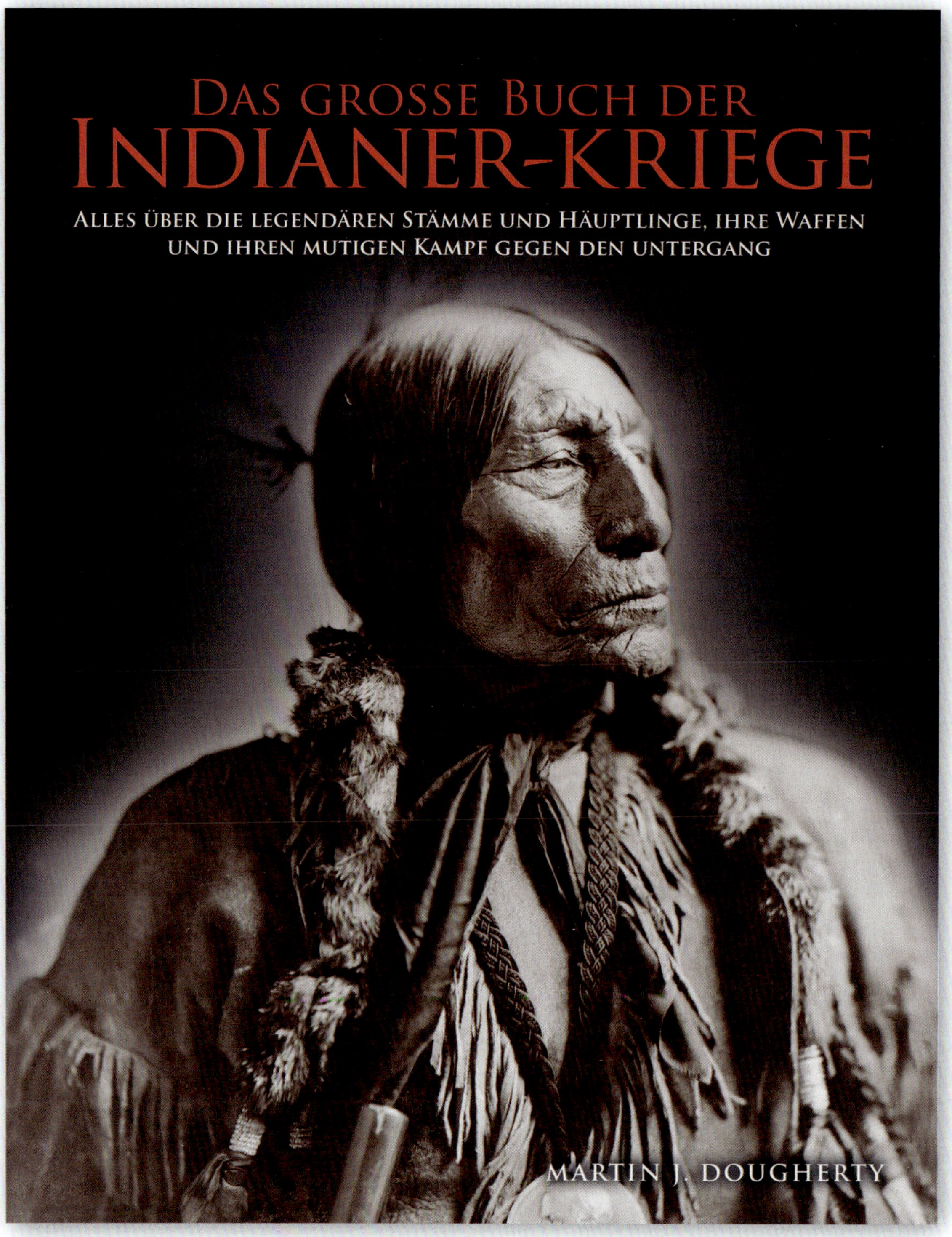

Martin J. Dougherty

DAS GROSSE BUCH DER INDIANER-KRIEGE

Alles über die legendären Stämme und Häuptlinge, ihre Waffen und ihren mutigen Kampf gegen den Untergang

224 Seiten, 213 x 285 mm, Hardcover, ISBN 978-3-948264-03-1

EUR 39,90

Ebenfalls im
Wieland Verlag erschienen

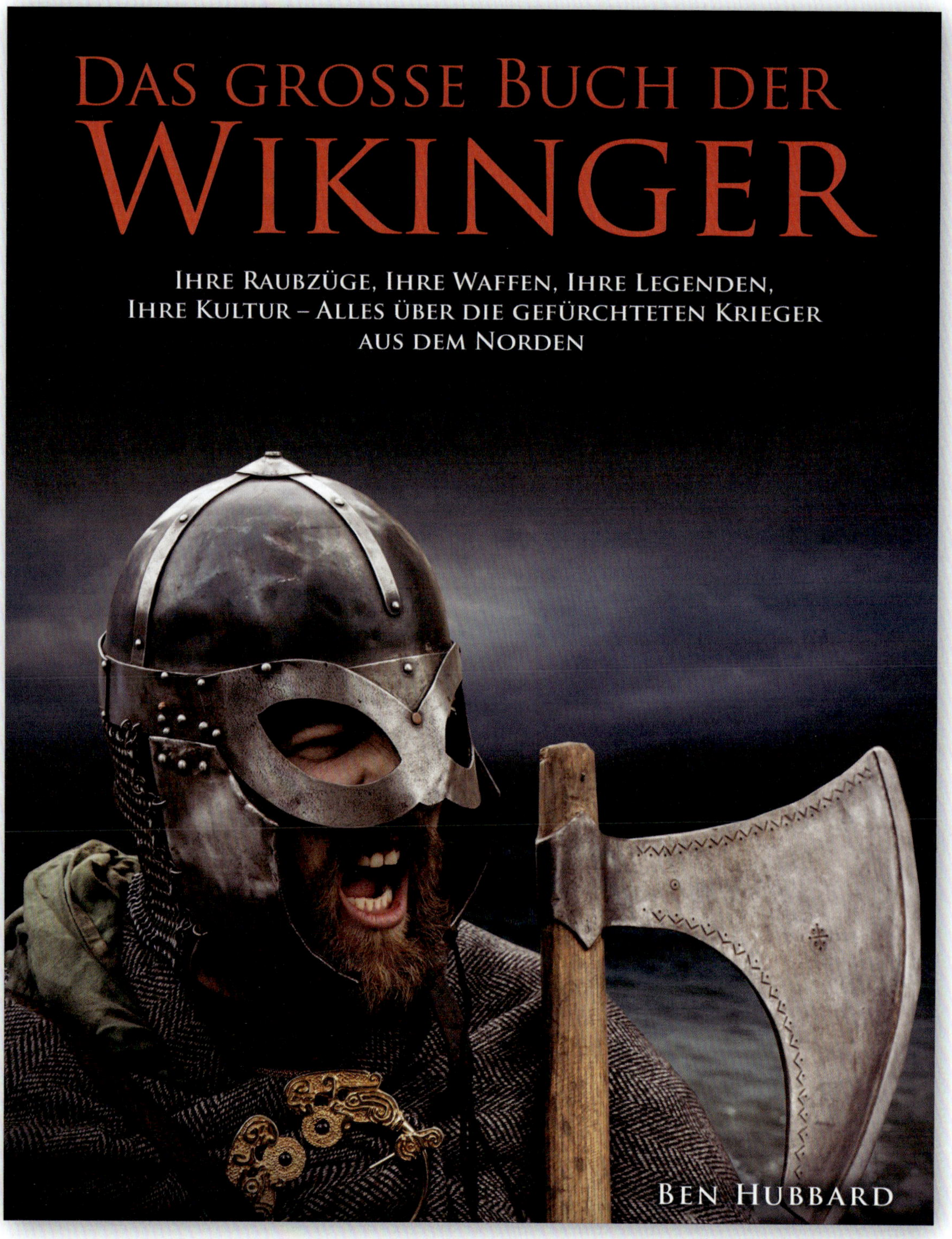

Ben Hubbard

DAS GROSSE BUCH DER WIKINGER

Ihre Raubzüge, ihre Waffen, ihre Legenden, ihre Kultur – alles über die gefürchteten Krieger aus dem Norden

224 Seiten, 213 x 285 mm, Hardcover, ISBN 978-3-938711-92-7

EUR 39,90